AF074603

To my parents who motivated me in difficult times,
To my teachers who taught me how to learn,
To my students who taught me how to teach, and
To Helli and Markus.

Walter Doerfler

Viren

Krankheitserreger und Trojanisches Pferd

Springer-Verlag
Berlin Heidelberg New York
London Paris Tokyo
Hong Kong Barcelona
Budapest

Prof. Dr. med. Walter Doerfler
Abteilung Medizinische Genetik und Virologie
Institut für Genetik
Weyertal 121, D-50931 Köln

Mit 46 Abbildungen

ISBN-13: 978-3-540-60526-3 e-ISBN-13: 978-3-642-61426-2
DOI: 10.1007/978-3-642-61426-2

Dieses Werk ist urheberrechtlich geschützt. Die dadurch begründeten Rechte, insbesondere der Übersetzung, des Nachdrucks, des Vortrags, der Entnahme von Abbildungen und Tabellen, der Funksendung, der Mikroverfilmung oder der Vervielfältigung auf anderen Wegen und der Speicherung in Datenverarbeitungsanlagen, bleiben, auch bei auszugsweiser Verwertung, vorbehalten. Eine Vervielfältigung dieses Werkes oder von Teilen dieses Werkes ist auch im Einzelfall nur in den Grenzen der gesetzlichen Bestimmungen des Urheberrechtsgesetzes der Bundesrepublik Deutschland vom 9. September 1965 in der jeweils geltenden Fassung zulässig. Sie ist grundsätzlich vergütungspflichtig. Zuwiderhandlungen unterliegen den Strafbestimmungen des Urheberrechtsgesetzes.

© Springer-Verlag Berlin Heidelberg 1996

Redaktion: Ilse Wittig
Umschlaggestaltung: Bayerl & Ost, Frankfurt
unter Verwendung der Illustration von Udo Ringeisen Fotografie & Grafik, Köln
Innengestaltung: Andreas Gösling, Bärbel Wehner, Heidelberg
Herstellung: Claudia Seelinger, Heidelberg
Satz: Schneider Druck, Rothenburg o.d. Tauber

26/3134 - 5 4 3 2 1 0 – Gedruckt auf säurefreiem Papier

Inhaltsverzeichnis

Vorwort

The Joy of Science is in the Journey,
Not in the Arrival.
In der Wissenschaft ist man immer unterwegs,
und es fasziniert, daß man eigentlich
nie ans Ziel kommen kann.

Jeder hat von Viruskrankheiten gehört und wahrscheinlich manche schon am eigenen Leibe erfahren. Das humane Immunschwächevirus (HIV) und Aids haben auf das Sozialverhalten einer ganzen Generation tiefgreifende Auswirkungen gehabt. Vor allem in Afrika sind etwa 8,5 Millionen Menschen von dieser Infektion befallen. Weltweit rechnet man mit 15 Millionen Infizierten und Erkrankten. Berichte über scheinbar neue Viruserkrankungen, wie die im Frühjahr 1995 offenbar doch rasch begrenzte Ebola-Virusepidemie in Kikwit, Zaire, haben die Begriffe »emerging viruses« oder »Killerviren« in unser aller Bewußtsein gebracht.

Als Laie kann man sich nur begrenzt Vorstellungen von der Natur der Viren, ihrer ästhetischen Vielfalt, ihrer Verbreitung und Rolle als Krankheitserreger machen. Das Buch versucht, eine Einführung in dieses faszinierende Kapitel der Biologie und Medizin zu vermitteln. Über die molekulargenetischen Grundlagen hinaus gibt es den heutigen Stand der Forschung an Viren wieder, betont ihre Doppelrolle als Krankheitserreger und Überträger genetischer Information und stellt die wichtigsten Virusarten in Kurzbiographien vor. Bei aller Vielfalt und Komplexität sind Viren doch viel einfacher zu verstehen als eine Pflanze, ein Tier oder der Mensch. Wer Kenntnisse über Viren erworben hat, hat einen soliden Grundstein für das Verständnis biologischer Vorgänge gelegt.

Viren sind nicht nur Krankheitserreger. Ihr Studium hat die Entwicklung der Molekularbiologie und Genetik in den letzten 100 Jahren vorangetrieben und uns unersetzlich wichtige Erkenntnisse zum Verständnis des Lebendigen vermittelt. Viren sind bei ihrer Vermehrung schicksalhaft auf Lebewesen bzw. auf deren kleinste Funktionseinheit, die Zelle, angewiesen. Ohne Zellen sind Viren so leblos wie ein Sandkorn oder ein Theatervorhang. Die Molekularbiologen verwenden seit den Pionierarbeiten von Max Delbrück, einem Physiker aus Berlin, und Salvadore E. Luria, einem Arzt aus Torino, Viren gewissermaßen als Trojanisches Pferd, um wesentliche Funktionen lebender Zellen auszuspionieren. Ohne lebende Zellen gäbe es keine Virusvermehrung, keine Viruskrankheit. Es mag etwas befremdlich klingen, aber als Virologe, Genetiker und Arzt betrachtet man Viren zwar respektvoll – wegen ihres gefährdenden Potentials – aber doch auch als Freunde, weil wir auch heute noch sehr viel von ihnen lernen können.

Die Virologie, die Lehre von den Viren, ist ein weit entwickeltes Forschungsgebiet und an fast allen Universitäten und Forschungsinstituten etabliert. Fast hätte ich mich hinreißen lassen zu schreiben, »wir wissen viel über Viren«. Als Wissenschaftler erfährt man jedoch täglich, daß einem das Wesentliche bislang verborgen geblieben ist. Es bleibt also auch auf diesem Gebiet noch das meiste zu tun.

Seit 1966 habe ich molekulare Virologie und Genetik in New York und Köln, als Gastprofessor auch in

Stanford und Princeton, unterrichtet und etwa 70 Doktoranden und über 30 Postdoktoranden auf diesen Gebieten ausgebildet. Von den 400 Vortragseinladungen, die ich während der letzten 12 Jahre weltweit angenommen habe, waren etwa 90 Vorträge über molekularbiologische Themen einem Laienpublikum gewidmet. Gerade die in der Forschung aktivsten Wissenschaftler sehen eine ihrer wichtigsten Aufgaben darin, der Öffentlichkeit die Grundbegriffe der modernen Biologie verständlich zu machen. Auch hierfür sind die Viren aufgrund ihrer oben geschilderten Doppelrolle vorzüglich geeignet und stellen ein auch didaktisch ausgezeichnetes Modellsystem dar. Alle diese Überlegungen haben mich veranlaßt, ein allgemeinverständliches Sachbuch zu schreiben, das allen die Faszination der Molekularbiologie und Virologie darlegen soll. Es bietet auch Biologie- und Medizinstudenten viel Lehrreiches und eine Einführung in die Virologie. Ein Lexikon von Fachausdrücken (Glossar) soll beim Erlernen fremder Begriffe helfen (s. S. 253–277).

Mein besonderer Dank gilt Ilse Wittig und Doris Engelhardt vom Springer-Verlag in Heidelberg, sowie Petra Böhm am Institut für Genetik in Köln für viele wertvolle redaktionelle Hinweise und Udo Ringeisen, Köln, für die Herstellung der Abbildungen. Kritische Bemerkungen zum Text verdanke ich Hans Eggers, Dagmar Mörsdorf, Christina Kämmer, Stefan Herbertz und Gerlinde Konrad, alle Köln.

Walter Doerfler

1 Wunder und Schrecken des Lebendigen

Und keine Zeit und keine Macht zerstückelt
Geprägte Form, die lebend sich entwickelt.

J.W. von Goethe

Die Beobachtung der lebenden Natur, der Wunder und Schrecken des Lebendigen, stellt dem unvoreingenommenen Beobachter unzählige, schwer zu beantwortende Fragen. Kann man jemals hoffen, die Vielfalt der Erscheinungen lebender Organismen, die Vielfalt ihrer Entwicklungen, ihrer Krankheiten und Katastrophen, zu verstehen? Scharfe Beobachtung und die Bereitschaft, sich zu wundern, sind die wichtigsten Voraussetzungen, um das bisher als einmalig erkannte Phänomen Leben zu studieren. Ein vertieftes Verständnis kann uns vor ideologisierten, scheinbar plausiblen Erklärungen biologischer Vorgänge schützen oder das Entsetzen über vermeintlich schicksalhafte Katastrophen im Leben des einzelnen wenigstens mildern helfen. Vor allem sollte aber die Freude an der Natur und die Bewunderung für alles Lebendige nicht zu kurz kommen.

Welche Kräfte sind es, die den zauberhaften Gesang der Gartengrasmücke an einem warmen Junimorgen ermöglichen oder die diesen und vielen anderen Singvogelarten aus Nord- und Mitteleuropa zweimal jährlich über

Hunderte und Tausende von Kilometern eine zielsichere Navigation ermöglichen? Die gesamte Information für die Entwicklung eines Menschen oder anderer Lebewesen ist in den Genen der befruchteten Eizelle enthalten. Die für unser Auge unsichtbare Eizelle entfaltet kurz nach der Vereinigung mit einer Samenzelle eine enorme, genau regulierte Teilungsaktivität, bis hundert Billionen (3×10^{13} bis 10^{14}) Zellen im ausgewachsenen Menschen entstanden sind. Welcher uns noch weitgehend unbekannte Entwicklungskode ist in den Genen der befruchteten Eizelle verschlüsselt?

Kaum hat das neugeborene Kind die Gesetze der Statik beherrschen und das aufrechte Laufen erlernt, vermag sein Gehirn die Sprache seiner Umwelt zu erkennen, zu speichern und selbst über einen kompliziert gebauten Sprechapparat zu imitieren und unabhängig zu entwickeln. Was ist menschliche Sprache, wie erlernen wir sie? Mit der notwendigen Motivation, etwas Fleiß und einiger Begabung vermag der Mensch wenigstens leidlich fünf oder sechs fremde Sprachen, denen er als Kind nicht ausgesetzt war, zu erlernen, einige mehr passiv zu verarbeiten. Sprachgenies können es wesentlich weiter bringen, wie der Erlanger Philologe, Orientalist und Dichter Friedrich Rückert (1788–1866), der auch orientalische Sprachen (Arabisch und Persisch) beherrschte und dichterisch zu übersetzen vermochte. Dabei hat er nicht nur sprachlich genau übertragen, sondern war auch in der Lage, die Emotionalität von Gedichten in den für uns weit entfernten orientalischen Sprachen zu erfassen.

Die medizinische Genetik hat in den letzten Jahren Tausende von menschlichen Krankheiten oder Fehlbildungen beschrieben, denen genetische Fehler zugrundeliegen. Je genauer man die Mechanismen erforscht, die bei der Individualentwicklung des Menschen eine Rolle spielen, desto wunderbarer erscheint es, daß nach den meisten Schwangerschaften gesunde Kinder geboren werden. Je mehr wir Gesundheit und ungestörte Entwicklung als Glück und hohes Gut verstehen lernen, desto größer wird unser Respekt vor den Menschen, die schicksalhaft die Folgen von Fehlentwicklungen oder Gendefekten als körperliche oder geistige Behinderung zu ertragen haben. Dabei ist es fraglich und schwierig zu entscheiden, welche Art und Schwere von Behinderung man als solche bezeichnen soll. Ein bekannter Humangenetiker sagt manchen seiner Patienten: »Das ist keine Fehlentwicklung, das ist nur eine andere Machart.« Sind wir nicht alle in der einen oder anderen Weise leichter oder schwerer behindert oder vererben, ohne es zu wissen, möglicherweise die Anlagen für schwere genetische Defekte, die erst in späteren Generationen auftreten?

Wir bewundern die schöpferischen Leistungen unserer Spezies. Niemand vermag zu verstehen, was Wolfgang Amadeus Mozart befähigte, in drei Jahrzehnten eine Fülle von genialen Kompositionen zu schaffen, an denen sich Millionen von Menschen über Jahrhunderte erfreut haben. Auch ein Musiktheoretiker kann nicht wirklich erklären, was wir als so ausgezeichnet und einmalig an Mozarts Musik empfinden. Unter schwierigsten äußeren Bedingungen vermochte Dimitrij Schostakowitsch, Streichquartette und Sinfonien zu komponieren, die in der Musik des 20. Jahrhunderts eine Spitzenstellung einnehmen.

Die Physiker des 20. Jahrhunderts haben durch ihre Erkenntnisse über den Aufbau der Materie und die Äquivalenz von Energie und Materie unser aller Weltbild geprägt. Die Freisetzung riesiger Mengen Energie durch die Spaltung von Atomen birgt Hoffnungen für die Energieversorgung der Zukunft und hat die Mächtigen hoffentlich gelehrt, daß die kriegerische Verwertung wissenschaftlicher Erkenntnisse das Ende der Zivilisation oder sogar des Lebens auf der Erde bedeuten könnte.

Molekulargenetische Daten belegen eindeutig die Entwicklung höher differenzierter Lebewesen aus einfacheren Vorstufen. Die Abstammung des Menschen ist durch aufsehenerregende Funde von Skelettresten aus Ostafrika und anderen Teilen der Welt verfolgbar geworden. Auch die Analyse des menschlichen Erbguts weist auf Ostafrika als einen Ursprungsort des Homo sapiens hin. Welche Ereignisse und Verhaltensweisen haben vor etwa 100 000 bis 1 000 000 Jahren zu der enormen Entwicklung des menschlichen Gehirns geführt, das alles Vorherige an biologischer Entwicklung in den Schatten stellt? Ein Organ ist entstanden, das über Natur und Ursprung des Weltalls, über die molekularen Mechanismen in der Biologie und über sich selbst »nachzudenken« vermag. Manche Evolutionsbiologen vermuten, daß diese Entwicklung wenigstens teilweise auf den zum äußersten getriebenen Kampf ums Überleben zurückzuführen ist. Wer nicht mithalten konnte hatte geringere Chancen zu überleben oder sich fortzupflanzen. Die wunderbaren Geschichten vom Sündenfall oder von Kain und Abel könnten uralte Erinnerungen an diese prähistorische Zeit sein. Wenn man bedenkt, daß wir heute lebenden Menschen Nachkommen der damals Selektionierten sein müssen, gerät manche Bewunderung über Höchstleistungen zum Unbehagen. Die Tagesereignisse mit Berichten über entsetzliches menschliches Verhalten unter extremen Bedingungen in Bosnien oder Ruanda lassen selbst 100000 Jahre wie eine Nachtwache erscheinen. Aber es ist nur ein halbes Jahrhundert her, daß die »großen Vollstrecker des Bösen« (J. Fest), mit G. Mann seien sie als A.H. und J.W.S. bezeichnet, von Deutschland (1933–1945) oder von Rußland (1924–1953) aus Millionen von Menschen größtes Elend zufügten und möglicherweise den Tod von 100 Millionen Menschen herbeigeführt haben. Wie sind solche Exzesse möglich?

Kann man die Grundprinzipien des Lebendigen in seiner enormen Komplexität verstehen? Die wenigen genannten Beispiele der Wunder und Schrecken sind naturwissenschaftlichen Analysen nicht zugänglich. Aber die molekulare Biologie hat angefangen, einen rationalen und systematischen Ansatz zu entwickeln, der in den letzten 50 Jahren biologisches Denken revolutioniert hat. Heute sind die verschiedensten Disziplinen der Biologie und Medizin und deren Grenzgebiete über die gemeinsame Arbeit an molekularen Mechanismen verbunden und können voneinander lernen.

Kenntnisse über die Grundbegriffe der molekularen Genetik werden auch beim interessierten Laien Bewunderung und ein vertieftes Verständnis für die belebte Natur erwecken. Manches können die Ergebnisse der genetischen Grundlagenforschung erklären, vieles bleibt noch zu ergründen. Aber abgesehen von der Faszination an der Natur wird es für jeden von uns praktisch wichtig sein, wenigstens die Grundbegriffe der Biologie und Medizin zu verstehen. Mit dem Eintritt der Molekularbiologie in fast alle Bereiche der Medizin werden in vielen Abschnitten unseres Lebens Entscheidungen zu treffen sein, an denen der einzelne nur dann rational teilhaben kann, wenn er sich selbst ein Urteil über die Bedeutung menschlicher Erbanlagen bilden kann.

Dieses Buch will eine Einführung bieten und Anregungen für ein vertieftes Studium geben. Die Grundregeln der molekularen Genetik mögen dem Laien zunächst ungewohnt, vielleicht schwierig erscheinen. Tatsächlich aber sind sie relativ einfach zu verstehen, wenn man sich von der Vorstellung freigemacht hat, daß man jetzt etwas Schwieriges zu erlernen haben wird. Die Prinzipien der Genetik sind denen der Sprachen sehr ähnlich. Also stellen Sie sich bitte vor, daß sie jetzt eine schöne Reise in ihr Lieblingsland antreten möchten, dessen Sprache sie unbedingt erlernen wollen, wenigstens soweit, um die wichtigsten Mitteilungen zu verstehen und sich einigermaßen verständlich machen zu können.

2 Viren sind überall

Lat. virus, i (sächlich) Schleim, Gift, Geifer – also: das Virus.

Bei der Betrachtung der Viren begeben wir uns in die Welt der kleinsten Lebewesen; wir steigen ein in Nanometerbereiche. Ein Nanometer ist der millionste Teil eines Millimeters (10^{-9} Meter). Die unterschiedlichen Viren messen zwischen 10 und 2000 Nanometern. Im Vergleich zu Molekülen sind sie wiederum Riesen. Gewöhnlich denkt man nicht an die kleinste Welt der Moleküle: »So sind wohl manche Sachen, die wir getrost belachen, weil unsre Augen sie nicht sehn« (Matthias Claudius). Dennoch hängt unser aller Leben an den vielfältigen Funktionen in dieser Welt des Kleinsten, die so wirklich ist wie die sichtbare Welt.

Es gibt Tausende, wahrscheinlich Zehntausende verschiedener Virusarten, und noch längst sind nicht alle bekannt. Jedes Virus ist auf einen bestimmten Wirt, sei es Mensch, Tier, Pflanze oder Bakterium, spezialisiert. Viren sind obligatorische Parasiten, d. h. ein isoliertes Virusteilchen ohne Wirtszelle ist so leblos wie z. B. ein Kochsalzkristall. Sobald ein Virus jedoch in die Zielzelle, auf die es spezialisiert ist, eingedrungen ist, wird es quicklebendig. Es verwendet die Zielzellen im befallenen Organismus, um sich zu großer Zahl zu vermehren.

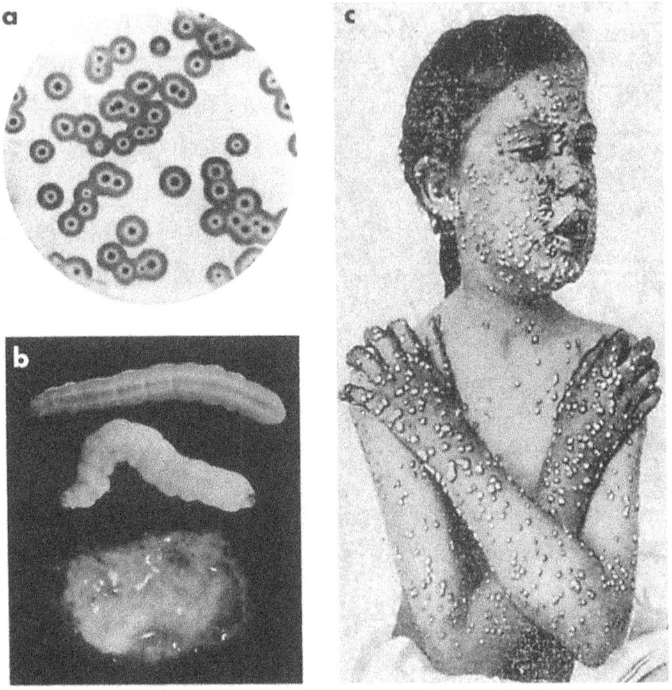

Abb. 1 a–c. Manche Viren vernichten ihre Wirte. **a** T-Bakteriophagen erzeugen in einem Bakterienrasen auf einer Agarplatte runde Löcher, sog. Plaques. **b** Eine Raupe wird durch die Baculovirusinfektion zerstört. **c** Pockenvirusinfektion beim Menschen.

Eines der Grundprinzipien alles Lebendigen, also auch der Viren, liegt in der Vermehrung der eigenen Art. Manche Viren betreiben ihre eigene Vermehrung (Selbstreplikation) rücksichtslos und vernichten damit die Wirtszelle, manchmal auch den gesamten Wirtsorganismus (Abb. 1). Andere Viren sind klüger und schädigen die Wirtszelle nur wenig (engl. smart viruses, schlaue Viren). Sie können sich so noch besser und über längere Zeit vermehren sowie auch wirkungsvoller ausbreiten.

Die Wirtszelle geht dann eine Art Kompromiß mit dem Virus ein: Es kann eine Infektion entstehen, in deren Verlauf über längere Zeit geringe Mengen neuer Viren produziert werden. Die Viren koexistieren mit der Zelle, und die Wirtszelle oder der Wirtsorganismus kann ohne großen Schaden überleben. Darüber hinaus können Viren Zellen infizieren und danach für lange Zeit scheinbar verschwinden, ähnlich wie bei der Mondfinsternis durch eine besondere Konstellation von Sonne und Erde der Mond unsichtbar wird. Dabei kann das Genom, d. h. die Gesamtheit der Erbanlagen des Virus, entweder direkt in das Erbgut der Zelle eingebaut werden oder in freier Form im Kern, der zentralen Schaltstelle der Zelle, überleben. In beiden Fällen wird das Virusgenom gleichzeitig mit den Erbanlagen der Zelle vermehrt, so daß alle neugebildeten Zellen ebenfalls die Virusgene tragen. Lange Zeit nach der ursprünglichen Infektion kann das Virus wieder auftauchen und mit seiner Vermehrung wieder beginnen.

Ein sehr bekanntes Beispiel für die latente Virusinfektion sind die Fieberbläschen des Herpesvirus Typ 1 an der Lippenschleimhaut (s. auch S. 183–184). Wenn man sich diese Herpesinfektion einmal zugezogen hat, bleibt sie lebenslang erhalten. Die schmerzhaften Bläschen verheilen, aber die Erbanlagen des Herpesvirus ziehen sich in die Nervenzellen des die Gesichtsregion versorgenden Nerven zurück, wo sie monate-, ja jahrelang verweilen können, ohne Beschwerden zu verursachen,. Nach einer starken Sonnenbestrahlung des Gesichtes z. B. befallen die infektiösen Viren wieder die Lippenschleimhaut und verursachen erst Juckreiz, dann Schmerzen und wieder eitrige Bläschen.

Viren sind Krankheitserreger par excellence. Das Wort »Virus« stammt aus dem Lateinischen und bedeutet Schleim, Gift, Geifer. Es ist in der Ursprungssprache säch-

Abb. 2. Das Poliomyelitisvirus und zwei betroffene Patienten. Der ägyptische Würdenträger hat eine Poliomyelitisvirusinfektion mit spinaler Kinderlähmung überlebt. Die Muskulatur seines rechten Beines ist stark zurückgebildet, weil die Nervenzellen in seinem Rückenmark, die diese Muskeln betätigen sollten, vom Virus zerstört worden sind. Die Haltung seines rechten Beines wird in der Medizin als Spitzfußstellung bezeichnet. Franklin Delano Roosevelt (1882–1945) erkrankte 1921 an dieser Virusinfektion, die er mit Lähmungen der unteren Körperhälfte überlebte. Sein und vieler seiner Mitbürger Schicksal

lich, daher sollte man korrekt auch im Deutschen »das Virus« sagen. Die Bezeichnung »Virion« für ein bestimmtes Virusteilchen wurde von dem Pariser Molekularbiologen A. Lwoff vorgeschlagen und hat sich über viele Jahre bewährt. Entdeckt wurden Vertreter dieser Organismengruppe erstmals 1892 u. a. von D. Ivanovski in Moskau und 1898 von M.W. Beijerinck in Waageningen (Tabakmosaikvirus), sowie unabhängig 1897 von F. Löffler und P. Frosch in Berlin bzw. Greifswald (Virus der Maul- und Klauenseuche der Rinder). Seit den Arbeiten dieser Pioniere ist eine große Zahl ganz unterschiedlicher Viren beschrieben worden. Allein als Erreger für die meist harmlosen, aber lästigen Erkältungskrankheiten der oberen Luftwege kommen Hunderte von Virusarten in Betracht. Sehr viel ernster für den Menschen ist die echte Grippe, die durch das Influenzavirus verursacht wird (s. auch S. 212–221). Das Influenzavirus kann sich immer wieder eine etwas andersartig verzierte Hülle zulegen, damit die Immunabwehr des Menschen unterlaufen und wieder neue Epidemien in der Weltbevölkerung hervorrufen. Bei einer der schlimmsten bekannten Influenzaepidemien in den Jahren 1918/1919 starben auf der Welt schätzungsweise zwischen 20 und 40 Millionen Menschen. Das sind mehr als an den Folgen des 1. Weltkrieges starben. Noch in den 40er und frühen 50er Jahren dieses Jahrhunderts war die spinale Kinderlähmung, die durch das Poliomyelitisvirus verursacht wird, ein Schrecken der Welt. An dieser Krankheit, deren Folgeerscheinungen schon im alten Ägypten dargestellt wurden, war 1921 auch F.D.

führte zur Initiative der privaten Spendensammlung ,»march of dimes«, die man als den Beginn der modernen Virusforschung betrachten kann. Letztlich geht der Impfstoff gegen das Poliomyelitisvirus, das heute weltweit fast beherrscht ist, auf diese Initiative zurück.

Roosevelt, der spätere Präsident der Vereinigten Staaten (1932–1945), mit schweren bleibenden Lähmungen erkrankt (Abb. 2). Die daraufhin initiierte öffentliche Spendensammlung, die bis heute fortgeführt wird, war ein Beginn privater medizinischer Forschungsförderung. Sie führte in einer eindrucksvollen Reihe von wissenschaftlichen Leistungen zur Entwicklung von Impfstoffen, mit deren Hilfe man hofft, die spinale Kinderlähmung weltweit ausrotten zu können. Bei einer anderen im Mittelalter und auch in neuerer Zeit gefürchteten Viruskrankheit, den durch das Pockenvirus ausgelösten Pocken (schwarze Blattern, s. auch Abb. 1c s. 8; Abb. 14i S. 54; Abb. 17 S. 72), ist das durch weltweite Impfungen seit 1979 gelungen. Impfungen sind bisher leider der einzige Weg erfolgreicher Virusbekämpfung. Gegen andere tödliche Viruskrankheiten, wie der erworbenen Immunschwäche Aids (»acquired immunodeficiency syndrome«), haben Virologen und Immunologen bisher keinen wirksamen Impfstoff zu entwickeln vermocht. Das humane Immunschwächevirus (HIV) tauchte plötzlich als scheinbar neues Virus auf, als es 1983 entdeckt wurde. Selbst die hochentwickelte molekularbiologisch-virologische Forschung hat das Aids-Problem bisher nicht lösen können.

Immer wieder tauchen aus den Reserven der Natur scheinbar neue Viren als zum Teil äußerst gefährliche Krankheitserreger beim Menschen auf. Im Jahr 1967 erschreckte nicht nur die Virologen das Marburg-Virus, das mit Affen aus Uganda nach Marburg importiert worden war. Einige der zum Glück nur wenigen Infizierten erlagen den schweren Krankheitssymptomen. Die Infektionskette konnte auf die in den Marburger Laboratorien tätigen Menschen begrenzt werden. Zum Glück wurde die virale Ursache und der Zusammenhang mit den importierten Affen sofort erkannt, so daß eine medizinische Katastrophe abgewendet werden konnte. Andere äußerst gefährliche, bisher nicht oder wenig bekannte Viruserkrankungen sind durch das Ebola-Virus, Lassa-Virus, das Oropuche-, Hanta- oder Machupo-Virus hervorgerufen worden. In der Presse hat man bei diesen – zum Glück sofort begrenzten – Virusinfektionen wegen des häufig tödlichen Krankheitsverlaufs von »Killerviren« gesprochen. Weltweit werden diese unverhofft auftretenden Virusinfektionen bei Mensch und Tier von Virologen erforscht – nicht nur wegen des in den frühen 80er Jahren scheinbar neu aufgetauchten HIV.

Sehr viel Forschungsarbeit ist den Tumorviren gewidmet worden. Unter einem Tumor versteht man eine Gewebewucherung, die gut- oder bösartig sein kann. Bei den bösartigen Krebsgeschwülsten ist das Tumorwachstum schwer begrenzbar. Es treten Tochtergeschwülste (Metastasen) in anderen Organen des Körpers auf. Heute sind Tumorerkrankungen die zweithäufigste Todesursache beim Menschen; die häufigste sind Herz-Kreislauf-Erkrankungen. Seit den Pionierarbeiten von P. Rous ist bewiesen, daß sehr viele Tumoren in Versuchstieren durch spezifische Viren ausgelöst werden können. So erzeugt das nach ihm benannte Rous-Sarkomvirus (RSV) bei Hühnern Sarkome, d. h. bösartige Tumoren des Bindegewebes. Die Tumorviren gehören zu den am besten analysierten Viren. Wir haben durch diese Arbeiten viel über die Molekularbiologie von Säuger- und menschlichen Zellen gelernt. Jedoch kann noch nicht lückenlos erklärt werden, wie diese Viren die Tumorbildung auslösen können. Spielen Viren auch bei der Verursachung menschlicher Tumorerkrankungen eine Rolle? Trotz intensiver Forschungen kann man diese Frage heute noch nicht endgültig beantworten. Bei einigen menschlichen Tumoren besteht die Möglichkeit, daß die Virusinfektion einen von zahlreichen Faktoren darstellt, die letztlich zur Tumorentstehung führen.

Auch viele Pflanzenkrankheiten werden durch Viren, die ausschließlich auf bestimmte Pflanzen spezialisiert sind, hervorgerufen. Die große Gruppe der hochinteressanten Pflanzenviren wird in diesem Buch nicht behandelt.

Viren haben in der molekularbiologischen Grundlagenforschung auch eine außerordentlich nützliche Rolle für den Menschen gespielt. Viele der wichtigsten Erkenntnisse in der Molekularbiologie und Genetik sind mit ihrer Hilfe experimentell erarbeitet worden. Man kann Viruspartikel als Trojanisches Pferd bezeichnen, weil man mit ihnen in das Innerste von Zellen einzudringen und die Geheimnisse verschiedener Zellfunktionen zu erkunden vermag. Gegen Ende der langjährigen Belagerung der Stadt Troja in vorgeschichtlicher Zeit erdachte der schlaue Odysseus eine List: Er ließ ein riesiges, hölzernes Pferd bauen, in dessen Innerem sich griechische Elitetruppen versteckten. Zu ihrem eigenen Unglück holten die offenbar neugierig gewordenen Trojaner dieses Monster in ihre Stadt. Sofort sprangen die Elitesoldaten aus dem Pferd, öffneten die Tore der Stadt und ermöglichten den Griechen Troja endlich einzunehmen. Angeblich wurde so der Trojanische Krieg beendet. Das Prinzip, mit Hilfe im Vergleich zur Komplexität einer Zelle relativ einfacher Viren genetische und molekularbiologische Mechanismen im Inneren der Zellen zu erforschen, geht u.a. auf die Pionierarbieten von M. Delbrück, A.D. Hershey, S. Luria und deren Schüler in den 40er und 50er Jahren dieses Jahrhunderts zurück.

Viele Bereiche des täglichen Lebens in Wirtschaft, Technik, Wissenschaft, Medizin u.a. sind abhängig geworden von der elektronischen Datenverarbeitung und -speicherung. Bedauerlicherweise sind gegen die Programme der EDV-Geräte die gefürchteten Computerviren aufgetaucht. Die Computerviren sind zerstörerische Anweisungen, die die installierten Programme auf perfide Weise blockieren, umfunktionieren oder so steuern, daß der Benutzer möglichst lange nicht merkt, daß Datenverarbeitung und -speicherung falsch gelaufen sind. Sie werden natürlich von Menschen geschrieben und verbreitet und haben mit den »richtigen« Viren materiell überhaupt nichts zu tun. Auch Computerviren sind schwer zu bekämpfen. Am besten benutzt man regelmäßig ein Virensuchprogramm immer in der modernsten Version, da ständig neue Computerviren entwickelt und in Umlauf gebracht werden. Das Wort »Virus« hat die Computerwelt von der Biologie entlehnt und für ein zerstörendes Prinzip verwendet, mit dem die wirklichen Viren in keinerlei Zusammenhang stehen.

3 Das genetische Alphabet

But I am constant as the Northern star
Of whose true fixed and resting quality
There is no second in the firmament.
William Shakespeare

Genetik ist die älteste Sprache.
Es gibt 5000 bis 6000 menschliche Sprachen.

Kenntnisse über die wichtigsten Grundregeln der Genetik lassen sich auch ohne eine Einführung in die Biochemie, die organische und physikalische Chemie vermitteln. Ein Grundwissen in diesen Fächern ist zum vertieften Verständnis der Genetik allerdings erforderlich. Grundkenntnisse in der Genetik sind aber für das Verstehen der Virologie unbedingt notwendig, daher möchte ich versuchen, sie kurz und allgemeinverständlich zu vermitteln. Eine solche Einführung kann in diesem Rahmen nur lückenhaft sein, jedoch mag sie den Leser dazu anregen, sich einen genaueren Einblick in die Genetik zu verschaffen, wozu die Virologie den einfachsten Einstieg bietet.

Vier genetische Buchstaben

Die Grundregeln der Genetik sind denen einer Sprache vergleichbar. Man kann die Genetik als die älteste Sprache betrachten. Das Alphabet dieser Sprache, in dem die genetischen Texte aller Lebewesen geschrieben sind, besteht aus vier Buchstaben. In Sonderfällen kommt ein fünfter, manchmal auch ein sechster Buchstabe hinzu. Die Buchstaben sind in Wirklichkeit chemische Verbindungen, sog. Nukleotide. Man braucht ihre Chemie nicht zu kennen, um die Grundprinzipien der Genetik annähernd zu verstehen. Die vier Grundbuchstaben sind A, C, G und T, die zwei Sonderbuchstaben mA und mC. Diese Abkürzungen stehen für die Anfangsbuchstaben der Namen der jeweiligen chemischen Verbindungen:

A	Adenosin,
mA	Methyladenosin,
C	Cytidin,
mC	Methylcytidin,
G	Guanosin und
T	Thymidin.

Der genetische Text eines mittelgroßen Virus besteht aus 30000 bis 40000 Buchstaben. Das entspricht einem Text von etwa 20 bis 30 Schreibmaschinenseiten. Die gesamte Information für die Bausteine eines Virus und ein Teil der Information für seine Vermehrung sind in der Reihenfolge der vier Nukleotide A, C, G und T im Viruserbgut verschlüsselt. Die meisten Viren kommen ohne Sonderbuchstaben aus. Wie bei den Sprachen ergibt sich der Sinn auch des genetischen Textes aus der Reihenfolge der Buchstaben. Die Reihenfolge ist einmalig für jeden Organismus.

Der grundlegende genetische Kode aus diesen Buchstaben ist weitgehend entschlüsselt. Die genetischen Wörter und Sätze enthalten ganz unterschiedliche Arten von Information. Sie ergeben einen bestimmten Wortschatz, der für die Herstellung aller Genprodukte zuständig ist. Dieser Wortschatz besteht aus 64 Dreierkombinationen, z. B. AAA, AGT, CGC u.a.. Ein Virusgenom trägt je nach Größe die Information für 50 bis 100 Genprodukte. Diese Produkte sind Eiweißstoffe (Proteine) mit jeweils sehr unterschiedlichen Aufgaben. Ein kleines Virusgenom besteht aus Tausenden, ein besonders großes maximal aus einigen 100000 Buchstaben. Das Genom des Menschen ist etwa 30000- bis 40000mal größer und komplizierter als das eines großen Virus. Die genetischen Kodierungsprinzipien jedoch sind bei Virus und Mensch die gleichen.

Die beiden Sonderbuchstaben mA und mC unterscheiden sich wenig von den Grundbuchstaben A und C, nämlich nur durch ein besonderes chemisches Anhängsel, eine sog. Methylgruppe, an die beiden Nukleotide. So wird z. B. aus C methyliertes C. Diese Modifikation verändert aber die Bedeutung im Alphabet grundlegend, vor allem in der Regelfunktion für Gene. Der Buchstabe mC spielt bei der langfristigen Abschaltung von Genen eine Rolle und hat daneben wahrscheinlich noch andere Funktionen, die nicht vollständig geklärt sind. Als sprachliche Parallele könnte man die Sinnveränderung durch Buchstabenmodifikation in den fast gleichen Worten »Achtung« und »Ächtung« im Deutschen anführen. Die Abwandlung des A zu Ä führt zu einer Sinnveränderung ins Gegenteil.

Wie schon erwähnt, entsteht der Sinn der Buchstabenfolgen aus den Reihenfolgen (Sequenzen) der Nukleotide, die in langen Kettenmolekülen aneinandergereiht sind. Die Kettenmoleküle werden chemisch als Desoxyribonukleinsäure (engl. deoxyribonucleic acid, DNA) bezeichnet. Man kann sie im Elektronenmikroskop sichtbar machen. A.K. Kleinschmidt und seine Kollegen haben 1962 eine Technik zum elektronenmikroskopischen Nachweis der DNA-Moleküle entwickelt. Abb. 3 zeigt

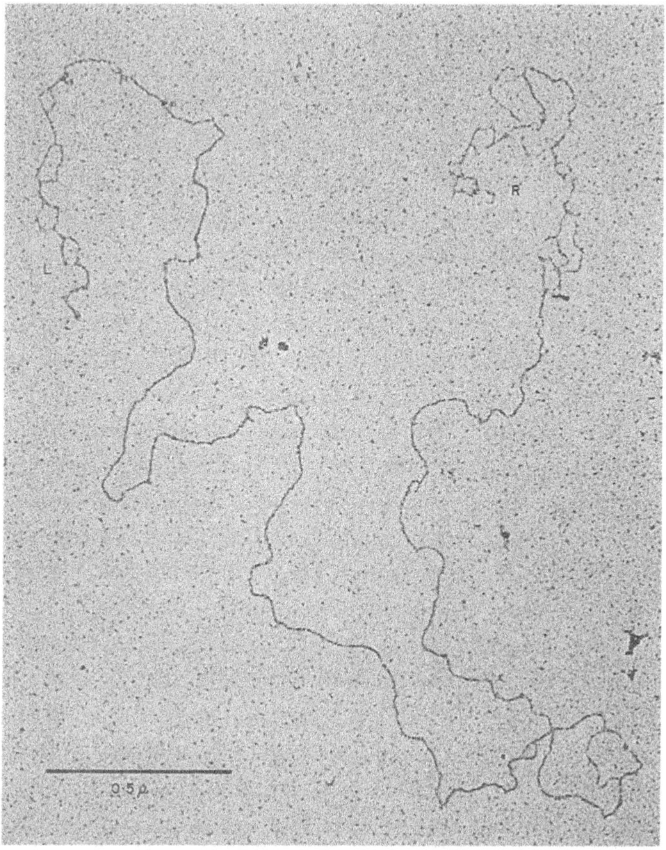

Abb. 3. Elektronenmikroskopisches Bild eines Adenovirus-DNA-Moleküls. Durch chemische Behandlung sind die beiden Einzelstränge des doppelsträngigen Moleküls an einigen Stellen voneinander getrennt. Die Einzelstränge sind als Schlaufen erkennbar; dazwischen läuft das doppelsträngige Molekül als ein Faden weiter (82000fache Vergrößerung).

das DNA-Molekül des Adenovirus Typ 2 (s. auch S. 170–175), das aus 35937 Buchstaben aufgebaut ist. Selbst bei einer 82000fachen Vergrößerung kann man die einzelnen Buchstaben in dem »wollfadenartigen« Gebilde noch nicht erkennen.

Die DNA der meisten Lebewesen besteht aber nicht nur aus einem Kettenmolekül. Zur Sicherung gegen Schädigungen aus der Umwelt sind zwei Kettenmoleküle spiralartig miteinander verflochten. In dem in Abb. 3 gezeigten Virus-DNA-Molekül sind die beiden Stränge der DNA an manchen Stellen künstlich voneinander getrennt. Man erkennt Schlaufen, die durch die beiden getrennten Einzelstränge gebildet werden.

Die Buchstaben in den beiden DNA-Strängen stehen in einer streng gesetzmäßigen Beziehung zueinander. Ein A in einem Strang erfordert ein T als Gegenüber im Gegenstrang und ein C ein G, und umgekehrt verlangt T ein A und G ein C. Die Gesetzmäßigkeit hat physikalisch-chemische Ursachen und wird als Basenpaarungsregel bezeichnet. Diese wurde zuerst von E. Chargaff in den 40er und 50er Jahren nachgewiesen. Kennt man die Buchstabenfolge in einem Strang, kann man nach dieser Regel leicht die Buchstabenfolge im Gegenstrang ableiten.

Im Jahre 1944 machten O.T. Avery, C.M. McLeod und M. McCarty die fundamentale Entdeckung, daß die DNA das die Erbinformation tragende Molekül ist (Abb. 4). Die Erkenntnis, daß das DNA-Molekül einen spiralartigen Doppelstrang darstellt, geht auf Arbeiten von R. Franklin und M.H.F. Wilkins in den frühen 50er Jahren zurück. Aus deren Daten haben J. Watson und F. Crick 1953 das Modell der DNA-Doppelhelix abgeleitet (Abb. 5). Diese wichtigen Entdeckungen über Natur und Funktion der DNA markieren den Beginn der Ära der Molekularbiologie und hatten weitreichende Folgen. Die Kenntnis der Struktur der DNA-Doppelhelix erlaubte,

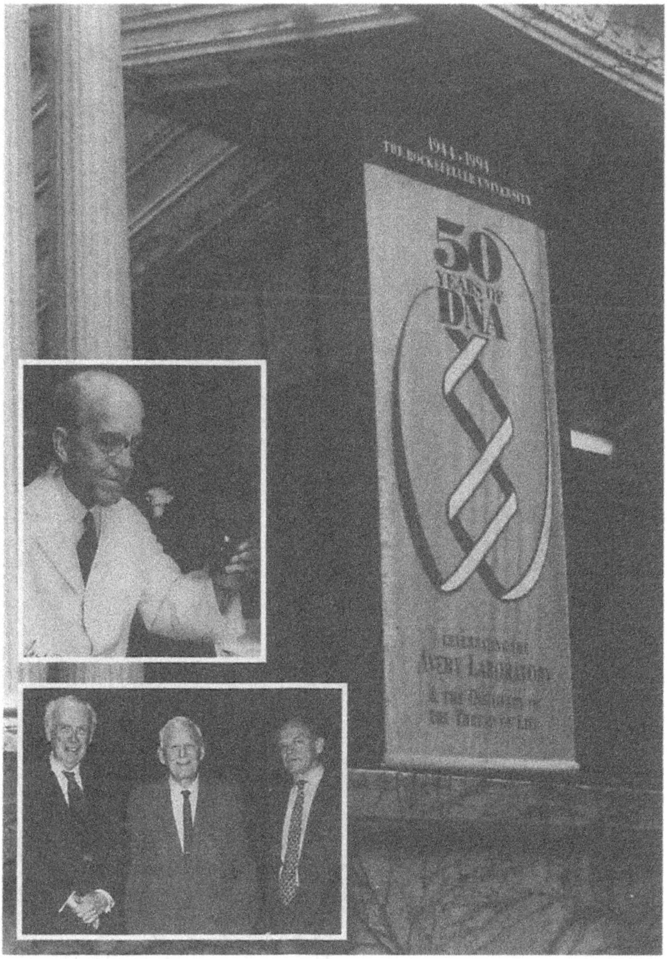

Abb. 4. 50 Jahre DNA – 1944–1994. Oben O.T. Avery, der zusammen mit M. McCarty 1944 DNA als Erbträger identifizierte. Unten J. Watson (links), M. McCarty (Mitte) und T. Wiesel, der Präsident der Universität, auf einer Feier im Jahre 1994 an der Rockefeller-Universität in New York.

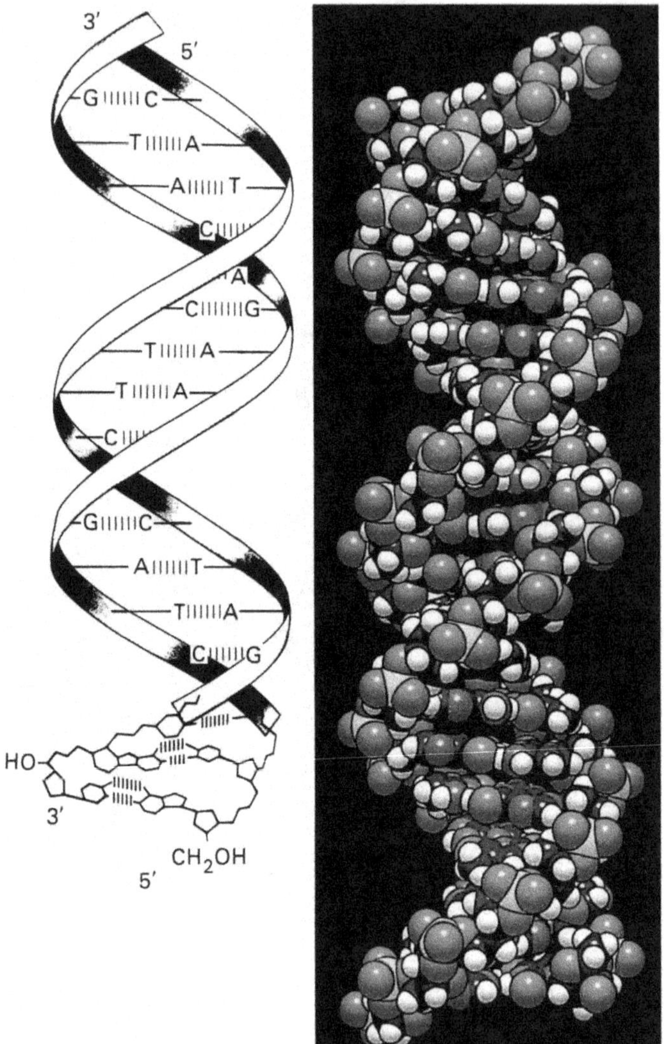

Abb. 5. DNA-Doppelhelix. Links das Schema zum Aufbau der Doppelspirale. A = T und G ≡ C sind die komplementären Buchstabenpaare, über deren Bindung die Helix stabilisiert wird. Rechts ein Modell zur Struktur der DNA, in dem jede Kugel ein Atom darstellt.

die Vermehrung des genetischen Materials, seine Konstanz von Generation zu Generation und die Überschreibung genetischer Information in Proteine abzuleiten und zu verstehen. Ohne die Entdeckung der Basenpaarungsregeln durch E. Chargaff wäre das Doppelhelixmodell möglicherweise schwerer herzuleiten gewesen.

Man kann sich leicht vorstellen, daß die Übersetzung des Informationsgehaltes im menschlichen Erbgut – oder selbst in einem Virusgenom – in die vielen einzelnen Funktionen des Körpers – oder eines Virusteilchens – keine triviale Aufgabe ist. Heute arbeiten Hunderte von Wissenschaftlern in vielen Ländern der Erde an der Entschlüsselung des menschlichen Genoms (Human Genome Project) oder der Erbanlagen anderer Organismen. In der molekularbiologischen Forschung spielen traditionell die folgenden Organismen für grundlegende Untersuchungen über Struktur und Funktion der Erbanlagen eine wichtige Rolle:

Viren,
Escherichia coli (Darmbakterium),
Drosophila (Taufliege),
Saccharomyces cerevisiae (Bäckerhefe),
Mus musculus (Maus) und natürlich
Homo sapiens (Mensch).

Neben dem Wortschatz, der für die Erstellung aller Genprodukte verantwortlich ist, gibt es ein noch komplizierteres Vokabular, das die Überschreibung der Erbinformation in Genprodukte regelt. Ein Regelwort besteht im allgemeinen aus längeren Buchstabenfolgen als Dreierkombinationen in der DNA. DNA-Regelwörter legen Orte auf dem Kettenmolekül fest, an denen bestimmte Proteine an die DNA binden können. Was ist die Funktion solcher Bindungen von Eiweißstoffen an DNA? Die Er-

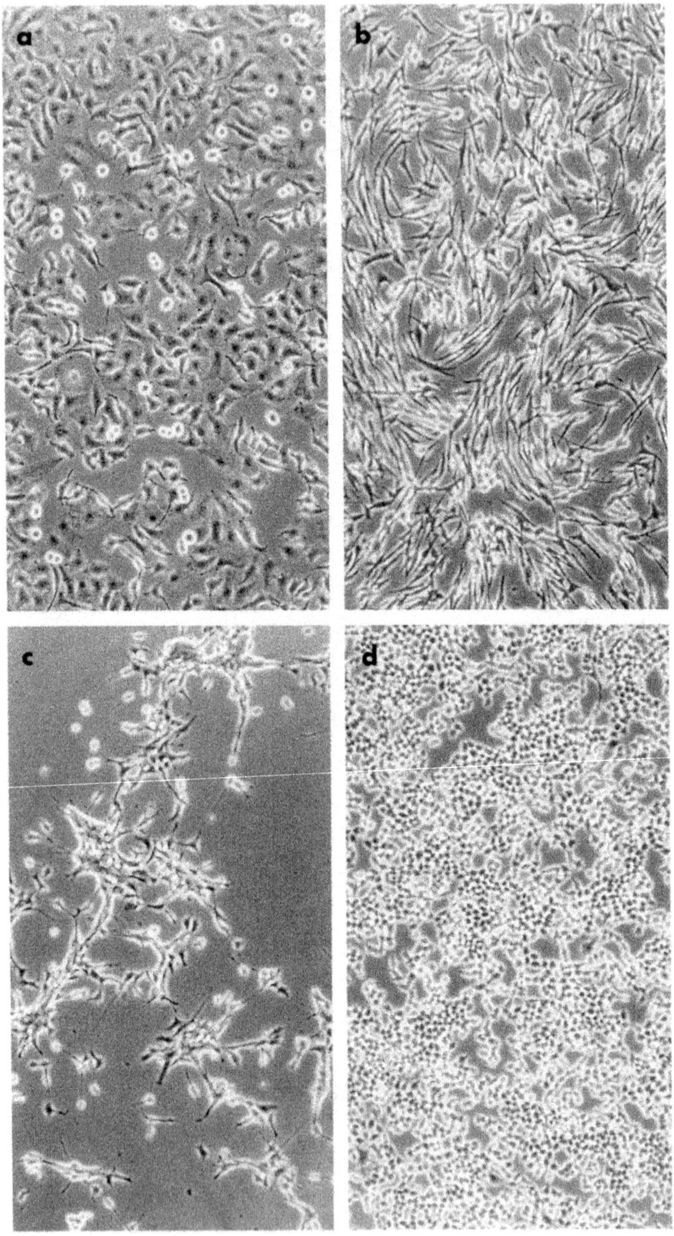

a
b
c
d

gebnisse vieler Jahre molekularbiologischer Grundlagenforschung haben gezeigt, daß fast alle Regelfunktionen in der Genetik auf der spezifischen Bindung von Proteinen an DNA (oder RNA, der Ribonukleinsäure) beruhen.

Ich möchte die Bedeutung von Regelwörtern in der DNA an einem Beispiel erklären. Alle Zellen des menschlichen Körpers enthalten die gleiche DNA, d. h. die gleiche Erbinformation, die gleichen Gene. Die schätzungsweise 220 Arten von Zellen des menschlichen Körpers sind in ihrer Form und Funktion hochgradig spezialisiert. In Abb. 6 werden einige Arten menschlicher und tierischer Zellen gezeigt, um eine Vorstellung vom tatsächlichen Aussehen der Zellen zu geben. Man kann sie nur im Mikroskop sehen. Eine Leberzelle hat ganz andere Funktionen als eine Nervenzelle im Gehirn, eine Keimzelle andere Aufgaben als eine weiße Blutzelle, die Teilfunktionen des menschlichen Abwehrsystems gegen fremde Organismen und Moleküle erfüllt. Als Ausdruck der Spezialisierung von Organ- und Zellsystemen des menschlichen Körpers werden in den einzelnen Typen von Zellen natürlich sehr unterschiedliche Genprodukte gebildet. In den Spezialistenzellen werden nur bestimmte, sehr kleine Teile des Genoms in Produkte übersetzt. In einer weißen Blutzelle sind große Teile des Genoms abgeschaltet, ebenso in einer Nervenzelle, aber in dieser betrifft die Abschaltung ganz andere Teile des Genoms. Jeder hochdifferenzierte Zelltyp zeichnet sich also durch die Aktivität ganz bestimmter, für den Zelltyp charakteristischer Teile des menschlichen Genoms aus. Durch die Spezialisierung im Aktivitätsprogramm der Zellen wird der Zelltyp be-

◄―――

Abb. 6 a–d. Verschiedene Arten von Säugetierzellen (125fache Vergrößerung): **a** menschliche HeLa-Zellen, **b** Hamster-BHK21-Zellen, **c** Maus-NIH3T3-Zellen, **d** Hamster-T637-Zellen (Adenovirus-transformierte Tumorzellen).

stimmt. Ein großer Teil des Genoms ist in den meisten Zellen inaktiviert.

Für die Aktivierung wie für die Inaktivierung großer, spezifischer Abschnitte des Genoms sind komplizierte Regelfunktionen erforderlich. An diesen Regelprozessen sind viele zelluläre Proteine beteiligt, und diese binden in sehr spezifischer Weise an ganz bestimmten Stellen an das Kettenmolekül DNA. Diese Stellen sind durch wortartige Buchstabenfolgen, sog. Motive oder Regelwörter, charakterisiert. Nicht alle Regelwörter sind bislang bekannt. Wahrscheinlich nehmen sie in der DNA vorübergehend – manche auch auf Dauer – einmalige, dreidimensionale Formen an, die an der Proteinerkennung beteiligt sind. Die ursprünglich von den Zellen eines Organismus entwickelten Regelfunktionen werden manchmal auch von Viren mitverwendet, um ihre eigenen Gene in der befallenen Zelle kontrolliert und optimal zu aktivieren. Manche Viren haben aber auch eigene Regulationsmechanismen entwickelt.

Die DNA-Kettenmoleküle in höheren Organismen geben den Forschern ein weiteres, bisher ungelöstes Rätsel auf: Wahrscheinlich enthält mehr als die Hälfte des Gesamtgenoms, z. B. des Menschen, überhaupt keine genetischen Wörter, keine Produkt- und keine Regelwörter. Es handelt sich vielmehr um Buchstabenfolgen, die in vielen bis zu millionenfachen Kopien in gleicher oder sehr ähnlicher Folge vorkommen. Da sich diese Buchstabenfolgen wiederholen, hat man sie als »repetitive Sequenzen« bezeichnet. Über den Ursprung und die möglichen Funktionen dieser rätselhaften Wiederholungen im Genom fast aller höheren Organismen kann man bis jetzt nur Vermutungen anstellen. Viren, die Genome begrenzter Größe tragen, haben nur in seltenen Fällen Sequenzwiederholungen. Die Genome der Herpesviren (s. S. 181–194) z. B. zeichnen sich durch kurze Repetitionen an oder nahe den Enden aus.

Aufbau des menschlichen Erbguts

Jede Zelle des Körpers enthält DNA von etwa 1 Meter Gesamtlänge. Der menschliche Körper besteht aus etwa 3×10^{13} bis 10^{14} Zellen. Wenn man alle DNA-Kettenmoleküle eines Menschen aneinanderknüpfte, käme man zu einer Gesamtlänge von 30 bis 100 Milliarden Kilometern, was ungefähr der 200 bis 700fachen Entfernung zwischen Erde und Sonne entspräche. Die Gesamtfolge von 3 bis 4 Milliarden Grundbausteinen im menschlichen Genom, ein präziser Text aus den fünf Buchstaben A, C, mC, G und T, liegt in jeder Zelle nicht als ein einzelner DNA-Faden vor (vgl. Abb. 3 S. 19), sondern ist in 23 Chromosomenpaaren organisiert und auf ein Eiweißgerüst, das sog. Chromatin, aufgewickelt. Das aus dem Griechischen abgeleitete Wort »Chromosom« bedeutet anfärbbares Körperchen. Man kann die Chromosomen nämlich mit bestimmten Farbstoffen anfärben, sie im Lichtmikroskop sichtbar machen und dadurch ein für jedes einzelne Chromosom spezifisches Bänderungsmuster erzeugen (Abb. 7). So lassen sich einzelne Chromosomen nicht nur nach ihrer charakteristischen Größe, sondern auch nach ihrem Bänderungsmuster identifizieren.

Alle Körperzellen enthalten 23 Chromosomenpaare. In jedem Paar ist das eine Chromosom vom Vater, das andere von der Mutter ererbt. Die Keimzellen des Menschen, also Ei- bzw. Samenzellen, enthalten einen einfachen Satz von 23 Chromosomen und damit nur halb soviel DNA wie die Körperzellen. Man spricht auch von einem haploiden (halben) Chromosomensatz, im Gegensatz zum diploiden in den Körperzellen.

Das Chromosom 1 ist das größte des Menschen. Das in diesem Chromosom enthaltene sehr lange DNA-Molekül, Träger der im Chromosom enthaltenen Erbinformation, besteht aus schätzungsweise 356 Millionen

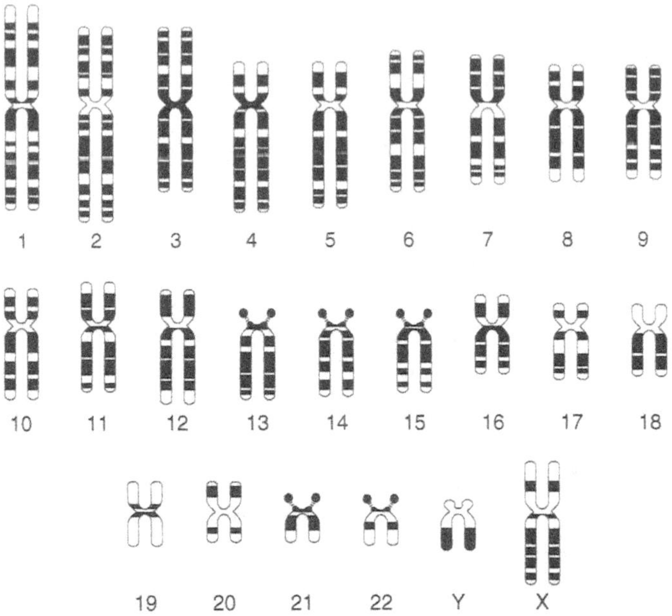
1
2
3
4
5
6
7
8
9
10
11
12
13
14
15
16
17
18
19
20
21
22
Y
X

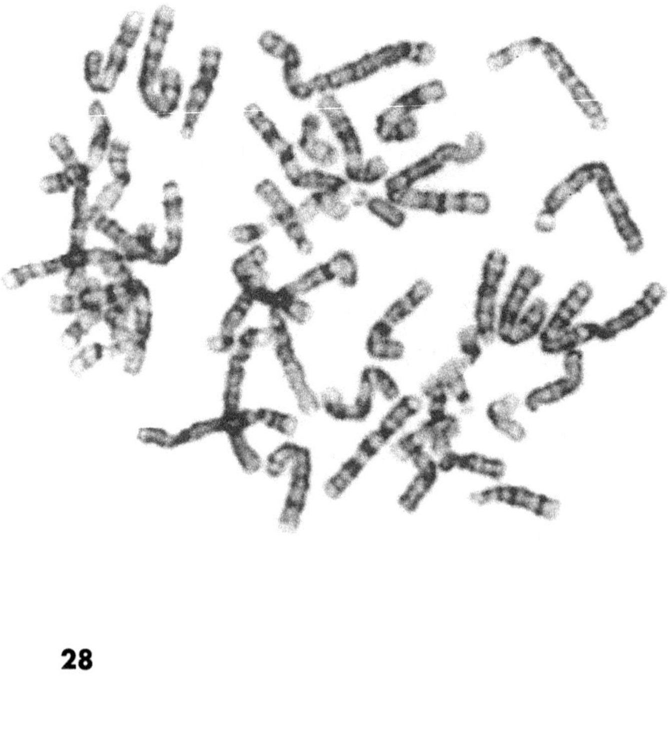

genetischen Buchstaben (Nukleotiden). Das Chromosom Nummer 21 enthält ein DNA-Molekül von etwa 67 Millionen Grundbausteinen. Chromosom 22 ist etwas größer, seine DNA etwa 98 Millionen Nukleotide lang. Bei der ersten Einteilung der menschlichen Chromosomen, die aufgrund ihrer Größe erfolgte, wurde ein Fehler gemacht, und Nummer 21 mit 22 verwechselt. Dieser Fehler in der Namensgebung ist später aus praktischen Gründen nicht mehr korrigiert worden. Die Paare 1 bis 22 bezeichnet man als die Autosomen des Menschen. Das 23. Chromosomenpaar sind die beiden sog. Geschlechtschromosomen, die sich bei Mann und Frau unterscheiden: Männliche Individuen haben als 23. Chromosomenpaar ein X- und ein Y-Chromosom; weibliche Individuen dagegen besitzen zwei fast gleiche X-Chromosomen. Die X-Chromosomen sind mit 208 Millionen Buchstabenpaaren mehr als dreimal so groß wie die aus 60 Millionen Grundbausteinen bestehenden Y-Chromosomen.

Auf dem X-Chromosom liegen die Informationen für viele wichtige Funktionen des menschlichen Körpers. Besteht in einer dieser Funktionen auf dem X-Chromosom einer Frau eine genetische Veränderung, eine sog. Mutation, so kann dieser Defekt durch die richtige Information auf dem zweiten X meist ausgeglichen werden. Ein solcher Ausgleich ist beim Mann, dessen Chromosomensatz nur ein X-Chromosom aufweist, nicht möglich.

Abb. 7. Bänderungsmuster menschlicher Chromosomen. Oben der schematisierte, geordnete Chromosomensatz. Die Autosomen haben die Nummern 1–22, die Geschlechtschromosomen die Bezeichnungen XY (beim Mann), XX (bei der Frau). Unten ein mikroskopisches Bild der angefärbten Chromosomen einer Zelle mit deutlich erkennbaren Bänderungsmustern, die sich von Chromosomenpaar zu Chromosomenpaar unterscheiden. Dieser Chromosomensatz ist nicht geordnet; die Chromosomen liegen zufällig verteilt.

Liegt auf seinem einzigen X-Chromosom ein Fehler vor, so hat dieser Mann einen genetischen Defekt, d. h. eine unter Umständen schwere genetisch bedingte Erkrankung, da ihm ein oder mehrere wichtige Genprodukte fehlen. Zwei Formen der Bluterkrankheit, die Hämophilie A und B, sowie die Rot-Grün-Blindheit sind durch Gendefekte auf dem X-Chromosom bedingt. Eine schwere, nicht seltene Form geistiger Behinderung, das sog. Fragile-X-Syndrom (brüchiges X), ist ebenfalls durch eine ganz merkwürdige Veränderung auf dem X-Chromosom bedingt und manifestiert sich in dieser schweren Form vorwiegend bei betroffenen Männern.

Bei Mutationen kann es sich um den Austausch eines Buchstabens durch einen an der betroffenen Stelle falschen Buchstaben (Punktmutation) handeln oder um die Zerstörung von Buchstaben (Deletion). Beim Fragilen-X-Syndrom liegt weder eine Deletion noch eine Mutation durch Buchstabenaustausch vor. Vielmehr haben sich Buchstaben an einer bestimmten Stelle in eigenwilliger Weise vermehrt. Aus etwa 6 bis 50 Wiederholungen der Dreierkombination CGG, wie sie bei normalen Individuen vorkommen, sind plötzlich 2000 geworden. Eine solche Erweiterung heißt Amplifikation. Ihre Ursache ist bisher noch völlig rätselhaft geblieben.

Fast alle Genprodukte sind Proteine

Die Information für den Zusammenbau aller Bestandteile des Körpers ist in der DNA des Menschen niedergelegt. Man nimmt an, daß die Information für etwa 60000 bis 70000 – vielleicht bis zu 100000 – verschiedene Gene in den Erbanlagen verschlüsselt vorliegt. Die tatsächliche Zahl unterschiedlicher Genprodukte dürfte noch höher liegen. Bei Viren ist die Anzahl der Erbanlagen sehr viel geringer: Große Viren kommen mit etwa 50 bis 100 Genen aus; die parasitischen Viren verwenden etliche Genprodukte ihrer Wirte, z. B. der menschlichen Zellen, für ihre eigene Vermehrung.

Was sind Genprodukte? Fast alle Stoffe, deren Aufbau von den Genen, den Informationseinheiten im Erbgut, bestimmt wird, sind Eiweiße. Der Name stammt vom Weißen im Hühnerei, das selbst aus mehreren verschiedenen Eiweißarten zusammengesetzt ist. Der Fachbegriff für Eiweiß lautet Protein (griech. protos, der erste). Auch Proteine sind Kettenmoleküle, die aus 20 verschiedenen Grundbausteinen, den Aminosäuren, aufgebaut sind. Chemisch sind die Grundbausteine der DNA (Nukleotide) und die 20 Aminosäuren völlig verschieden. Außer dem Hühnereiweiß sind einige wichtige Proteine im menschlichen Körper, zumindest ihre Funktion, allgemein bekannt. Das Protein, das unser Blut rot färbt und für die Übertragung des Sauerstoffs der Luft aus der Lunge in alle Gewebe des Körpers verantwortlich ist, heißt Hämoglobin. Das Hämoglobin besteht aus vier Eiweißketten, zwei Alpha- und zwei Betaketten, deren Gene auf dem menschlichen Chromosom 16 (α-Kette) bzw. 11 (β-Kette) liegen. Die α- und die β-Kette des Hämoglobins sind zwei verschiedene Eiweißmoleküle mit unterschiedlicher Aminosäurenfolge. Ein weiteres bekanntes Protein des Menschen ist das Insulin, das in besonderen Zellen der Bauchspeicheldrüse gebildet wird. Insulin erfüllt als Hormon vielseitige Aufgaben im Stoffwechsel des Körpers. Sein Fehlen führt zur Zuckerkrankheit (Diabetes mellitus).

Sehr viele Proteine sind Enzyme, d. h. Wirkstoffe des Körpers, die beim Stoffumsatz, z. B. zur Energiegewinnung oder beim Abbau von Kettenmolekülen, die wir mit der Nahrung aufnehmen, eine Rolle spielen. Der Mensch kann nur leben, indem er andere Lebewesen oder deren Produkte als Nahrung aufnimmt. Dabei müssen die Eiweiße, DNA-Moleküle und andere Stoffe, die wir z. B. mit einem Wiener Schnitzel, einer Martini-Gans oder einem Artischockensalat in unser Magen-Darm-System aufnehmen, durch spaltende Enzyme in deren Einzelbausteine zerlegt werden. Die im Magen und Darm des Menschen zu Grundbausteinen zerkleinerten Stoffe werden ins Blut aufgenommen und in verschiedenen Zellen zu körpereigenen menschlichen Eiweiß- oder DNA-Molekülen umgebaut. Es handelt sich dabei um exakt die gleichen Stoffklassen wie im zerkleinerten Schweine- oder Gansmuskel bzw. Artischockenblatt, nur die Reihenfolge der Grundbausteine ist – manchmal auch nur geringfügig – so verändert, daß die für den Menschen spezifischen Buchstabenfolgen entstehen. Wir verwenden also die Grundbausteine anderer Lebewesen und schreiben sie nach dem menschlichen genetischen Kode in unsere eigenen Eiweiß- oder DNA-Moleküle um. Seit Jahrmillionen verfahren alle Lebewesen nach diesem von der Natur vorgegebenen Prinzip. Nur so können wir am Leben bleiben. Dazu sei schon hier vermerkt, daß unser Darm nicht alle Gene vollständig abbaut. Noch komplette Gene oder deren Bruchteile aus der Nahrung werden mit dem Darminhalt laufend ausgeschieden, und zum Teil werden Bruchstücke fremder DNA in unser Blut und manche unserer Zellen aufgenommen (s. Kap. 10).

Bei allen Lebewesen spielen Proteine in vielerlei Hinsicht eine zentrale Rolle, u.a. als wesentliche Bestandteile aller Gewebe und Organe des Körpers (z. B. Kollagen), als Wirkstoffe unterschiedlichster Art, wie beispielsweise Enzyme, Hormone oder Antikörper, die den Organismus vor fremden Eindringlingen (z. B. Viren oder Bakterien) schützen, oder als Bestandteile von Virushüllen, denen es gelingt, die Abwehr des menschlichen Körpers zu überlisten. Proteine vermitteln genetische Signale in jeder Zelle. Sie schleppen Nährstoffe im Körper an die richtige Stelle. Sie regeln Wachstum und Differenzierung. Die Eiweiße im Muskel ermöglichen Bewegung. Proteine sind eine wunderbare Stoffklasse mit den unterschiedlichsten biologischen Funktionen.

Die Hunderttausende, wenn nicht Millionen verschiedener Eiweißmoleküle unterscheiden sich voneinander und erlangen ihre spezifische Funktion allein durch die einmalig spezifische Reihenfolge ihrer 20 Grundbausteine (Aminosäuren). Auch hier ist der Vergleich mit einer Sprache angebracht. Dabei kommt ein Alphabet mit 20 verschiedenen Buchstaben, wie das Eiweißalphabet, einer europäischen Sprache in der Analogie näher als das DNA-Alphabet mit vier Grund- und zwei Sonderbuchstaben. Die Sprache der Urbevölkerung von Hawaii besteht aus elf Buchstaben. Im Japanischen dagegen existieren drei verschiedene Alphabete, die Hiragana und die Katakana mit je etwa 50 Silbenzeichen und die aus dem Chinesischen übernommene Kanji mit fast 2000 sinngebenden Symbolen.

Die Texte der DNA, die im 4-Buchstaben-Alphabet der Nukleotide geschrieben sind, können in die Texte von Proteinen, die im 20-Buchstaben-Alphabet der Aminosäuren verfaßt sind, in eindeutiger Weise übersetzt werden. Für diese Übersetzung in den Zellen ist ein aufwendiger Dolmetscherapparat notwendig, der in der Realität aus einer Vielzahl komplizierter biochemischer Mechanismen besteht. Abgesehen von Spezialitäten ist dieses Dolmetscherprinzip bei allen Lebewesen der Erde identisch.

Das Grundproblem für die Entschlüsselung des genetischen Kodes wird anhand einer ähnlich gelagerten Aufgabe deutlich: Im Jahr 1799 wurde während des imperialistischen Ägyptenfeldzuges eines ehrgeizigen Generals aus Korsika bei der ägyptischen Hafenstadt Rosette

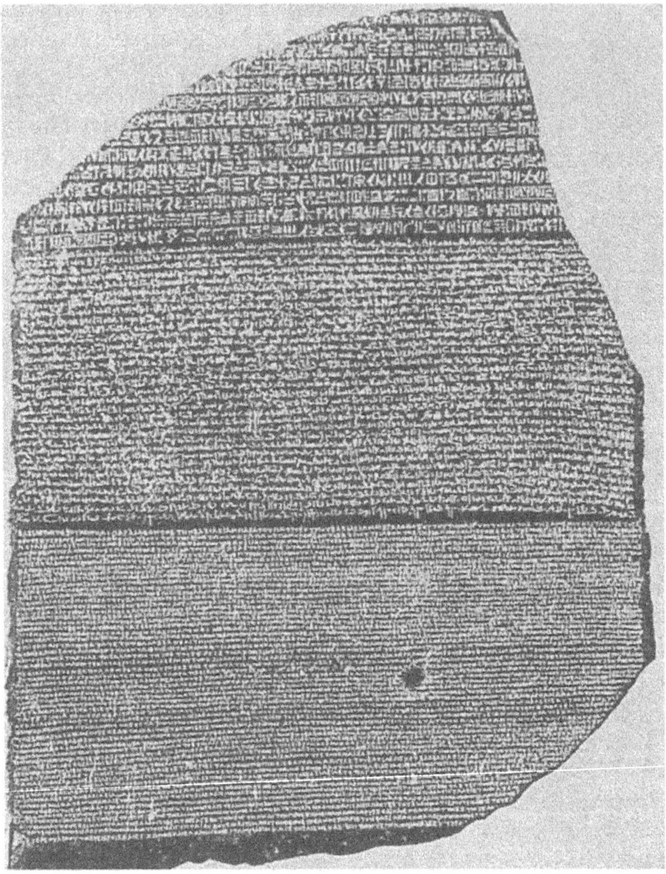

Abb. 8. Der Stein von Rosette.

im westlichen Nildelta der sog. Stein von Rosette gefunden, der als Aufschrift ein aus dem Jahr 196 v. Chr. stammendes Priesterdekret eingemeißelt trägt (Abb. 8). Glücklicherweise war der gleiche Text in hieroglyphischer, demotischer (ägyptische Umgangsschrift) und in griechischer Schrift verfaßt worden. Mit Hilfe dieser drei Texte auf dem Rosette-Stein gelang dem französischen Ägyptologen J.F. Champollion in Paris 1822 die Entzifferung der ägyptischen Hieroglyphen. Als erstes Wort konnte er den Namen des Pharaos Ptolemäus in den drei Schrifttexten zuordnen. Damit war bewiesen, daß die ägyptische Hieroglyphenschrift eine Lautschrift war.

An einem vergleichbar glücklichen Tag gelang J.H. Matthaei und M.W. Nirenberg 1961 die geniale Aufgabe der Übersetzung des DNA-Alphabets in das Proteinalphabet und damit die Entschlüsselung des primären genetischen Kodes, des Produktkodes. Jedenfalls hatten diese beiden Forscher den entscheidenden ersten Schritt getan, den eine größere Anzahl anderer Wissenschaftler fortsetzte und in aufwendiger Arbeit bis etwa 1966 vollendete.

Was ist eigentlich ein Gen?

Der Begriff des Gens wurde 1910 von W.L. Johannsen geprägt, seine Bedeutung seitdem jedoch mehrfach neu formuliert. In der Buchstabenfolge der DNA kann man funktionelle Einheiten unterscheiden. Zusammengehörende Buchstabenfolgen enthalten die Information für ein bestimmtes Genprodukt (Protein), wie z. B. für die β-Kette des Hämoglobins auf dem menschlichen Chromosom 11 oder für einen Bestandteil der Hülle eines Adenovirusteilchens auf dem Virusgenom. Die diese Informationen vermittelnden Buchstabengruppen bezeichnet man als Gene. Ein Gen trägt also die Information für ein Protein. Diese Aussage ist zwar eine Vereinfachung, aber in Annäherung richtig.

Bei relativ einfachen Organismen, wie z. B. Bakterien oder vielen Viren, ist die Buchstabenfolge eines Gens meist ununterbrochen, bildet also ein zusammenhängendes Wort, das man ganz einfach fortlaufend lesen kann. Als sprachliches Beispiel diene die berühmte:

Donaudampfschiffschleppschiffahrtsgesellschaft.

Bei höheren (vielzelligen) Organismen ist die Genstruktur insofern viel komplizierter, als die funktionell zusammengehörigen Buchstabenfolgen durch Einschübe, die scheinbar keinen Sinn ergeben, unterbrochen sind. Die »sinnvollen« Teile heißen Exons und die »sinnleeren« Introns. Ein Gen, d. h. ein sinngebendes Wort, kann in viele Bruchteile zerstückelt sein. Die Bruchstücke sind häufig über eine Gesamtlänge von Tausenden von Nukleotiden verstreut. Einen Sinn können die versprengten Genteile dank eines sehr merkwürdigen biochemischen Mechanismus aber dennoch ergeben. Das oben als Beispiel gewählte Wort würde sich im Genom höherer Organismen, auch mancher Viren, folgendermaßen darstellen:

...**donau** *tr* mngrppglsaterlpgrbbzy *tr* **dampf** *tr* lgrzyxb wcdddiyiylz *tr* **schiff** *tr* ssgrbttsrqhijjkl *tr* **schlepp** *tr* gsl pbmmm *tr* **schiff** *tr* nb xxxrheumgrojojcln *tr* **fahrts** *tr* ye rtolobcdumdgrfzby *tr* **gesellschaft** *tr* lbrsgomenffcho pen...

Der sinnvolle genetische Gesamttext, also das eigentliche Wort, wird durch einen Vorgang, der als Spleißen bezeichnet wird, aus dem Buchstabengewirr wieder zusammengefügt. Auch ein im Sturm zerrissenes Segeltau kann aus den Bruchstücken wieder zusammengespleißt werden. In dem angeführten Beispiel sind die sinnvollen Wortteile fett gedruckt. Im tatsächlichen biochemischen Spleißvorgang sind an den Übergangsstellen zwischen sinnvollem und dazwischengeschobenem, scheinbar sinnleeren Text Signale (*tr*) eingesetzt, die dem Spleißmechanismus die Wortwahl ermöglichen. Das Wortbeispiel hat den didaktischen Mangel, daß nicht nur die vier genetischen Buchstaben, sondern alle Buchstaben des im Deutschen verwendeten lateinischen Alphabetes benutzt wurden, um die Unterscheidung zwischen den fettgedruckten Wörtern (Exons) und sinnleeren Buchstabenfolgen (Introns), die mit normalen Buchstaben gedruckt wurden, zu verdeutlichen. Im genetischen Text erfolgt das Spleißen auf der Nukleotidebene, und zwar nicht bei der DNA, sondern bei deren Überschreibungsprodukt, der RNA (Ribonukleinsäure, engl. ribonucleic acid). Bei diesem Vorgang helfen sehr viele Enzyme. Das Spleißen gehört zu den sehr aufwendigen biochemischen Reaktionen in der Zelle.

Das Wortbeispiel demonstriert noch einen weiteren Aspekt des Spleißens. Häufig sind die genetisch sinnvollen Wörter nicht völlig wahllos zerlegt, sondern in bedeutungsvollen Untergruppen gegliedert, also:

Donau-dampf-schiff-schlepp-schiff-fahrts-gesellschaft.

Auch die Genprodukte (Proteine) bestehen aus Untergruppen, die Teilfunktionen der Gesamtfunktion erfüllen, wie am Beispiel des Hämoglobins mit den α- und β-Ketten zu sehen. Beim Spleißen werden die Grenzen dieser Gruppierungen häufig – nicht immer – beachtet. Möglicherweise haben sich die Proteinuntergruppen mit unterschiedlichen biologischen Funktionen während der Evolution unabhängig voneinander entwickelt. Sie wurden nach dieser Theorie dann erst zu einem sehr viel späteren Zeitpunkt in der Evolution funktionell zu den heute verwendeten und funktionsfähigen Eiweißen zusammengefügt. Diese Überlegungen könnten verständlich machen, weshalb der sonst eher abenteuerlich erscheinende Spleißmechanismus entstanden sein mag. Zur Weiterführung des für die Evolution wichtigen Spleißens wurde also ein energetisch unerhört teurer und komplizierter biochemischer Mechanismus in allen höheren Zellen entwickelt und toleriert. Unter Evolution versteht man die Entwicklung der heute existierenden Lebewesen aus einfacheren Vorstufen in den letzten 3 bis 4 Milliarden Jahren. Je nachdem, wie man Zeiträume zu definieren gewohnt ist, kann man sich diese 3 bis 4 Milliarden Jahre auch als eine 7-Tage-Periode vorstellen, denn vor IHM ist eine Milliarde Jahre wie eine Nachtwache.

Die Weitergabe der genetischen Information

Die genetische Information aller Organismen und mancher Virusgruppen ist in der DNA gespeichert. Eine große Anzahl von Viren verwendet jedoch RNA als genetischen Informationsspeicher (s. Kap. »DNA- und RNA-Viren« S. 60–61). Die DNA-Information muß in eine Form überschrieben werden, aus der sie in Proteine übersetzt werden kann. Die biochemisch-molekularbiologischen Mechanismen in jeder Zelle für diese Kopiervorgänge werden Transkription und Translation genannt. Der Überschreibungsmechanismus (Transkription) hat zur Aufgabe, die genetische Information aus der DNA in die Botschafter-RNA (engl. messenger RNA, mRNA) zu überschreiben. Die Botschafter-RNA wird in der Translation in das Proteinalphabet zu einem funktionstüchtigen Genprodukt übersetzt.

Die Ribonukleinsäure ist ein meist einzelsträngiges Kettenmolekül, das der DNA im Aufbau verwandt ist. In der RNA ist allerdings statt der Desoxyribose Ribose als Zuckerbestandteil enthalten, und statt des T (Thymidin) kommt in der RNA als vierter Grundbaustein U (Uridin) vor – zusammen also die Buchstaben A, C, G und U. Es gibt in ihrer Funktion verschiedene RNA-Arten (s. S. 42); eine ist die Botschafter-RNA. Die Buchstabenfolge in der

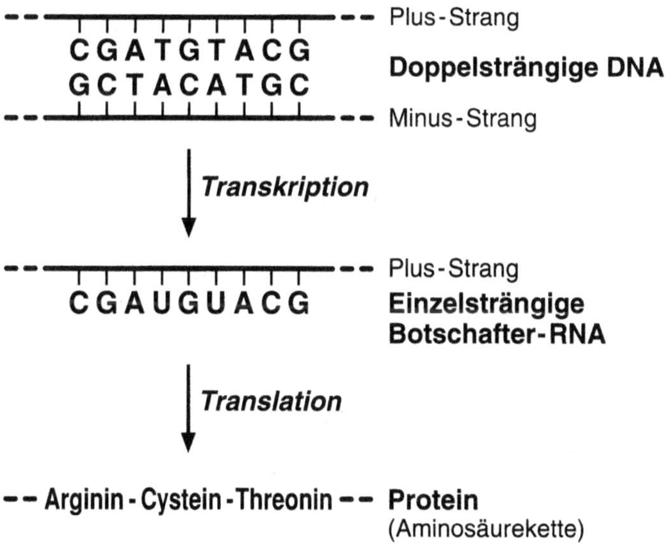

Abb. 9. Genexpression: Die Buchstabenfolge des genetischen Textes mit den vier Buchstaben A, C, G und T der DNA wird in die Botschafter-RNA mit den Buchstaben A, C, G und U überschrieben (Transkription) und anschließend in das 20-Buchstaben-Alphabet eines Proteins übersetzt (Translation).

Botschafter-RNA, die in die Aminosäurenfolge des Genproduktes übersetzt wird, hat man durch Definition als die »Plus-Information«, den Plus-Strang festgelegt.

Bei der Überschreibung von doppelsträngiger DNA in die im allgemeinen einzelsträngige Botschafter-RNA wird nur ein DNA-Strang abgelesen (Abb. 9). Die doppelsträngige DNA besteht aus einem sog. Plus- bzw. Positivstrang und einem Minus- bzw. Negativstrang. Der Plusstrang weist die Buchstabenfolge der Botschafter-RNA auf, allerdings im DNA-Alphabet (A, C, G, T). Nur der zum Plusstrang komplementäre Minusstrang der DNA kann in die Plus-Botschafter-RNA im RNA-Alphabet (A, C, G, U!) überschrieben werden.

Die Komplementarität des Plus- zum Minus-DNA-Strang und des Plus-Botschafter-RNA-Stranges zum Minusstrang der DNA ist durch die Buchstabenpaarungsregel gegeben. Aufgrund ihrer chemischen Struktur sind immer die Buchstaben A=T (A=U bei RNA), T=A und C≡G, G≡C in gegenüberliegenden Buchstabenketten miteinander verbunden (s. auch Abb. 5 S. 22). Die Anzahl der Striche zwischen den genetischen Buchstaben entspricht der Stärke der Bindung. G≡C ist stärker gebunden als A=T. Diese einfachen Regeln garantieren die Identität der Weitergabe der genetischen Information: die Genauigkeit der DNA-Vermehrung (Replikation) und die Exaktheit der Überschreibung in RNA (Transkription). Jedes Lebewesen ist an die genetische Information, d. h. die einmalige Buchstabenfolge, die es ererbt hat, für den Rest seines Lebens gebunden und gibt diese Buchstabenfolge auch an alle seine Nachkommen weiter. Gelegentlich können einzelne Buchstaben durch Mutationen ausgetauscht werden. Solche Austausche sind bestenfalls stumm. Manchmal jedoch haben sie für den Organismus katastrophale oder nachteilige Folgen. Ganz selten können sie auch einmal Vorteile bringen.

Transkription: Überschreibung der genetischen Information von der DNA in RNA

Unter strenger Beachtung der Buchstabenpaarungsregeln wird die Information, d. h. die DNA-Nukleotidsequenz, aus dem Minusstrang der DNA in die Buchstabenfolge einer Plusstrang-Botschafter-RNA überschrieben. Die Fehlerrate bei dieser Überschreibung schätzt man auf einen Fehler bei 10000 Buchstaben. Die Aufgabe des Überschreibens übernimmt ein spezielles Protein:

die DNA-abhängige RNA-Polymerase. Sie benötigt neben der DNA als Matrize, die vier Grundbausteine A, C, G und U in aktivierter Form aus dem RNA-Buchstabenspeicher der Zelle und einige Salze, insbesondere kleine Mengen Magnesiumsalz. Bei höheren Organismen gibt es mindestens drei solcher Enzyme, die RNA-Polymerasen I, II und III, von denen jede wiederum aus einer größeren Anzahl verschiedener Proteinuntereinheiten besteht.

Die RNA-Polymerase II überschreibt die Botschafter-RNA praktisch aller zellulären und vieler viraler Gene von DNA-Viren. Gelegentlich enthalten auch die DNA-Viren mit großen Genomen eine eigene DNA-abhängige RNA-Polymerase oder tragen die Information für sie in ihrem Genom.

Die RNA-Polymerase I überschreibt die im DNA-Genom eingetragene Information für die ribosomale RNA (rRNA), die für den Aufbau der Ribosomen und Polysomen benötigt wird (s. auch S. 48–49). Dabei handelt es sich um sehr große Mengen von RNA. Die Polysomen sind durch RNA perlenkettenartig verbundene Ribosomen (s. Abb. 10 S. 41; Abb. 46 S. 233). Sie stellen den Ort der zellulären Proteinsynthese dar. Man kann Polysomen als die Fließbänder der Zelle betrachten, an denen alle Proteine zusammengebaut werden.

Die RNA-Polymerase III schließlich überschreibt bestimmte kleine RNA-Moleküle der Zelle bzw. bei den Viren Spezial-RNA-Moleküle. Auch kleine zelluläre RNAs, die beim Spleißen der Botschafter-RNA von Bedeutung sind, sowie die Transfer-RNA (s. unten) werden von der RNA-Polymerase III zusammengebaut.

Die Überschreibung von genetischer Information aus der DNA in Botschafter-RNA ist ein äußerst präzise regulierter Vorgang. In einem hochentwickelten Organismus, wie z. B. dem Menschen, hat jede der 220 Zellarten ein eigenes Aktivitätsspektrum von Genen. Von den mindestens 70000 bis 100000 Genen in der menschlichen DNA werden nur einige, manchmal nur sehr wenige überschrieben. Die meisten Gene sind langfristig abgeschaltet (s. S. 25). Viren haben nur wenige, manchmal höchstens 50 bis 100 Gene – je nach Größe des Genoms. Die einzelnen Virusgene werden kaskadenartig, in einer exakt regulierten Weise überschrieben. An der Regulation der Genexpression – so nennt man die Überschreibung in Botschafter-RNA und Proteine – sind sowohl für zelluläre als auch für virale Gene unzählige Proteine beteiligt. Man hat bisher fast 100 verschiedene Proteine identifiziert, die an der Aktivierung oder Inaktivierung von Genen beteiligt sein können. Diese Proteine heißen Transkriptionsfaktoren. Sie wurden erstmals durch Forschungsarbeiten an viralen Genomen entdeckt. Die DNA-abhängigen RNA-Polymerasen stellen gewissermaßen nur den Zylinderblock im Motor der Transkription dar. Die verschiedenen Transkriptionsfaktoren sind dabei mit den einzelnen Regelteilen eines Motors vergleichbar.

Translation: Übersetzung der genetischen Buchstabenfolge in das Proteinalphabet

In der Genetik kann man – vergleichbar der japanischen Sprache – verschiedene Alphabete unterscheiden:

1. Das genetische Alphabet der DNA mit den Buchstaben A, C, G und T oder der RNA mit den Buchstaben A, C, G und U. Das U ist in jeder Beziehung, auch bei der Buchstabenpaarung mit A, dem T sehr nahe verwandt.
2. Das nur teilweise bekannte, komplizierte Alphabet, das die Bindung von Proteinen an DNA oder

RNA regelt. Hier handelt es sich um längere (keine Dreierkombinationen!) Erkennungssequenzen auf dem DNA-Molekül. Solche spezifischen Bindungsstellen erkennen die Proteine, wie z. B. die Transkriptionsfaktoren, bei der An- oder Abschaltung von Genen. Die Protein-DNA- oder Protein-RNA-Komplexe nehmen wahrscheinlich die Form dreidimensionaler Gebilde an, und diese können wiederum

Tabelle 1. Die 20 Aminosäuren und die gebräuchlichen Abkürzungen

Aminosäure	Internationale Buchstaben-bezeichnung	Abkürzung
Alanin	A	Ala
Arginin	R	Arg
Asparagin	N	Asn
Aspartat	D	Asp
Cystein	C	Cys
Glutamin	Q	Gln
Glutamat	E	Glu
Glycin	G	Gly
Histidin	H	His
Isoleucin	I	Ileu
Leucin	L	Leu
Lysin	K	Lys
Methionin	M	Met
Phenylalanin	F	Phe
Prolin	P	Pro
Serin	S	Ser
Threonin	T	Thr
Tryptophan	W	Trp
Tyrosin	Y	Tyr
Valin	V	Val

spezifische Erkennungssignale für die Bindung weiterer Proteine darstellen.

3. Das Proteinalphabet hat 20 Buchstaben, die den 20 Eiweißbausteinen (Aminosäuren) entsprechen. Proteine bestehen aus mehreren Hunderten bis Tausenden Aminosäuren. Die unzähligen verschiedenen Eiweißstoffe erlangen ihre Spezifität, wie Wörter oder Sätze einer Sprache, durch die einmalige Aminosäurenfolge. In Tabelle 1 sind die 20 Aminosäuren, die nach einer internationalen Vereinbarung mit diesen Abkürzungen bezeichnet werden, aufgeführt.

Über den biochemischen Mechanismus der Translation wird die genetische Information der Botschafter-RNA, die in der Sequenz von A, C, G und U verschlüsselt liegt, in das 20-Buchstaben-Alphabet der Proteine übersetzt. Als Dolmetscher arbeitet daran ein aufwendiger Apparat (s. auch S. 48, 49). Der Proteinsyntheseapparat ist aus den Polysomen, vielen Enzymen und kleinen RNA-Molekülen, der sog. Überträger-RNA (engl. transfer RNA, tRNA) zusammengesetzt. Jeder der 20 Proteinbuchstaben hat mehrere, nur für ihn arbeitende tRNA-Schleppermoleküle.

Der genetische Kode, der das 4-Buchstaben-Alphabet der DNA/RNA-Ebene dem 20-Buchstaben-Alphabet der Proteine Buchstabe für Buchstabe zuordnet, ist ein Triplettkode (s. auch S. 46, Tabelle 2). Drei Buchstaben auf DNA/RNA-Ebene legen einen Buchstaben auf Proteinebene fest. Die Dreierkombinationen werden auch Kodons genannt. UUU z. B. bedeutet F (Phenylalanin), ACA bedeutet T (Threonin), AUG bedeutet M (Methionin) (s. auch Tabelle 2 S. 46). AUG signalisiert auch den Beginn eines Proteinwortes (Startkodon). Die Stopkodons UAA, UAG und UGA bedeuten »Ende des Proteins«. In Tabelle 2 ist das Kodierungschema

Tabelle 2. Der genetische Kode ist ein Triplettkode

1. Position	2. Position				3. Position
	U	C	A	G	
U	Phe	Ser	Tyr	Cys	U
	Phe	Ser	Tyr	Cys	C
	Leu	Ser	Stop	Stop	A
	Leu	Ser	Stop	Trp	G
C	Leu	Pro	His	Arg	U
	Leu	Pro	His	Arg	C
	Leu	Pro	Gln	Arg	A
	Leu	Pro	Gln	Arg	G
A	Ile	Thr	Asn	Ser	U
	Ile	Thr	Asn	Ser	C
	Ile	Thr	Lys	Arg	A
	Met (Start)	Thr	Lys	Arg	G
G	Val	Ala	Asp	Gly	U
	Val	Ala	Asp	Gly	C
	Val	Ala	Glu	Gly	A
	Val	Ala	Glu	Gly	G

abgebildet, aus dem man alle 64 (4^3) Tripletts, die maximal vorkommen können, und ihre Kodonbedeutung ablesen kann.

Der genetische Kode ist universell, denn er gilt für alle Lebewesen, für Viren wie für Menschen, und er ist degeneriert, d. h. für einen Proteinbuchstaben wie z. B. L (Leucin) gibt es mehrere Kodierungstripletts, hier im einzelnen: UUA, UUG, CUA, CUG, CUC und CUU. Dieselbe Proteinsequenz kann also auf etwas unterschiedliche Weise festgelegt werden. Verschiedene Organismen bevorzugen jeweils verschiedene der zulässigen Tripletts für die Festlegung ihrer Proteinbuchstaben.

Zum Abschluß und zur Verdeutlichung eines wichtigen Zusammenhanges soll nochmals folgendes hervorgehoben werden:

Die Reihenfolge der die Proteinsequenz bestimmenden Tripletts – und damit die Buchstabenfolge auf DNA-Ebene – legt die Buchstabenfolge aus 20 möglichen Aminosäuren in jedem Protein einmalig fest. Die Zusammensetzung, Form und Funktion von allen in der Natur vorkommenden Proteinen ist immer genetisch durch die DNA-Nukleotidsequenz eindeutig im Erbgut eines Organismus vom Beginn seines Lebens an schicksalhaft festgelegt – schicksalhaft deshalb, weil »Fehler« (Mutationen) in der DNA-Buchstabenfolge und damit im zugehörigen Protein unter Umständen zu schweren Erbkrankheiten führen können.

Zum Aufbau von Zellen

In den vorausgegangenen Kapiteln wurde wiederholt die Rolle von Zellen und ihren Bestandteilen, den sog. Zellorganellen, erwähnt. Zum besseren Verständnis der dargelegten Sachverhalte möchte ich hier die wichtigsten Kenntnisse über den grundsätzlichen Aufbau von tierischen – also auch menschlichen – Zellen vermitteln. Die Abb. 10 zeigt den schematisierten Aufbau einer tierischen Zelle.

Die Zelle ist von einer Membran umgeben. Diese besteht aus zwei Fettschichten – man nennt sie auch Lipiddoppelschicht – und darin eingelagerten Proteinen, den Membranproteinen (Abb. 11, S. 48). Die Proteine der Zellmembran sind im allgemeinen dreiteilig; sie haben drei Domänen: eine an die Zelloberfläche reichende Domäne, die je nach Protein, z. B. als Virusanker dienen könnte, einen in der Zellwand fixierten Bereich und eine

Domäne, die im Zellplasma (Zytoplasma) liegt. Alle Stoffe, die in die Zelle gelangen sollen (Viren wollen!), werden über spezifische Rezeptoren oder Kanäle in der Zellmembran eingeschleust.

Im Inneren der Zelle nimmt der Zellkern (Nukleus) eine zentrale Rolle ein. Der Kern ist durch die Kernmembran vom übrigen Zellinhalt abgegrenzt. Die Kernmembranporen ermöglichen den Stoffaustausch zwischen Kern und Zytoplasma der Zelle (Abb. 12, S. 49), z. B. für den Export der Botschafter-RNA aus dem Kern in das

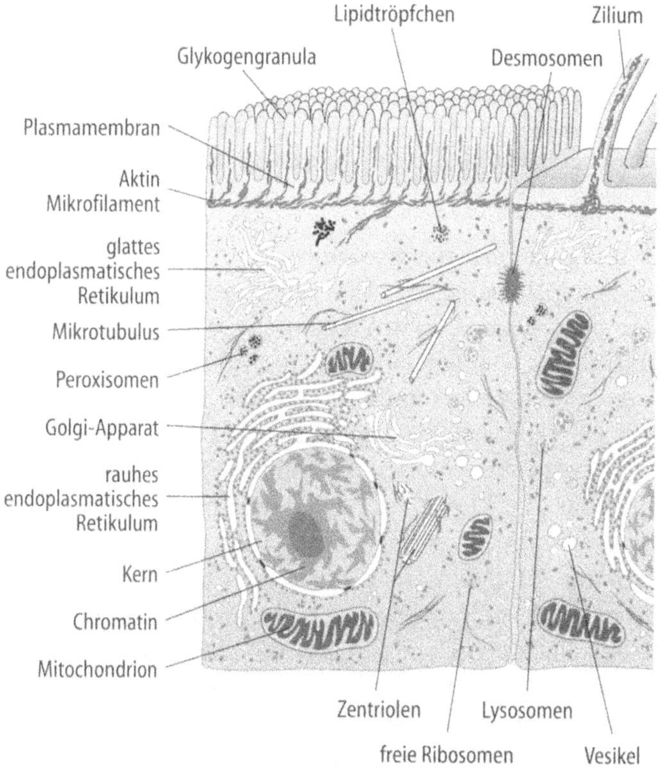

Abb. 10. Schematische Darstellung einer tierischen bzw. menschlichen Zelle mit den wichtigsten Zellorganellen.

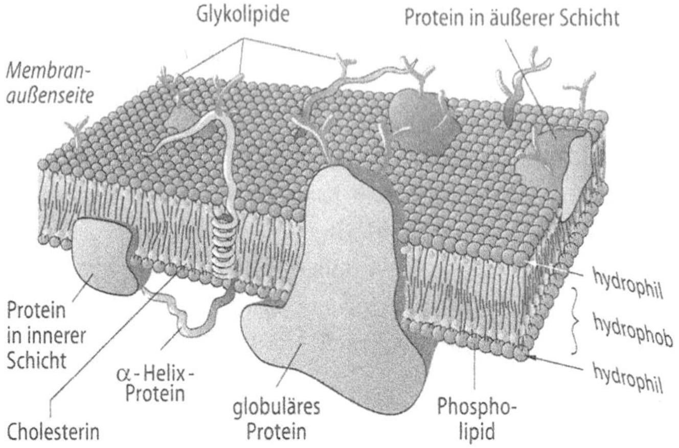

Abb. 11. Schema der Zytoplasmamembran. In eine Fettdoppelschicht sind Eiweißmoleküle eingelagert, die teils nur in der Außen- oder nur in der Innenschicht verankert sind, häufig aber vom Inneren der Zelle bis an die Zelloberfläche reichen.

Zytoplasma oder für den Import von Virusproteinen, die im endoplasmatischen Retikulum synthetisiert wurden und anschließend in den Zellkern transportiert werden müssen. Im Zellkern sind die Chromosomen mit der gesamten genetischen Information der Zelle eingeschlossen. Die typische Chromosomenstruktur, wie sie Abb. 7 S. 28 zeigt, wird nur in bestimmten Phasen der Zellteilung, der sog. Metaphase, erkennbar. In ruhenden Zellen sind nicht die einzelnen Chromosomen erkennbar, sondern nur das Chromatin als einheitlich gefärbte Substanz. Doch die Anordnung der DNA im Zellkern ist nicht zufällig, alle DNA-Abschnitte in spezifischen chromosomalen Bereichen nehmen auch im Kern einer ruhenden Zelle eine einmalige Position ein.

Das endoplasmatische Retikulum baut sich aus Membranen auf, an denen die aus vielen Ribosomen und Botschafter-RNA bestehenden Polysomen aufgehängt

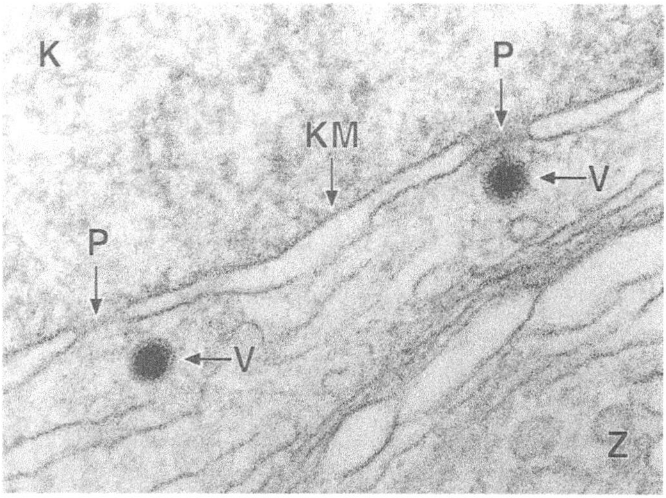

Abb. 12. Kernmembran mit Membranporen (Pfeile). Adenoviren, die als schwärzliche Teilchen erscheinen, gelangen durch diese Poren in den Kern (K) einer Zelle; Z Zytoplasma (elektronenmikroskopische Aufnahme).

sind. Die Polysomen sind die Orte der Proteinsynthese in der Zelle (s. S. 43–47). Ribosomen gliedern sich in zwei Untereinheiten, die wiederum aus einer großen Anzahl verschiedener Proteine und RNA-Moleküle (ribosomale RNA) aufgebaut sind. In manchen Zellarten, wie z. B. Zellen der Bauchspeicheldrüse oder der Leber, in denen viele für den Körper wichtige Stoffe synthetisiert werden, nimmt das endoplasmatische Netzwerk (Abb. 10, S. 41) einen großen Raum in der Zelle ein.

Die Mitochondrien enthalten ebenfalls verschlungene Lamellensysteme aus Membranen. In diesen Zellorganellen wird durch den Stoffumsatz Energie für die Funktionen der Zelle erzeugt. Man kann sie als die Kraftwerke einer Zelle bezeichnen. Die Transportform für die Energie auf Zellebene ist für die gesamte belebte Natur ein Spezialmolekül, das Adenosintriphosphat (ATP), in dem die Energie in Form bestimmter chemischer Bindungen (energiereicher Phosphatbindungen) gespeichert ist. In den Mitochondrien findet man auch DNA, die Mitochondrien-DNA, mit einigen sog. Mitochondriengenen, die für ein paar der speziellen Proteine der Mitochondrien kodieren.

Dem Golgi-Apparat, einem ebenfalls kompliziert gebauten System aus Membranen und Enzymen, kommt die Aufgabe zu, manche Proteine nach deren Fertigstellung (Translation) mit einem sehr präzise festgelegten »Zuckerguß« zu versehen: Spezielle Enzyme hängen an bestimmte Aminosäuren mancher Eiweiße Zuckerketten an. Die Proteine mit Zuckerguß bezeichnet man als Glykoproteine. Viele Membranproteine von Zellen und Viren, auch die Virenanker in der Zellmembran (Rezeptoren), sind Glykoproteine. Der Golgi-Apparat wurde von dem Anatomen C. Golgi 1898 erstmals beschrieben.

Eine Zelle erhält ihre Form durch ein Zytoskelett, ähnlich wie bei Mensch und Tier das Knochenskelett diese Funktion erfüllt. Das Zytoskelett einer Zelle besteht aus mehreren unterschiedlichen Proteinen, z. B. Aktin, Fibrillin und Tubulin, die zu kabelähnlichen Strukturen im Zytoplasma verbunden sind. Neben der mechanischen Stützfunktion spielen diese »Kabel« möglicherweise auch eine Rolle beim Transport von Zellstrukturen – auch von Viren oder Zellorganellen – innerhalb der Zelle.

4 Was sind Viren?

Viren sind Pakete von Genen und genetischen Elementen mit Jahrmillionen an biologischer Erfahrung.

Die Lehre von den Viren heißt Virologie. Das Wort ist von dem lat. Wort »virus« und dem griech. Wort »logos«, das Wort oder Vernunft bedeutet, abgeleitet. Wissenschaftler, die mit oder über Viren forschen, nennt man Virologen. Heute bedient man sich in allen Zweigen dieses Fachgebietes molekularbiologischer Konzepte und gentechnologischer Methoden. Schon seit etwa 20 Jahren kann man Virusforschung ohne Gentechnologie nicht mehr betreiben. Die Virologie ist ein Teilgebiet der Molekularbiologie und der Genetik geworden, hat aber natürlich immer auch einen äußerst wichtigen Bezug zur Infektionsbiologie und zur praktischen Medizin. In der Tat hat dieses Fachgebiet, ähnlich wie die Mikrobiologie, Immunologie, Zellbiologie und medizinische Genetik, ganz wesentlich dazu beigetragen, die Molekularbiologie in die medizinisch-klinische Grundlagenforschung einzuführen. Es fällt heute schwer, die genannten Fachgebiete voneinander abzugrenzen; sie sind durch die Molekulargenetik untrennbar miteinander verbunden.

Bevor wir uns einzelnen virologischen Fragestellungen, verschiedenen Virusarten und den durch sie ausgelösten Krankheiten zuwenden, müssen einige grundlegende Prinzipien der allgemeinen Virologie erklärt werden. Jedes Fachgebiet hat seine eigene Sprache und Terminologie. Man muß sich also wenigstens mit den wichtigsten Bezeichnungen und Fachausdrücken vertraut machen. So sollen zunächst übergeordnete Eigenschaften der Viren und ihre Beziehung zu Zellen oder Organismen betrachtet werden.

Genpakete als infektiöse Parasiten

Wie alle Organismen enthalten Viren Gene. Virusgene sind von einer Schutzschicht aus Proteinen umgeben, die sie vor der Zerstörung durch Umwelteinflüsse schützen und das Eindringen in Zellen ermöglichen. Die Gesamtheit aller Virusgene kann im Virusgenom sehr unterschiedlich organisiert sein. Ebenso vielgestaltig sind die Virushüllen ausgeprägt, deren Außenseite wir im Elektronenmikroskop sehen können (Abb. 13 und 14). Viren bestehen zum einen aus Nukleinsäure, entweder Desoxyribonukleinsäure (DNA) oder Ribonukleinsäure (RNA), die als Erbmoleküle die Gesamtheit der genetischen Information des Virus enthalten, und zum anderen aus einer Hülle, die entweder nur aus verschiedenen Proteinen oder aus einer Protein-Membran-Mischform aufgebaut sein kann. Die Membranteile stammen von Zellmembranen der befallenen Wirtszellen. Beim Austritt aus der Zelle hüllt sich das Virus in diese Membran ein (s. S. 58–59, Abb. 16). Viren sind also Nukleoproteinpartikel, d. h. ein Komplex aus Nukleinsäuren und Eiweißen, die isoliert für sich keinerlei Anzeichen des Lebendigen aufweisen.

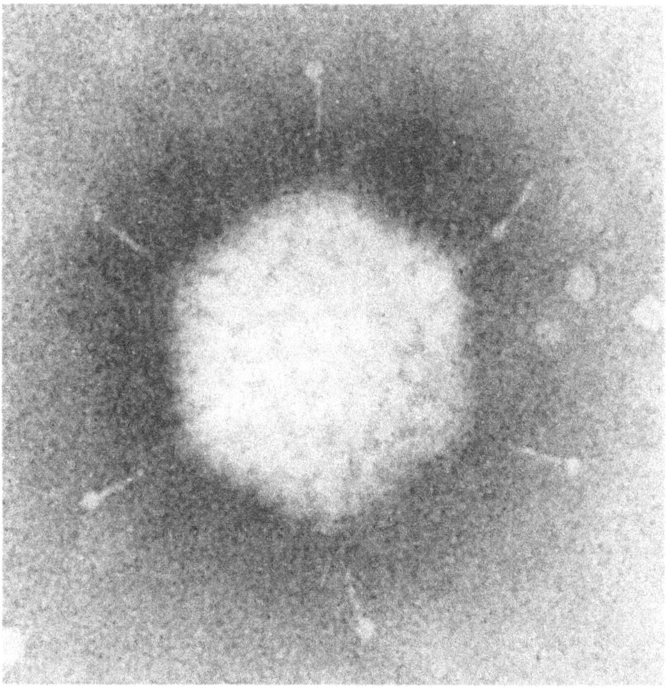

Abb. 13. Elektronenmikroskopisches Bild eines Adenoviruspartikels (500 000fache Vergrößerung). Man erkennt Strukturelemente in der Oberfläche, die sog. Hexone. An den Scheitelpunkten des Ikosaeders sind antennenartige Fortsätze zu sehen, die für die Infektion von Zellen wichtig sind.

Die Proteine in der Virushülle haben nicht nur die Aufgabe, das Virusgenom zu schützen, sondern vermitteln darüber hinaus die Fähigkeit, ganze Teilchen oder nur das Erbgut in Zielzellen einzuschleusen. Es gibt ganz unterschiedliche Mechanismen, mit deren Hilfe Viren die Zellmembran überwinden können. Viruspartikel, auch Virionen genannt, können sich nur in lebenden Zellen vermehren.

Gelegentlich enthalten Virionen einige wenige, aber für die Vermehrung des Virus essentielle Enzyme, z. B.

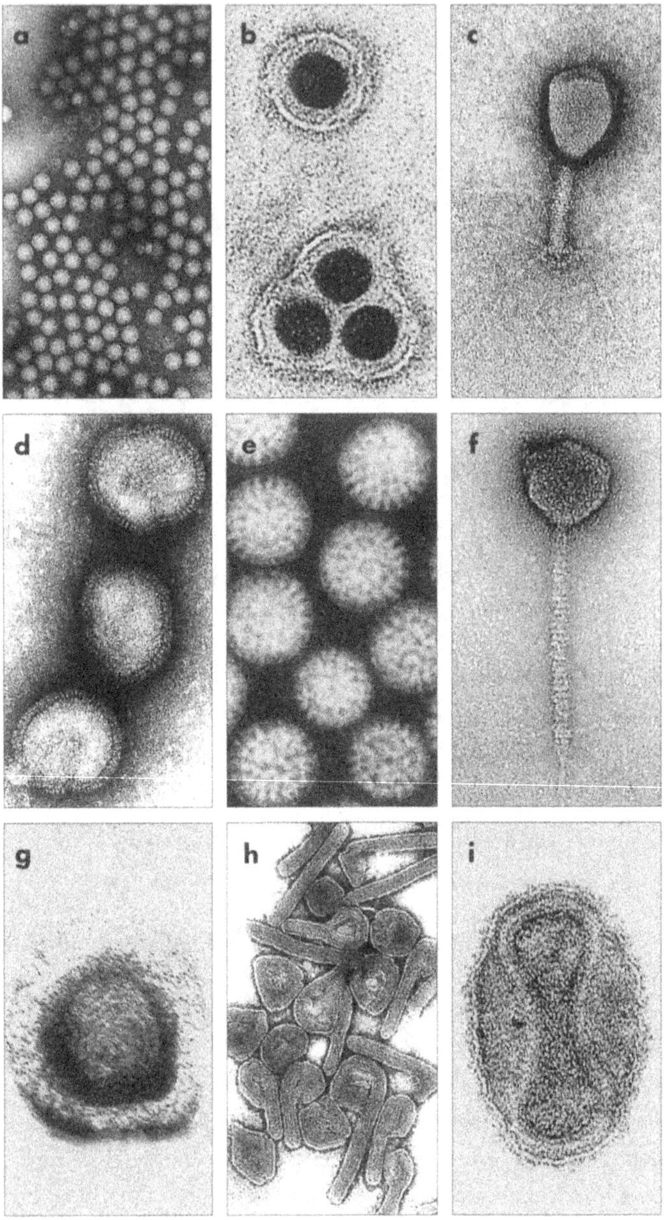
a
b
c
d
e
f
g
h
i

Polymerasen. Im übrigen verwendet das Virusgenom alle in Zellen vorhandene Mechanismen für seine Vermehrung, so für die Vermehrung seines Genoms (Replikation), dessen Überschreibung und Übersetzung in Virusproteine und für die Neubildung infektiöser Viruspartikel.

In ihren Zielzellen können sich Viren unter Ausnutzung aller dafür notwendigen Zellstrukturen und -mechanismen zu einer sehr großen Anzahl von Teilchen vermehren. Es ist durchaus möglich, daß eine infizierte Zelle 1000 bis 100000 Viruspartikel enthält, die aus der Vermehrung von einem oder wenigen Virionen hervorgegangen sind.

Viren sind hochspezialisiert: Sie können nur Zellen eines ganz bestimmten Organismus oder sogar nur einzelne Zelltypen in einem Organismus infizieren, weil sie sich spezifischer Rezeptoren (Aufnahmevorrichtungen) in den Zellmembranen bedienen, um in die Zellen eindringen zu können. So befällt z. B. das Poliomyelitisvirus beim Menschen vorwiegend Zellen des Magen-Darm-Traktes und des zentralen Nervensystems. Die von Viren verwendeten Rezeptoren sind natürliche Zellbestandteile, häufig Glykoproteine (s. S. 50), die eigentlich andere Funktionen für die Zelle erfüllen. Es ist ihnen gelungen, einige ihrer eigenen Hüllproteine so anzupassen, daß sie an die Rezeptoren der Wirtszellen binden und so ins Zellinnere gelangen können.

Viren sind infektiöse Elemente, die – je nach Spezialisierung – Krankheiten bei den von ihnen befallenen Organismen auslösen können.

Abb. 14. a Poliomyelitisvirus, **b** Baculovirus, **c** T4-Bakteriophage, **d** Influenzavirus, **e** Rotavirus, **f** λ-Bakteriophage, **g** Herpesvirus, **h** Ebolavirus, **i** Pockenvirus.

Einteilung der Viren

Nach ihrer Form, ihren infektiösen Eigenschaften und ihrer Wirtsspezifität kann man die Viren in verschiedene Gruppen einteilen. Da es Zehntausende verschiedener Arten gibt, ist auch die Einordnung der Viren (Taxonomie) kompliziert geworden. Man kann die Einteilung nach unterschiedlichen Prinzipien vornehmen.

Bunte Vielfalt der Virusformen

In der belebten wie der unbelebten Natur kann man sich an der Vielfalt der Formen und Erscheinungen auch ohne naturwissenschaftliche Detailkenntnisse erfreuen, denn elektronenmikroskopische Aufnahmen von Viren bieten dem Betrachter ein faszinierendes Kaleidoskop an wunderschönen Formen. Die Partikelgröße schwankt je nach Art des Virus zwischen etwa 20 und 1000 Nanometern. Ein Nanometer ist ein Millionstel Millimeter, also mit dem Auge und auch im Lichtmikroskop nicht mehr wahrnehmbar. Die Virionen lassen sich erst nach Kontrastierung und verschiedenen Färbetechniken (z. B. mit Phosphorwolframsäure oder Uransalzen) im Elektronenmikroskop bei einer Vergrößerung von etwa 100000fach sichtbar machen. In Einschlußkörpern gebündelte Virusteilchen kann man auch im Lichtmikroskop erkennen. In durch Baculoviren infizierten Insektenzellen findet man bis zu 100 solcher Einschlußkörper pro Zelle (s. S. 194–197).

Die Virusporträts in Abb. 14 veranschaulichen den ästhetischen Aspekt der Virologie, die Formenvielfalt und Eleganz von Viren. Natürlich sind viele Viren gefährliche, zum Teil auch tödliche Krankheitserreger. Als Virologe muß ich aber gestehen, daß ich sie in ihrer Form-

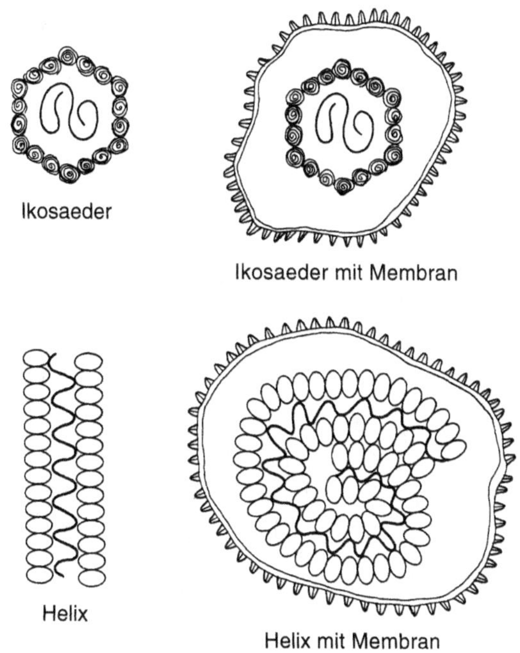

Abb. 15. Nach diesen Hauptformen von Virionen lassen sich fast alle Viren einteilen.

schönheit und funktionellen Vielfalt, ihrem Erfindungsreichtum und ihrer Effizienz auch bewundern kann.

Die Bewunderung des Formenreichtums hat die Einteilung nach strikten Kriterien nicht verhindert. Eine grobe Einteilung liefert diejenige nach den Hauptformen der Virionen (Abb. 15). Viren können entweder die Form eines Stäbchens (helikale Form) oder die eines Ikosaeders (Zwanzigflächiger Körper mit zwölf Ecken) haben. Falls die Virushülle aus einer Proteinart (wie z. B. beim Tabakmosaikvirus) oder aus mehreren verschiedenen Arten von Proteinen (z. B. beim Adenovirus) besteht, spricht man von nackten Viren. Diese können die helikale oder die ikosaedrische Form aufweisen.

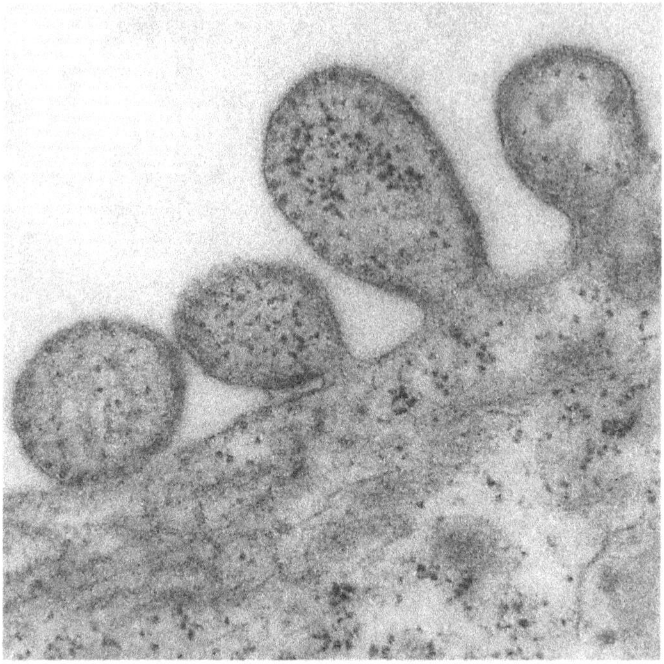

Abb. 16. Freisetzung von Masernviren. Unter Ausstülpung der Zellmembran entstehen neue, von Elementen der umgebauten Zellwand eingehüllte Virusteilchen.

Viele Viren, insbesondere viele RNA-Viren, nehmen bei der Reifung der neuen Viruspartikel (Morphogenese) eine Umhüllung aus Teilen der Wirtszellmembran mit. Sie rauben der Zelle einen Teil ihrer Wand und schaffen sich so einen eigenen Mantel. Diese Viren bezeichnet man als membrantragende, umhüllte Viren (»enveloped viruses«). Auch hier kann die Virusgrundstruktur die helikale (z. B. beim Influenzavirus) oder ikosaedrische Form annehmen (z.B bei Retroviren). Im Inneren des umhüllten Virions liegt das Nukleokapsid. Dieses Nukleokapsid enthält das Virusgenom mit der die Nukleinsäure umschließenden Proteinkapsel.

Die Virusnukleokapside werden im Inneren der Zelle an bestimmten Arealen der Zellmembran zusammengebaut und der Zellwand angelagert. Unter diesem Einfluß kommt es auf noch nicht genau bekannte Weise zu einem Umbau der Zellmembran an den besetzten Arealen. Die zelleigenen Proteine werden dabei aus der Zellmembran verdrängt und neue, vom Virusgenom kodierte Eiweißstoffe in die Zellwand eingebaut, so daß das gesamte Areal mit Ausnahme der – häufig unveränderten – fettartigen Grundstruktur der Zellmembran (Lipiddoppelschicht) in für das Virus spezifischer Weise umgebaut wird. Schließlich bildet sich an dieser Stelle eine Knospe (Abb. 16). Das Nukleokapsid des Virus wird wie der Finger eines Handschuhs aus dem Zellinneren nach außen gestülpt. Letztendlich schnürt sich das Virusteilchen ab, und der Vorgang der Virusknospung ist mit der Freisetzung des neuen Virions beendet.

Im Gegensatz zu dem in einem Kettenmolekül zusammenhängenden Genfaden der meisten Viren, ist das Gesamtgenom des Influenzavirus in acht einmalige RNA-Bruchstücke zerlegt, mit Größen zwischen 890 und 2341 Buchstaben (vgl. Abb. 41 S. 215). Dieses Virus bildet acht voneinander unabhängige, helikale Nukleokapside. Jedes neu sprossende Viruspartikel muß in einer Art Sortiervorgang alle acht Nukleokapside verpacken, damit ein infektionsfähiges Influenzavirion gebildet werden kann. Bei dieser Verpackung können Fehler entstehen. Es kann passieren, daß nicht alle neugebildeten Teilchen das gesamte Genom von acht Segmenten tragen. Diese Virionen sind dann natürlich nicht mehr vermehrungsfähig.

Zur Übersicht sind hier nochmals die verschiedenen Virionenformen zusammengefaßt; man unterscheidet also:

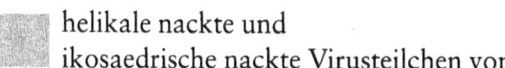

- helikale nackte und
  ikosaedrische nackte Virusteilchen von

membranumgebenen helikalen oder
membranumgebenen ikosaedrischen,
nukleokapsidhaltigen Virionen.

DNA- oder RNA-Viren

Die Erbinformation von Viren kann in Form von DNA oder RNA vorliegen. Diese Kettenmoleküle bestehen aus den fünf schon bekannten Grundbausteinen (s. auch S. 17): in der DNA A, C, mC, G und T; die RNA enthält statt des T ein U. Der Buchstabe mC kommt nur in Genomen weniger Viren vor, z. B. in der DNA des Froschvirus 3, eines Iridovirus.

Virus-DNA-Moleküle bestehen aus wenigen 1000 bis einigen 100000 Nukleotiden. Es gibt also einfachere Virusgenome, wie das des Anämievirus des Hühnchens mit etwa 2300 oder das des Bakterienvirus M13 mit 6407 DNA-Grundbausteinen, und kompliziertere, wie das DNA-Genom des Insektenbaculovirus Autographa-californica-Kernpolyedervirus mit 133894 Buchstaben. Aus den DNA-Nukleotidsequenzen wird über das »Zwischenprodukt« Botschafter-RNA die Information für die Herstellung der virusspezifischen Genprodukte abgelesen. So kann das Virus nach Infektion einer Zelle und unter Zuhilfenahme und Ausnutzung der zellulären Produktionsstätten für neue Proteine seine eigenen Proteine synthetisieren, aus denen dann neue Virusteilchen entstehen.

Merkwürdigerweise bestehen die Genome der meisten bekannten Virusarten nicht aus DNA, sondern aus RNA. Warum so viele Viren RNA als Genom verwenden, ist unbekannt. Es ist wahrscheinlich, daß bei der Entstehung chemischer Verbindungen in der Uratmosphäre der Erde vor der Entstehung des Lebens zuerst Vorstufen der

RNA und später erst DNA entstanden ist. Damit könnte die RNA das in der Entstehungsgeschichte des Lebens ältere Molekül sein. Die RNA-Moleküle in Virusgenomen können einige 1000 bis mehrere 10000 Buchstaben umfassen.

Eine einmalige Besonderheit mancher RNA-Virusgenome, wie z. B. das achtteilige Genom des sehr anpassungsfähigen Influenzavirus, ist ihr segmentierter Charakter. Jedes Virusteilchen muß die acht spezifischen RNA-Moleküle enthalten, um infektiös und vermehrungsfähig zu bleiben. Die DNA- oder RNA-Genome von Viren können aber auch aus nur einem einzigen Faden bestehen. Sie heißen dann einzelsträngige DNA- oder RNA-Viren. Bei bestimmten Viren können am Aufbau des Virusgenoms auch zwei Buchstabenketten in Form einer Doppelhelix von DNA oder RNA beteiligt sein. Nach der Paarungsregel ($A{=}T$; $C{\equiv}G$) sind die beiden Stränge aneinander gebunden. Solche Viren haben dann doppelsträngige Genome.

Virusgenome können also

einzelsträngige RNA,
doppelsträngige RNA,
einzelsträngige DNA oder
doppelsträngige DNA darstellen.

Jedes dieser Genome, insbesondere die RNA-Genome, können je nach Virusart in segmentierter oder in zusammenhängender Form vorkommen. Vom genetischen Informationsgehalt her betrachtet ist die Einteilung der Viren nach der Art des Genoms sicher die wichtigste und logischste. Man kann die Viren jedoch auch nach völlig anderen Kriterien einteilen.

Einteilung nach der genetischen Funktion der Nukleinsäure

D. Baltimore hat 1971 ein Einteilungsschema für Viren vorgeschlagen, das von genetisch-funktionellen Prinzipien ausgeht (Tabelle 3). Um dieses Schema verstehen zu können, bedarf es weiterer molekularbiologischer Grundkenntnisse über die Genexpression, die im folgenden kurz dargelegt werden.

Die im Genom eines Virus in Form von DNA oder RNA gespeicherte genetische Information muß in eine Form – also in Botschafter-RNA – überschrieben werden, in der sie in Genprodukte (Proteine) übersetzt werden kann (s. Abb. 9 S. 39). Man hat sich darauf geeinigt, die virale Botschafter-RNA als Positivstrang zu definieren. Viren bedienen sich einer Vielzahl von Mechanismen, um die zellulären Botschafter-RNA-Moleküle von deren eigenen Produktionsstätten zu verdrängen. Gewissermaßen wie der Kuckuck seine eigenen Eier von fremden Vögeln ausbrüten läßt, schmuggelt das Virus seine Botschafter-RNA in die Polysomen der Zelle, die dann die eingeschleuste Informationsmatrize in virale Proteine übersetzen. Dadurch wird die Zelle häufig schwer geschädigt oder sogar zerstört, weil die zelleigenen Genprodukte fehlen.

Die Gruppe 1 der Viren, die sog. Positivstrang-RNA-Viren, enthalten die Plusform der RNA, die ohne Umschweife direkt in Genprodukte übersetzt werden kann. Zu dieser Gruppe gehören z. B.:

das Poliomyelitisvirus, der Erreger der spinalen Kinderlähmung,
das Hepatitis-A-Virus, der Erreger einer ansteckenden Leberentzündung mit Gelbsucht,
Rhinoviren, die häufig Erkältungskrankheiten

hervorrufen,
das Virus der Maul- und Klauenseuche der Rinder und
viele Pflanzenviren.

Die Viren der Gruppe 2 haben ein einzelsträngiges DNA-Molekül als Genom. Dieses Genom muß – häufig erst in der Zelle – in ein doppelsträngiges DNA-Molekül verwandelt werden. Von dessen einem Strang, dem Negativstrang, wird dann in einem weiteren Syntheseschritt die Botschafter-RNA mit der Plusform der genetischen Information abgeschrieben. Bei manchen Viren kommen beide Strangarten in unterschiedlichen Virionen vor, das bedeutet, einige Viruspartikel können den Plus-, andere den Minusstrang der DNA tragen.

Zu dieser Gruppe von Viren gehören neben anderen z. B.:

der Bakteriophage M13, der von P.H. Hofschneider 1962 aus dem Münchner Abwassersystem isoliert wurde und heute als Trägermolekül für fremde DNA (Vektor) in der Gentechnologie eine große Rolle spielt,
das Parvovirus B19 der Erreger der Ringelröteln (Erythema infectiosum) des Menschen und
das adenovirusassoziierte Virus (AAV)

Die Gruppe 3 zeichnet sich durch doppelsträngige DNA im Erbgut aus. Insbesondere diese Viren haben eine Rolle als Trojanisches Pferd der Molekularbiologen gespielt, weil sie die gleiche Form des Genoms tragen wie tierische oder pflanzliche Zellen, Bakterien oder die Bäckerhefe. Auch von diesen viralen Genomen wird die spezifische Plusform der mRNA abgeschrieben, und

Tabelle 3. Einteilung der Viren nach der Funktion ihres Genoms (Baltimore-Schema)

Nr.	Gruppe	Funktion des Genoms
1	Positivstrang-RNA-Viren	RNA funktioniert direkt als Botschafter-RNA
2	Einzelstrang-DNA-Viren	Genom kann den Positiv- oder den Negativstrang enthalten; Vermehrung erfolgt über eine doppelsträngige Vermehrungsform; Botschafter-RNA wird vom DNA-Negativstrang abgelesen
3	Doppelstrang-DNA-Viren	Ein Strang in der Positiv-, der andere in der Negativform; Botschafter-RNA wird vom DNA-Negativstrang abgelesen
4	Negativstrang-RNA-Viren	Vermehrung erfolgt über eine doppelsträngige Negativstrang/Positivstrang-RNA; Botschafter-RNA wird vom Negativstrang, die neugebildete Virion-RNA wird vom Positivstrang abgelesen
5	Doppelstrang-RNA-Viren	Wie bei Doppelstrang-DNA-Viren stellt ein Strang den Positiv-, der andere den Negativstrang dar; Positivstrang-Botschafter-RNA wird vom Negativstrang abgelesen; bei der Vermehrung werden beide Stränge überschrieben
6	Retroviren	Zwei praktisch identische Positivstrang-RNA-Moleküle vorhanden; Positivstrang-Retrovirus-RNA wird durch die reverse Transkriptase

		zunächst in eine Negativstrang-DNA, diese in eine doppelsträngige DNA überschrieben; nach Integration in das Genom der Wirtszelle wird vom integrierten DNA-Negativstrang der Positivstrang der Botschafter-RNA abgeschrieben; die neugebildete Positivstrang-Virion-RNA wird vom Negativstrang der integrierten DNA abgelesen
7	Doppelstrang-DNA-Viren mit unvollständigem Positivstrang	Mischform des Virusgenoms aus einem einzelsträngigen Negativstrang-DNA-Genom und einem unvollständigen DNA-Plusstrang (ca. 50%); verschieden lange Positivstrang-Botschafter-RNA Moleküle werden vom vollständigen Negativstrang abgelesen; die längste, vollständige Positivstrang-RNA wird über reverse Transkriptase wieder zur einzelsträngigen Negativstrang-DNA des Virons abgeschrieben

zwar wiederum nur vom Minusstrang der DNA. Zur Gruppe 3 gehören z.B:

Adenoviren,
Herpesviren,
Pockenviren,
die Bakteriophagen λ (Lambda) T4 und T2 sowie die Baculoviren, wie z. B. das Autographa-californica-Kernpolyedervirus, ein auch in der Gentechnologie wichtiges Insektenvirus.

Die Gruppe 4 der Viren enthält als Genom Negativstrang-RNA; man spricht daher von Negativstrang-RNA-Viren. Diese RNA-Form kann nicht direkt in Protein übersetzt werden. Die RNA-Minusform muß zuvor in die Plusform umgeschrieben werden; dann erst kann die Übersetzung starten. Zur Gruppe 4 gehören z. B.:

das Influenzavirus, der Erreger einer schweren Form der Grippe,
das Masernvirus,
das Rötelnvirus u.a.

Für die Um- und Überschreibungen der Negativstrang-RNA ist eine erhebliche Zahl sehr spezifischer Enzyme verantwortlich, die Polymerasen, die schon auf S. 41–43 vorgestellt wurden. Polymerasen können einzelne genetische Buchstaben zu langen DNA- oder zu RNA-Ketten zusammenbauen. Dazu benötigen diese Syntheseenzyme eine Vorlage, eine Matrize, an der sie die Buchstabenfolge des Matrizenstranges, der aus DNA oder RNA (bei den Retroviren) bestehen kann, nach dem Kopierprinzip A=T (bzw. U), C ≡ G und umgekehrt, in RNA oder DNA überschreiben. Sie heißen demnach RNA-Polymerasen oder DNA-Polymerasen.

Polymerasen können vireneigene Genprodukte sein, für deren Synthese die genetische Information im Genom des betreffenden Virus vorliegt. Nicht selten sind sie bereits Bestandteil des infektiösen Viruspartikels. Durch den Einschluß der essentiellen Polymerasen in das infektiöse Virion kann das Virus nach Eindringen in die Zelle sofort mit seiner Genexpression und Vermehrung beginnen. So braucht es sich nicht auf die Produktionsstätten der Zelle für Funktionen zu verlassen, für die die Zellen ohnehin nicht vorprogrammiert sind. Das Vorkommen von virusspezifischen oder virionassoziierten

Polymerasen und anderer Enzyme ist nicht auf die Viren der Gruppe 4 beschränkt.

Die Viren der Gruppe 5 besitzen doppelsträngige RNA als Genom. Hier gilt manches, das schon für die doppelsträngigen DNA-Viren der Gruppe 3 gesagt wurde. Häufig sind doppelsträngige RNA-Virusgenome segmentiert, wie z. B. für das Negativstrang-Influenzavirus berichtet wurde. Beim Reovirus liegt das doppelsträngige RNA-Genom in Form von zehn einmaligen Segmenten vor. Reovirus ist eine Abkürzung für die Bezeichnung *R*espir*e*ntero Virus. Sie besagt, daß das Virus ursprünglich aus den Atemwegen und dem Darmsystem isoliert wurde. Zur Gruppe 5 gehören außerdem:

die Rotaviren (s. Abb. 14e S. 54), die beim Menschen unangenehme Darminfektionen verursachen können,
das Reiszwergwuchsvirus, ein Pflanzenschädling,
das Blauzungenvirus der Pferde u.a.

Besonderes Interesse verdienen die Viren der Gruppe 6, die zwei praktisch identische Positivstrang-RNA-Moleküle pro Virion tragen, und deren Genom sich durch einen wesentlich komplizierteren Vermehrungsmechanismus auszeichnet. Virionen, die jeweils entweder nur ein RNA- oder ein DNA-Molekül enthalten, bezeichnet man als haploid. Die Viren der Gruppe 6, die Retroviren (s. auch S. 228–238), besitzen zwei Positivstrang-RNA-Moleküle. Diese Viren werden als diploid bezeichnet.

Bei Bakterien, Pflanzen, Tieren und den meisten Viren läuft die Übertragung genetischer Information fast immer von der DNA in Richtung zur Botschafter-RNA und dann zum Protein. Bei den Retroviren der Gruppe 6 werden die Plusstrang-RNA-Genome zuerst in Minusstrang-DNA, dann in doppelsträngige Plus- und Minusstrang-DNA überschrieben. Der Fluß genetischer Informationsübertragung erfolgt also zunächst genau umgekehrt im Vergleich zum gängigen Schema, also nicht in Richtung:

DNA ⇒ RNA ⇒ Protein,
sondern rückläufig, dann allerdings in der üblichen Weise:
RNA ⇒ DNA ⇒ RNA ⇒ Protein.

Deshalb hat man diese Viren als Retroviren bezeichnet. Die Polymerase, die die rückläufige Informationsübertragung bewerkstelligt, wird reverse Transkriptase genannt. Dieses Enzym hat auch außerhalb der Virologie, nämlich in der Gentechnologie, sehr große Bedeutung erlangt. Ohne die reverse Transkriptase wäre sie um viele Methoden ärmer. Wir sehen auch an diesem Beispiel, welche Schlüsselrolle die Virologie bei der Entwicklung der Molekularbiologie und Gentechnologie gespielt hat und weiterhin spielt.

Zur Gruppe 6 der Viren gehören z. B.:

die große Familie der RNA-Tumorviren, wie z. B. das Rous-Sarkomvirus, sowie
die humanen Immunschwächeviren (HIV-1 und HIV-2) u.a.

Die Viren der Gruppe 7 sind den Retroviren verwandt, nur ist das einzelsträngige Negativstrang-DNA-Genom teilweise doppelsträngig geworden, indem es zusätzlich Positivstrang-DNA-Stücke enthält. In dieser Virengruppe finden sich neben anderen:

das Hepatitis-B-Virus (s. S. 203–206), der Erreger einer sehr gefährlichen Form der Leberentzündung mit Gelbsucht und
das Blumenkohlmosaikvirus, ein Pflanzenvirus.

Bei der damit abgeschlossenen systematischen Übersicht wurden einige Viren schon namentlich vorgestellt. Mehr und genauere Informationen über die genannten und andere, besonders wichtige oder gut untersuchte Viren, folgen in Kap. 11, S. 159ff.

Der Wirtsbereich als Einteilungskriterium

Jedes Virus kann nur spezifische Zellen in bestimmten Organismen infizieren. Die Spezialausrüstung, ein Protein der Virushülle, muß – nach einem Vergleich von Paul Ehrlich »wie ein Schlüssel in ein Schloß« – in einen Rezeptor auf der Oberfläche der Zellmembran passen. Nur dann hat das Virus die erforderliche Spezifität. Diese Eigenschaft bedingt den Wirtsbereich eines Virus, der die Arten von Zellen oder Organismen einschließt, die das Virus befallen kann. Dabei ist zu berücksichtigen, daß die richtige Spezialausrüstung auf der Virusoberfläche und der passende Rezeptor in der Zellmembran dem Virus zunächst nur das Eindringen in das Zellinnere ermöglicht. Es müssen viele weitere Voraussetzungen in der Zelle erfüllt sein, ehe sich das Virus auch zu neuen infektiösen Virusteilchen vermehren kann. Man spricht dann von einer permissiven Zellart, die die Virionvermehrung zuläßt. Auch der Wirtsbereich eines Virus kann als Einteilungskriterium herangezogen werden. So gibt es Bakterienviren, pflanzliche, tierische und menschliche Viren.

Bakteriophagen

Bakteriophagen sind Viren, die auf Bakterien spezialisiert sind. Die Phagen wurden 1915 von F.W. Twort und 1917 unabhängig von F. D'Hérelle entdeckt. Durch die frühen Arbeiten von M. Delbrück, S. Luria, A.D.

Hershey, A. Lwoff u.a. wurden die Phagen zu den wichtigsten Untersuchungsobjekten der Molekularbiologie. Ihr Name stammt von den Vertretern der Phagen, die ihren Wirt, das Bakterium, zerstören. Durch die Auflösung (Lyse) der Bakterienzellwand kommt es zur Freisetzung großer Mengen von neugebildeten Phagen, wobei pro Zelle je nach Phagenart mehrere 100 bis 1000 infektiöse Phagenpartikel produziert werden können. Typisch für diese Art der lytischen Infektion sind die T-Phagen, die bestimmte Stämme des menschlichen Darmbakteriums Escherichia coli* befallen. Andere Phagen, wie der Bakteriophage λ, »der Pavarotti« unter den Viren, können Bakterien entweder lytisch mit Auflösen der Zellwand infizieren oder die Bakterienzelle lysogen machen, d. h. sie bauen ihr Genom in das Genom des Bakteriums ein und stellen die Phagenvermehrung zeitweise ein. Die so entstandenen lysogenen (zur Lyse befähigten) Zellen können aber wieder einem lytischen Vermehrungszyklus des Phagen unterworfen werden. Die bei den Übergängen von lytisch zu lysogen beteiligten Regelvorgänge gehören zu den am besten untersuchten Mechanismen in der Molekularbiologie (s. S. 165–168).

Die Bakteriophagen sind auf bestimmte Bakterienstämme spezialisiert, z. B. die T-Phagen und der λ-Phage auf Escherichia-coli-Stämme, der Phage 29 auf Bacillus subtilis, andere auf Salmonella-typhimurium-Stämme, unter denen sich z. B. der bakterielle Erreger der vor der Antibiotikatherapie häufig tödlichen Typhuserkrankung findet.

---

* T. Escherich (1857–1911) war Kinderarzt an der Universität Würzburg, wo er die Darmbakterien des Menschen entdeckte: Bacterium coli commune, später ihm zu Ehren Escherichia coli genannt; Colon ist der Dickdarm.

Tierische Viren

Diese umfangreiche, wegen der Bedeutung für menschliche und tierische Krankheiten sehr eingehend untersuchte Virusgruppe läßt sich nach verschiedenen Gesichtspunkten in eine große Anzahl von Virusfamilien einteilen. In Abb. 17 ist eine Auswahl der wichtigsten Familien zusammengestellt. In vielen Virusgruppen sind die einzelnen Viren zwar Individuen, aber auf bestimmte Tierarten strikt spezialisiert. Unter den Adenoviren mit sehr ähnlichen Bauplänen für Virionen und virale Genome finden sich weit über hundert verschiedene Viren mit unterschiedlichen Wirtspezifitäten:

etwa 49 verschiedene humane Adenoviren,
27 Affenadenoviren,
9 Rinderadenoviren,
2 verschiedene Mausadenoviren,
über 20 verschiedene Vogeladenoviren usw.

Der Bauplan eines Virusteilchens oder seines Genoms sagt also nichts über seine Wirtsspezifität aus. Diese hängt von der spezifischen Struktur vieler seiner Proteine, d. h. von der Buchstabenfolge seiner Gene ab.

Pflanzenviren

Der Name bezeichnet die Wirtsspezifität. Unter diese Rubrik fällt ebenfalls eine sehr große Zahl verschiedener Viren mit Spezifitäten für bestimmte Pflanzen. Zum Teil haben sie als Pflanzenschädlinge auch erhebliche wirtschaftliche Bedeutung. So bewirkt etwa das Reiszwergwuchsvirus, daß die befallenen Reispflanzen klein und verkrüppelt bleiben. Pflanzenviren werden oft von Insekten übertragen. Die Viren sind dann zum einen für die Passage an das Insekt, zum anderen für die Vermehrung

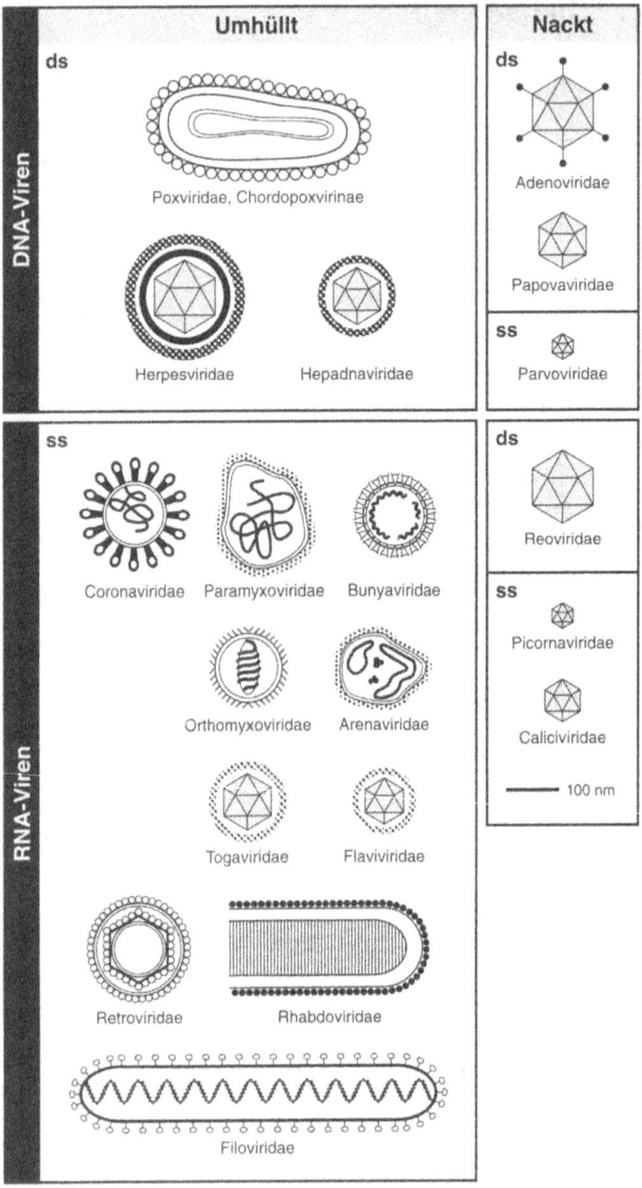

Abb. 17. Die wichtigsten Familien tierischer Viren.

an die Pflanze angepaßt. Das Tabakmosaikvirus (TMV) ist ein Schädling der Tabakspflanze. Es ist eines der am besten untersuchten Viren und wurde als einer der ersten Vertreter dieser Organismengruppe 1892, vielleicht schon 1882 von Mayer, entdeckt.

Insektenviren

Auch diese Viren stellen eine riesige Gruppe mit zahlreichen Vertretern dar. In Kap. 11 werden die Insektenbaculoviren als Beispiel ausführlich beschrieben.

Einteilung nach dem Ort der Virusvermehrung

In Zellen der höheren Organismen, der sog. Eukaryonten, unterscheidet man den Zellkern (Nukleus) und das Zytoplasma mit seinen verschiedenen Organellen (s. Abb. 10 S. 41). Bei den Prokaryonten, zu denen alle Bakterien gehören, fehlt ein Zellkern. Das DNA-Genom liegt frei in der Zelle. Viren, die eukaryontische Zellen befallen, können sich entweder im Zellkern oder im Zytoplasma vermehren. Nach dem Ort der Virusreplikation kann man die Viren einteilen in solche, die sich

- nur im Kern,
- nur im Zytoplasma oder
- im Zytoplasma mit einer Zwischenstation im Zellkern, einer sog. Kernphase, vermehren.

Viele DNA-Viren und die Retroviren vermehren sich im Zellkern. Die im Zellkern an der Virus-DNA synthetisierte Plusstrang-Botschafter-RNA wird durch die Kernmembran hindurch ins Zytoplasma transportiert. Dort werden an den Polysomen die virusspezifischen Proteine synthetisiert, die dann zurück in den Zellkern transportiert werden müssen. Im Kern werden anschließend die neuen Virionen zusammengebaut. Demnach haben alle im Zellkern gebildeten Viren notwendigerweise eine zytoplasmatische Phase für die Biosynthese ihrer Proteine.

Im Zytoplasma vermehren sich fast alle RNA-Viren. Auch die Pockenviren, deren Genom aus DNA besteht, werden im Zytoplasma gebildet. Das zur Gruppe der sog. Iridoviren* gehörende Froschvirus 3 mit einem DNA-Genom wird im Zytoplasma zusammengebaut, durchläuft aber wesentliche Phasen der Virus-DNA-Vermehrung und der Transkription im Zellkern.

Das Negativstrang-RNA-Virus der Influenza vermehrt sich im Zytoplasma. Bei der Synthese der virusspezifischen Botschafter-RNA wird jedoch eine nukleäre Phase durchlaufen: Für die vollständige Botschafter-RNA-Synthese ist der Zellkern erforderlich. Zellen, aus denen man den Zellkern experimentell entfernt hat, erlauben nicht die Vermehrung der Influenzaviren. Im Zellkern wird an den Beginn der Botschafter-RNA des Virus ein kleines, etwa 10 bis 15 Buchstaben langes Bruchstück von beliebigen zellulären Botschafter-RNA-Molekülen gesetzt. Diese kurzen Buchstabenfolgen werden offenbar zufällig abgeschnitten und an den Beginn, die Kappe, der Influenzavirus-Botschafter-RNA angefügt. Dieses Phänomen hat man als »Kappendiebstahl« bezeichnet, da die viralen Botschafter-RNA Moleküle einen Teil der zellulären Botschafter-RNA wegstehlen, wahrscheinlich, um von den Mechanismen der Zelle besser erkannt und damit effizienter übersetzt werden zu können.

---

* Der Name »Iridoviren« leitet sich von den im Lichtmikroskop bei besonderer Optik als doppelbrechend (irideszierend) erkennbaren Einschlußkörpern ab, die im Zytoplasma nach der Virusinfektion gebildet werden.

5 Virusinfektion

Vermehrung, Verbreitung und Subversion heißt das Ziel.

Wie bei allen Lebewesen ist es auch das Ziel der Viren, sich zu vermehren, das eigene Erbgut zu erhalten, vielleicht zu verbessern, und sich den Umweltbedingungen optimal anzupassen, das heißt für die Viren, sich ganz auf die für die Infektion zur Verfügung stehenden Wirte einzustellen. Insbesondere in der Anpassung an die Wirte und Umweltbedingungen sind Viren Meister ihres Faches. Aufgrund der häufig hohen Nachkommenzahl und der kurzen Vermehrungszyklen, sowie teilweise einer erstaunlich hohen Mutationsrate, deren molekulare Ursachen nicht wirklich verstanden sind, haben die Viren die Möglichkeit, immer wieder neue Varianten ihrer Gene auszutesten. Unter Mutationen versteht man »zufällige« Austausche von genetischen Buchstaben im Erbmolekül. Die Mutationen können durch Fehler bei der Vermehrung des Virusgenoms oder durch Umwelteinflüsse sowie chemische oder physikalische Faktoren (z. B. energiereiche Strahlung) verursacht werden. Die Ursache liegt häufig auch im Aufbau des Genoms und in der besonderen Anfälligkeit gewisser Buchstaben gegenüber Mutationen, wie z. B. bei mC. Durch Selektion (Auswahl) und

Überlebens- und Vermehrungsvorteile der an die bestehenden Wirts- und Umweltverhältnisse am besten angepaßten Mutationen können Viren in relativ kurzer Zeit neue Subtypen entstehen lassen, die dann wieder zu maximaler Vermehrung befähigt sind. Die Fähigkeit eines Genoms zur Mutation kann also für Lebewesen langfristig auch Vorteile haben. Mutation und Selektion als Mechanismen der Evolution sind nur in ihren Grundzügen verstanden. Am Beispiel der relativ einfachen Virussysteme könnten die offenstehenden Fragen in Zukunft sehr viel genauer untersucht werden.

Besonders eingehend sind die Variationsmöglichkeiten in Virusgenomen an dem Phagen Qβ und den Influenzaviren studiert worden. Nach einer Influenzavirusepidemie hat die überlebende menschliche Population Antikörper gegen den epidemieverursachenden Subtyp des Influenzavirus gebildet, und dieser Subtyp hat dadurch zunächst keine Chance mehr, sich in Menschen zu vermehren. Es gibt Hinweise dafür, daß sich das Influenzavirus unter diesen Umständen dann vorwiegend auf andere Wirte, wie Ente oder Schwein, zurückzieht, sich in diesen Tierreservoiren vermehrt und neue Subtypen ausbildet (s. S. 219–221), die dann von den menschlichen Antikörpern weniger gut oder nicht mehr ausgeschaltet werden können. So bekommt das Virus die Möglichkeit, die nächste Influenzaepidemie bei Menschen auszulösen.

Die Vielfalt der Virusformen und -genome bedingt auch erhebliche Unterschiede in den Infektionswegen. Diese Variationsbreite hat den Molekularbiologen geholfen zu erkennen, wieviele grundlegend verschiedene Mechanismen in der Biologie für ähnliche Zielsetzungen realisiert werden können. Es gibt nicht nur einen Virusinfektionszyklus, sondern eine Vielzahl von Möglichkeiten. Die allgemeinen Prinzipien der Virusinfektion werden in diesem Kapitel beschrieben. In den Virusbiographien (Kap. 11) sind die Wechselwirkungen bestimmter Viren mit den für sie spezifischen Wirtszellen oder Wirtsorganismen im Detail dargestellt.

Als Zeitpunkt der Infektion von Zellen oder Organismen betrachtet man den Moment des Eindringens des Viruspartikels in die Zelle. Da Virusinfektionen nicht immer zu einer Vermehrung des Virus führen, spricht man vorsichtiger von der Inokulation einer Zellkultur oder eines Organismus als dem Zeitpunkt des ersten Kontaktes mit dem Virus, dem sog. Inokulum.

Anheften und Eindringen

Mit bestimmten in der Virusoberfläche verankerten Proteinen heftet sich das Viruspartikel an spezifische Proteinanker (Rezeptoren) in der Zelloberfläche an. Bei den Rezeptoren handelt es sich oft um Glykoproteine. Das

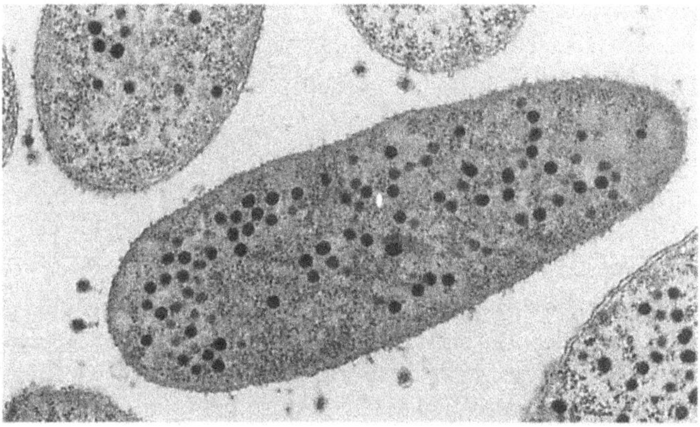

Abb. 18. T-Phagen heften sich an die Bakterienoberfläche an. Im Inneren der Bakterienzelle befinden sich auch schon neugebildete Bakteriophagen.

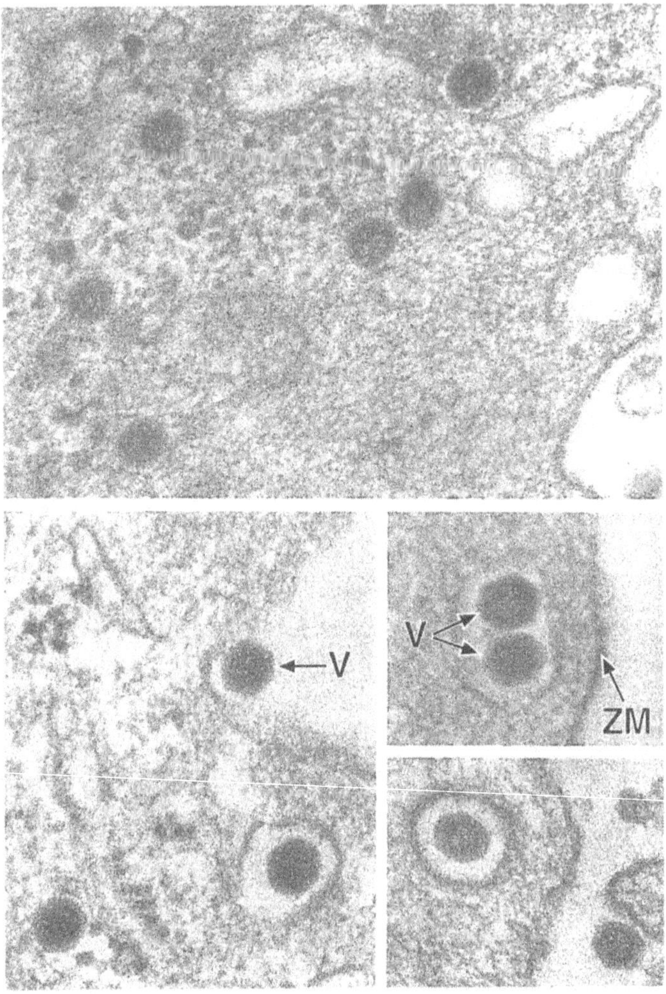

Abb. 19. Das Anheften und Eindringen von Viren in eukaryontische Zellen. Die als schwarze Teilchen erkennbaren Adenoviren (*V*) nehmen beim Eindringen einen Teil der Wirtszellmembran mit und befinden sich deshalb später im Zellinneren in einem Membranbläschen eingeschlossen (*ZM* Zytoplasmamembran).

Anheften des Virions an die Zelloberfläche wird Adsorption genannt.

T-Bakteriophagen landen auf den Wirten wie Mondfähren auf der Mondoberfläche und verankern sich mit ihren Schwanzfasern an spezifischen Rezeptoren der Bakterienwand (Abb. 18, s. auch Abb. 33 S. 164). Danach injizieren sie ihre Nukleinsäure in die Bakterienzelle, während die aus Protein bestehende Phagenhülle außerhalb bleibt. Dieser Adsorptions- und Eindringmodus der Bakteriophagen wurde 1952 durch das nach den Autoren benannte Hershey-Chase-Experiment nachgewiesen. Bei diesem Experiment konnte man durch unterschiedliche radioaktive Markierung Phagenhülle und -DNA unterscheiden und zeigen, daß nur die DNA in die Zelle gelangt.

Völlig anders vollziehen sich die frühen Schritte der Interaktion von Viren mit Zellen bei den eukaryontischen Viren. Die Viren der Eukaryonten (höherer Organismen) heften sich ebenfalls an Rezeptoren der Zelloberfläche an, wie z. B. die Adenoviren mit Hilfe ihrer antennenartigen Fortsätze der Virusproteinhülle (s. Abb. 13 S. 53) an einen oder mehrere der etwa 10000 Adenovirus-Rezeptoren in der Oberfläche einer menschlichen Zelle binden. Anschließend wird aber im Gegensatz zu den Bakteriophagen das gesamte Viruspartikel – vielleicht unter Verlust einiger viraler Oberflächenproteine – in das Zytoplasma der Zelle aufgenommen. Das Virion kann möglicherweise direkt durch die Zellwand eindringen. Häufiger wird jedoch ein Einstülpen des gesamten Zellmembranbereichs, an das sich das Virion angeheftet hat, in das Zellinnere beobachtet. Nach dem Eindringen befindet sich das Virion dann im Zytoplasma der Zelle, und zwar innerhalb eines Bläschens (Vesikel), das aus einem Teil der Wirtszellmembran besteht (Abb. 19). Das Virion kann in diesen Vesikeln verbleiben. Eventuell wird es darin von Abwehrstoffen des Wirtes zerstört, oder es entkommt und löst die weiteren Schritte des Infektionszyklus aus. Den beschriebenen Vorgang des Eindringens durch Einstülpen eines Zellmembranareals bezeichnet man als Invagination.

Einen nochmals anders gearteten Mechanismus benutzen die membranumhüllten Viren. Eines der Virusoberflächenproteine hat die Fähigkeit und Funktion, die Virusmembran mit der Zellmembran der zu infizierenden Zelle zu verschmelzen. Es kommt zu einer Fusion von Viruspartikel und Zelle. Dabei wird der Innenraum des Virions mit dem Zytoplasma der Zelle verbunden und das Nukleokapsid (bzw. die acht getrennten Nukleokapside des Influenzavirions) kann mit der Vermehrung innerhalb der Zelle beginnen.

Organismen und Zellen verfügen über vielfältige Abwehrmechanismen, die die Aufgabe haben, der Virusvermehrung bei jedem Schritt entgegen zu arbeiten. Für den Virologen, der letztendlich die Virusinfektionen der Menschen, Tiere und Pflanzen verstehen und bekämpfen will, ist es daher von größter Wichtigkeit, möglichst alle »Virentricks«, aber auch die natürlichen Abwehrmechanismen der Zellen und Organismen zu kennen.

Freisetzung der Nukleinsäure und Transport in der Zelle

Die DNA oder RNA im Virion muß aus dem Partikel freigesetzt werden, um – je nach Art der Nukleinsäure – übersetzt, überschrieben und letztlich vermehrt werden zu können. Dabei entsteht oft nicht völlig freie DNA oder RNA, sondern die Nukleinsäure bleibt mit einzelnen im Virion vorhandenen Proteinen (z. B. Polymerasen oder mit DNA- bzw. RNA-bindenden Proteinen)

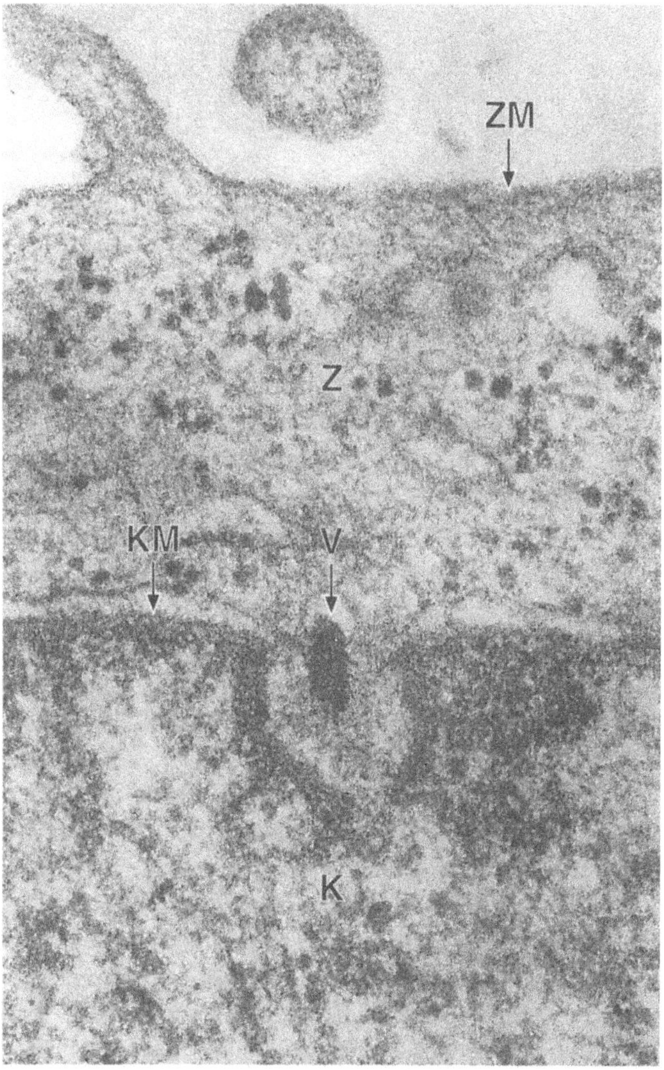

Abb. 20. Das Nukleokapsid (*V*) eines Adenovirusteilchens dringt vom Zytoplasma (*Z*) aus in den Zellkern (*K*) ein; *KM* Kernmembran, *ZM* Zytoplasmamembran.

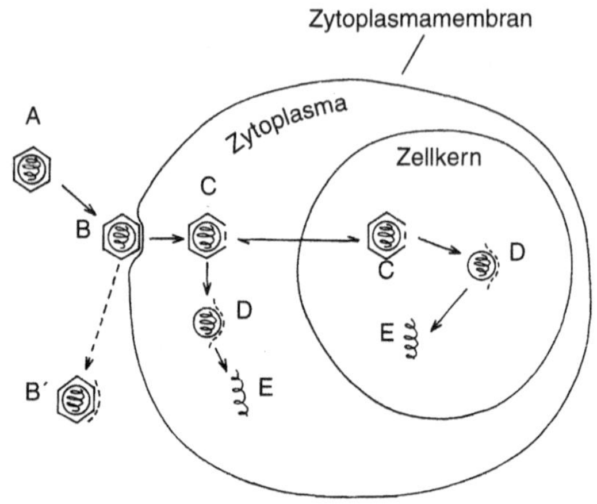

Abb. 21. Die Freisetzung der Adenovirus-DNA (E) aus dem Virion (*A*) kann im Zytoplasma oder im Zellkern stattfinden und erfolgt über verschiedene Zwischenstufen (*B–D*).

in einem Komplex verbunden. Diese DNA- oder RNA-Protein-Komplexe werden an bestimmte Stellen im Zytoplasma oder in den Kern transportiert (Abb. 20, s. auch Abb. 12 S. 49). Über die Mechanismen der Freisetzung und des Transports von subviralen Partikeln in der Zelle ist sehr wenig bekannt. In Abb. 21 ist die Freisetzung der viralen DNA aus dem Adenoviruspartikel schematisch dargestellt. Unter subviralen Partikeln versteht man Teile des ursprünglichen Virions, wie sie beim gezielten Abbau zur Freisetzung der viralen Nukleinsäure schrittweise in der Zelle entstehen können. Bei elektronenmikroskopischen Untersuchungen hat man Virionen oder subvirale Partikel in Verbindung mit Elementen des Zytoskeletts gefunden. Es ist vorstellbar, aber nicht bewiesen, daß ein bestimmtes Zytoskelettprotein, z. B. das Aktin, das sich aktiv zusammenziehen kann, am Transport von subviralen Partikeln in der Zelle beteiligt ist.

Frühe Gene

Einem Vorschlag S. Lurias folgend hat man den Ablauf der Virusvermehrung so eingeteilt, daß die Replikation der Virusnukleinsäure als zentraler Vorgang den Bezugspunkt darstellt. Alle Virusgene, die *vor* der Vermehrung des Virusgenoms in Genprodukte überschrieben und übersetzt werden, bezeichnet man als frühe virale Gene oder frühe Funktionen. Die späten Gene werden somit *nach* der Replikation des Virusgenoms überschrieben und übersetzt. Die Transkription eines Gens in Botschafter-RNA und deren Übersetzung in Genprodukte wird allgemein Genexpression genannt. Demnach werden also frühe Funktionen früh im Infektionszyklus, späte Funktionen spät exprimiert. Häufig werden einige der frühen Funktionen für die Aktivierung der späten benötigt. Tatsächlich kann man frühe und späte Funktionen nicht immer eindeutig voneinander trennen: Gelegentlich werden frühe Funktionen auch noch spät nach der Infektion exprimiert oder umgekehrt – das sind die bekannten Ausnahmen, die die Regel bestätigen.

Bei vielen Viren sind die Gene für frühe oder späte Produkte in Gruppen auf dem Genom angeordnet. Manchmal findet man, zumal auf den größeren viralen Genomen, mehrere Bereiche für diese Funktionen, die dann einer gemeinsamen Regulation unterliegen können. Diese geordnete Gruppierung von Genen ist gerade für virale Genome charakteristisch. Im menschlichen Genom dagegen findet man diese ‚Ordnung" häufig nicht. So liegen z. B. die Gene für die α- und die β-Kette des Hämoglobins auf zwei verschiedenen Chromosomen (s. auch S. 31). Man bedenke also: diese zwei verschiedenen Proteine müssen aneinander binden, um aktiven roten Blutfarbstoff zu bilden, jedoch liegen ihre Gene weit voneinander entfernt.

Die Anordnung von viralen Genfunktionen ist bei schätzungsweise 50 bis 100 Virusgenomen nahezu vollständig aufgeklärt. Man konnte sehr genaue Genkarten erstellen, wie z. B. für Adenoviren (s. Abb. 23 S. 89). Die Lage und der Text der Gene, also die Nukleotidsequenzen, sind entschlüsselt, in Datenbanken gespeichert und weltweit allen Wissenschaftlern zugängig. Bei der heute notwendigen und üblichen elektronischen Vernetzung von Forschungslaboratorien ist es jedem Wissenschaftler möglich, sich Tag und Nacht die Buchstabenfolgen der bekannten Virus- und anderer Genome ausdrucken zu lassen.

Die geordnete Gengruppierung ist auch in zerstückelten (segmentierten) Virusgenomen gegeben. Bei segmentierten viralen Genomen, wie z. B. dem achtteiligen Influenzavirusgenom, trägt häufig *ein* RNA-Segmentmolekül die genetische Information für *ein* Gen. So enthält z. B. das viertgrößte Segment die Information für das Hämagglutinin, das für die Infektiosität des Influenzavirus absolut notwendig ist (s. auch S. 218–219).

Vermehrung der Virusnukleinsäure: Polymerasen

Das Virusgenom trägt die Gesamtinformation für alle Virusfunktionen, um das Virion zu vermehren. Der Dreh- und Angelpunkt der Virusvermehrung ist die Herstellung einer möglichst großen Anzahl identischer Kopien des im Viruspartikel enthaltenen Genoms. Viren als obligatorische Parasiten sind bei der Vermehrung ihres Genoms ganz auf die Vorräte an Bausteinen und weitgehend auf den Syntheseapparat der infizierten Zelle angewiesen. Sie haben vielfach Mechanismen entwickelt, die Vermehrung der Wirtsgenome zu hemmen oder ganz

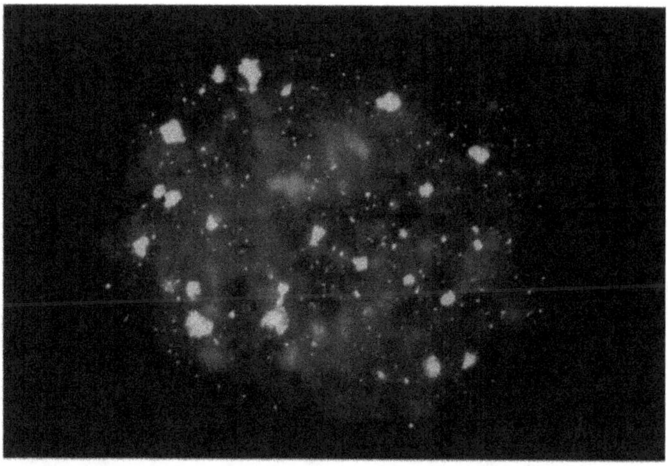

Abb. 22. Replikationsfabriken von Adenovirus-DNA im Zellkern einer menschlichen Zelle. Die Adenovirus-DNA ist gelb gefärbt.

zum Erliegen zu bringen, um die Syntheseleistungen der Zellen voll für sich nutzen zu können. In der Hemmung dieser Mechanismen der zellulären Vermehrung und Genexpression liegt auch zum Teil die Ursache für den sog. zytopathischen Effekt und die Pathogenese von Viren, d. h. für die Schädigung der befallenen Zelle oder des gesamten Organismus (s. S. 95–98). Nicht immer ist rücksichtslose Vermehrung des eigenen Genoms der optimale oder der realisierbare Weg der Virus-Zell-Wechselwirkung; es gibt auch subtilere Arten der Virusinfektion (s. S. 99–101).

Die für die Vermehrung von DNA- oder von RNA-Genomen erforderlichen Enzyme sind die schon erwähnten Polymerasen (s. S. 41–43). Dieses aus dem Griechischen abgeleitete Wort besagt, daß ein Molekül aus vielen Teilen zusammengesetzt wird, und zwar hier ein DNA-oder RNA-Kettenmolekül aus den einzelnen genetischen Buchstaben A, C, G, T bzw. U. Eine Polymerase kann man mit einer Nähmaschine vergleichen, die Buchstabe um Buchstabe zu langen Ketten aneinanderhängt.

Zur besseren Übersicht sind hier nochmals kurz die Funktionen der Polymerasen aufgeführt:

> DNA-Polymerasen vermehren DNA;
> RNA-Polymerasen vermehren RNA;
> DNA-abhängige RNA-Polymerasen überschreiben DNA in RNA;
> reverse Transkiptasen schreiben RNA in DNA um.

Manche DNA-Viren, wie z. B. das Affenvirus 40 benutzen ausschließlich die zellulären Polymerasen, die eigentlich Funktionen bei der Vermehrung oder bei der Überschreibung des zellulären Genoms zu erfüllen haben. Andere DNA-Viren (z. B. Adenoviren) bringen in ihrem Genom die Information für eine eigene DNA-Polymerase mit und werden damit teilweise unabhängig von den zellulären Mechanismen. Dadurch wird die Vermehrung dieser Viren sehr effizient, denn es werden große Mengen viraler DNA gebildet (Abb. 22). Andere Hilfsfunktionen für die Replikation ihrer Erbanlagen müssen die Viren jedoch von der Zelle entlehnen. Der Informationsgehalt in ihrem eigenen relativ kleinen Genom ist begrenzt, sie können daher nur die Information für die allerwichtigsten Funktionen in ihrem Erbgut speichern.

Da Wirtszellen mit ihren DNA-Genomen im allgemeinen wenig Bedarf haben, RNA-Genome zu vermehren, müssen die RNA-Viren die erforderlichen RNA-Polymerasen meist selbst »mitbringen«, entweder als fertige, funktionsfähige Enzyme und Bestandteile des Virions oder als Information in ihren Genomen. Die Funktion »Polymerase« gehört dann immer zu den früh exprimierten genetischen Funktionen des Virus; denn sie wird sehr früh nach der Infektion benötigt, um die virusspezifische Genomvermehrung oder -überschreibung sofort nach der Infektion beginnen zu können.

Der Beginn des Zusammenbaus einer neuen RNA- oder insbesondere einer neuen DNA-Kette ist nicht unproblematisch. Gerade für die Initiation des Aufbaus neuer DNA-Ketten sind viele Hilfsmoleküle (RNA und Proteine) erforderlich, die auch wieder zum Teil als virusspezifische Genprodukte bereitgestellt werden müssen. Bei der Replikation der Virus-DNA hat man nachgewiesen, daß die DNA z. B. von Adenoviren (s. S. 170–175), die sich als nukleäre Viren im Kern von Säugerzellen vermehren, an besonderen Strukturen im Zellkern (Kernskelett) verankert wird. Die Replikation der Adenovirus-DNA läuft in bestimmten Bezirken des Zellkerns, den sog. Replikationsfabriken ab (s. Abb. 22), in denen pro Zellkern unter optimalen Bedingungen bis zu 100000 Kopien viraler DNA hergestellt werden können. Es werden allerdings nur etwa 10% dieser DNA-Kopien in neugebildete Virionen verpackt. Die Masse der neusynthetisierten Adenovirus-DNA verbleibt im Zellkern.

Die DNA-Polymerasen machen nur sehr selten Fehler beim Kopieren des genetischen Textes von der DNA-Matrize des infizierenden Virus in die zahlreichen Kopien für die Nachkommen. Man schätzt die Fehlerrate auf einen Fehler beim Einbau von etwa 1 Milliarde Buchstaben. Zudem gibt es – jedenfalls bei der Vermehrung zellulärer Genome – ein Korrekturlesen durch zusätzliche hochspezialisierte Enzyme und eine tatsächliche Fehlerkorrektur, über die bei Viren allerdings erst wenig bekannt ist. Wenn die Replikationsfehler erhalten bleiben, also nicht korrigiert werden, oder wenn genetische Buchstaben durch andere Mechanismen, wie z. B. Strahlung oder Einwirken von Mutagenen, beschädigt, zerstört oder ausgetauscht werden, verändert sich der genetische

Text: es entstehen Mutationen. Manche dieser Mutationen haben keine oder nur geringfügige funktionelle Folgen, andere, wie z. B. der Verlust eines Buchstabens, führen zur Verschiebung des Leserahmens und dadurch zu einer schwerwiegenden Sinnänderung oder zum Verlust bestimmter Proteine. In der Beurteilung von Fehlerhäufigkeiten bei der Vermehrung viraler Genome ist zu bedenken, daß Kopierfehler gelegentlich auch positive Folgen haben können und manchmal Virusgenome entstehen, die unter vielleicht veränderten Lebensbedingungen noch besser funktionieren als die Wildtypgenome.

Späte Gene

Bei vielen Viren tragen die spät nach der Infektion überschriebenen Gene die Information für die Hüllproteine des Virions, die sog. Strukturproteine. In Abb. 23 sind die frühen und späten Funktionen eines Virusgenoms, des humanen Adenovirus Typ 2, in einer Genkarte (unterer Bildteil) eingetragen. Bei diesem Virus werden alle späten Gene unter der Kontrolle einer Regeleinheit, des sog. späten Hauptpromotors, in Botschafter-RNA überschrieben. Ein Promotor ist eine bestimmte Buchstabensequenz der DNA, die nicht in ein Genprodukt übersetzt wird, sondern die Transkription der an den Promotor angeschlossenen Gene regelt, indem sie die Übersetzung der Gene zuläßt oder nicht. Die Promotorsequenz trägt Bindungsstellen für Transkriptionsfaktoren und für die DNA-abhängige RNA-Polymerase. Je nachdem, welche Faktoren an den Promotor gebunden sind, ist er – und damit die von ihm abhängigen Gene – an- oder abgeschaltet.

Für die langfristige Abschaltung von Genen, insbesondere von zellulären Genen oder von viralen Genen, die in das zelluläre Genom eingebaut worden sind (s. S. 124–

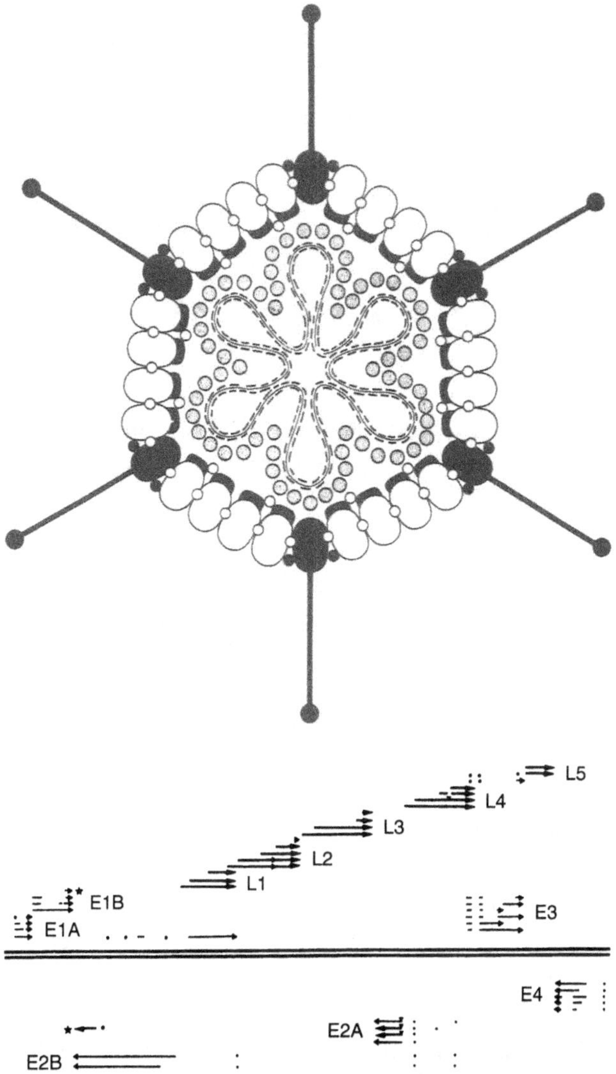

Abb. 23. Modell und Genkarte des Adenovirus Typ 2. Die waagerechte Doppellinie unten stellt das doppelsträngige Virusgenom dar, das 35937 Nukleotidpaare lang ist. Die Regionen E1–E4 (engl. early, früh) bezeichnen die Lage der frühen Gene, die Regionen L1–L5 (engl. late, spät) die der späten Gene.

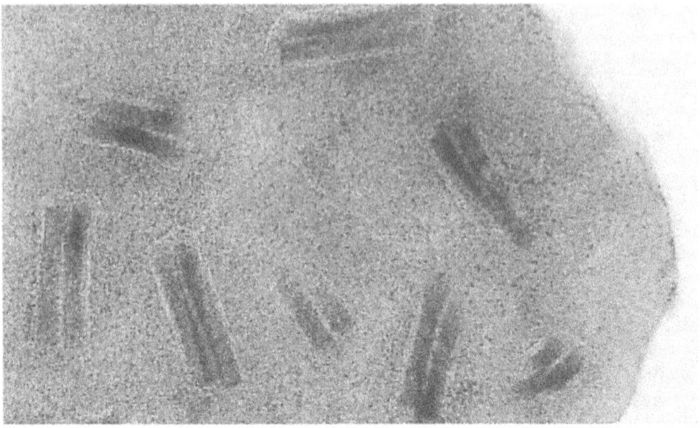

Abb. 24. Einschlußkörper mit den stäbchenförmigen Baculovirusteilchen (elektronenmikroskopische Aufnahme aus dem Kern einer von Baculoviren infizierten Insektenzelle).

127), spielt die Modifikation des genetischen Buchstabens C zu mC eine wichtige Rolle. Der Buchstabe mC anstelle von C in den entscheidenden Positionen signalisiert die langfristige Abschaltung von Genen.

Zum Beispiel des Adenovirusgenoms zurückkommend: Die gesamte Information der späten Adenovirusgene wird primär in eine sehr lange RNA (etwa 25000 bis 30000 genetische Buchstaben) überschrieben. Dieses lange RNA-Kettenmolekül wird anschließend in einem Spleißvorgang (s. S. 36–37) in die spezifischen Botschafter-RNA-Moleküle für jedes der späten Gene zerlegt. Bei der Fertigstellung der späten Botschafter-RNA-Moleküle von Adenoviren findet man eine besondere Form des Spleißens. An jede der etwa 20 verschiedenen späten Botschafter-RNA-Moleküle wird an einem Ende die gleiche Leitsequenz angehängt. Die Leitsequenz ist für die Translation der Botschafter-RNA in Proteine von großer Wichtigkeit. Dieses Anspleißen von Leitsequenzen bei den späten Adenovirus-Botschafter-RNA-Molekülen hat 1977 zur Entdeckung des für alle höheren Organismen fundamentalen Mechanismus des RNA-Spleißens und der Intron/Exon-Einteilung von Genen geführt. Das Spleißen bei Adenoviren wurde gleichzeitig in drei Arbeitsgruppen von D. Klessig, R. Roberts und P. Sharp in Cold Spring Harbor, New York, entdeckt.

Insbesondere bei DNA-Viren mit sehr großen Genomen, wie z. B. dem Baculovirus Autographa-californica-Kernpolyedervirus, teilt man die Funktionen noch genauer ein und unterscheidet sehr frühe, frühe, späte und sehr späte Gene. Zu den sehr späten Funktionen dieses Virus gehört das Eiweiß Polyhedrin. Etwa 20 bis 24 Stunden nach der Infektion wird überwiegend Polyhedrin als virales Genprodukt in den infizierten Zellen gebildet. Dieses Protein ist der Hauptbestandteil der Vireneinschlußkörper im Zellkern infizierter Zellen, in die Hunderte von Virionen eingelagert sind (Abb. 24). Die mit Viren vollgepackten, polyedrischen Einschlußkörper dienen dem Virus als Schutz, z. B. gegen die ultraviolette Strahlung der Sonne, und darüber hinaus als Infektions- und Transportvehikel.

Entstehung neuer Virusteilchen

Zusammenbau neuer Virionen

Nachdem in bestimmten Bereichen des Zellkerns oder des Zytoplasmas größere Mengen von Virusstrukturproteinen synthetisiert worden sind, lagern sich die einzelnen Virusproteine aufgrund ihrer jeweils einmaligen Struktur so aneinander, daß das spezifische Virion entsteht. Dieses Sich-von-selbst-Zusammenfügen bezeichnet man als »Self-assembly« des Viruspartikels. Man nimmt an, daß für das Self-assembly häufig keine oder nur vereinzelte Hilfsfunktionen erforderlich sind. Allerdings kennt man bei manchen Viren, z. B. beim Bakteriophagen λ oder manchen RNA-Viren (z. B. Sindbis-Virus) Gerüstproteine, die dazu beitragen, daß die Virushülle in einer bestimmten Art und Weise und in einer geordneten Reihenfolge zusammengebaut wird. Das Gerüstprotein wird anschließend wie das Baugerüst eines Hauses wieder entfernt und nicht als Bestandteil des Virions gebraucht. Es ist wahrscheinlich, daß in ähnlicher Weise gewisse zelluläre Strukturen eine Stütz- und Gerüstfunktion beim Zusammenbau von Virusteilchen übernehmen können. Über diese Funktionen weiß man aber noch sehr wenig.

Das Sich-von-selbst-Zusammenfügen von Virusteilchen hat man am eingehendsten beim Tabakmosaikvirus (TMV) und dem Bakteriophagen λ untersucht. Die Hülle des TMV besteht aus vielen Kopien eines einzigen Proteins. Sie fügen sich zunächst unter bestimmten Bedingungen, die die Salzkonzentration, Temperatur und Wasserstoffionenkonzentration (pH) definieren, zu Scheibchen zusammen, die wie aus Tortenstücken aufgebaut erscheinen. Danach entsteht aus den vielen Scheibchen und der TMV-RNA ein komplettes, helikal organisiertes Stäbchen. Der Zusammenbau des Tabakmosaikvirions konnte von G. Schramm, später durch A. Klug und Kollegen im Reagenzglas weitgehend nachgeahmt werden.

Auch der Zusammenbau des Bakteriophagen λ, der aus vielen verschiedenen Proteinen besteht, ist ein schrittweiser Prozess, bei dem zunächst einfache Vorformen gebildet werden, die dann als Kristallisationsstruktur für den Aufbau des Gesamtvirions dienen. Wie beim TMV gelang der Zusammenbau des λ-Phagen im Reagenzglas (B. und T. Hohn). Man kann sich das Self-assembly wie ein Puzzle vorstellen, bei dem die einzelnen Proteine nach Form und Oberflächenladung nur in bestimmter Art und Weise zusammenpassen und unter den richtigen Bedingungen selbständig zueinanderfinden. Das Zusammenfügen von λ-Phagen im Reagenzglas hat große Bedeutung für die Gentechnologie erlangt (s. S. 150–152), denn auf solche Weise kann man fremde Gene, die in λ-Phagen-DNA eingebaut wurden, in Phagen verpacken, isolieren und vermehren.

Besonders interessant ist der Mechanismus der Verpackung der viralen Nukleinsäure. Hier haben die Viren ein erstaunliches Platzproblem gelöst, das man sich durch folgenden Vergleich klarmachen kann: Wenn die etwa 10 Mikrometer (10^{-6} Meter) lange DNA des Adenovirions in ein Virusteilchen von etwa 100 Nanometern (10^{-7} Meter) Durchmesser verpackt wird, entspricht das der Aufgabe, einen 50000 bis 100000 Kilometer langen, sehr dünnen Faden in einen Stecknadelkopf von 2 Millimetern Durchmesser einzubringen. Um auch dem in der Chemie nicht bewanderten Leser eine Größenvorstellung zu vermitteln, sei angefügt, daß ein Wassermolekül eine relative Größe von 18 Einheiten, ein Kochsalzmolekül von 58 Einheiten, das Makromolekül der DNA humaner Adenoviren aber eine Größe von etwa 20 bis 25 Millionen Einheiten besitzt.

Zudem ist die DNA an ihrer Oberfläche stark negativ geladen. Diese gleichartigen Ladungen würden sich aufgrund ihrer Abstoßung einer Verknäuelung im Virion widersetzen. Wahrscheinlich helfen hierbei Virusproteine, bei Bakteriophagen vielleicht auch eine Gruppe von chemischen Verbindungen, die man als Polyamine bezeichnet und eine starke positive Ladung tragen, die stark negative Oberflächenladung der Virusgenome zu neutralisieren.

In manchen Virusnukleinsäuren hat man bestimmte Buchstabenfolgen identifiziert, sog. Verpackungssequenzen, die an bestimmte Virionproteine binden und so den Verpackungsvorgang des Virusgenoms einleiten. Diese Sequenzen liegen oft an den Enden der DNA- oder RNA-Kettenmoleküle.

Freisetzung

Letztlich sollen die neugebildeten Viruspartikel aus der Wirtszelle freigesetzt werden. Viren haben auch dafür ganz unterschiedliche Mechanismen entwickelt. Bei einer lytischen Bakteriophageninfektion, z. B. durch den Bakteriophagen λ, wird die Bakterienzellwand nach der Replikation durch das virale Enzym Lysozym aufgebrochen, und der Zellinhalt mit den neugebildeten Phagen ergießt sich in die Umgebung. Das Auflösen der Zellwand des Bakteriums bezeichnet man als Lyse und spricht daher von einer lytischen Infektion (s. S. 99).

Bei tierischen Viren kommt es nicht immer zu einer Lyse der Zelle. Der größte Teil der neugebildeten Adenoviren z. B. bleibt viele Tage im intakten Kern der in ihrer Funktion aber schwer geschädigten Zelle. Es werden nur wenige Viruspartikel auf bislang unbekanntem Weg aus der Zelle freigesetzt.

Manche Paramyxoviren, das sind Vertreter der Negativstrang-RNA-Viren wie z. B. das Affenvirus 5 (SV5), vermehren sich in Affenzellen zu großen Mengen, ohne daß die Zellen getötet werden. In Hamsterzellen dagegen werden nur die Nukleokapside des SV5 ohne Virushülle gebildet, und die Hamsterzellen werden allmählich von einer Fusionsfunktion der Viruspartikel zu einer Riesenzelle mit Tausenden von Zellkernen verschmolzen.

Auf S. 58–59 wurde der Vorgang der Virussprossung über die Zellmembran als Freisetzungsmechanismus für membranumhüllte Viren am Beispiel des Influenzavirus bereits ausführlich beschrieben (s. auch Abb. 16 S. 58).

Poliomyelitisviren richten erheblichen Schaden im Zytoplasma der befallenen Zellen an und werden relativ früh nach der Infektion durch Zerstörung der Zellmembran freigesetzt.

Bei den Insektenbaculoviren wiederum gibt es zweierlei Arten der Freisetzung und Verbreitung: Freie Virionen gelangen durch Sprossung durch die Zellmembran aus den Zellen heraus und können andere Zellen infizieren. Diese Virionenform nennt man nichtverkapselte (»nonoccluded«) Virionen. Die Mehrzahl der Virionen wird jedoch als verkapselte (»occluded«) Viruspartikel in die bereits erwähnten Polyeder (s. Abb. 24) eingeschlossen. Nach Zerstörung der Zelle – oder drastischer nach Auflösung der ganzen Insektenraupe (s. Abb. 1b S. 8) – können viele Millionen von Polyedern freigesetzt werden.

Für manche Virusarten, wie etwa die Tumorviren, ist zwar die Vermehrung des Virusgenoms, aber nicht immer die Virusfreisetzung das eigentliche Ziel. Das Genom mancher Viren dieser Gruppe wird in das Zellgenom integriert, und es entstehen Millionen von Zellen, die alle das Virusgenom tragen. Bei anderen Tumorviren bleiben die Erbanlagen des Virus größtenteils frei in vielen Kopien im Zellkern als sog. Episome erhalten, und die Vermehrung des Virusgenoms wird mit der des Zellgenoms synchronisiert. Auch durch diesen Mechanismus entstehen Unmengen von Zellen, von denen jede zahlreiche Kopien des Virusgenoms enthält. Bei diesen zur Integration oder Persistenz des Genoms befähigten Viren wird die Zellvermehrung auf raffinierte Weise in den Dienst der Vermehrung und Verbreitung des eigenen Genoms gestellt. Jede der so von Virusgenomen befallenen Zellen kann unter geeigneten Bedingungen wieder zum Ausgangsort ungehemmter Virusvermehrung werden.

Zellzerstörung und Krankheitsentstehung

Als zytopathischen Effekt bezeichnet man die virusspezifischen Veränderungen von Zellstrukturen, die man im Licht- oder Elektronenmikroskop beobachten kann. Nach der Infektion von Zellkulturen mit einer bestimmten Virusart können Experten mit langer Erfahrung aus dem Typ des zytopathischen Effekts und nach dessen zeitlichem Verlauf manchmal die infizierende Virusart bestimmen. Es ist bisher nur zum Teil bekannt, welche Vorgänge in der Zelle und welche Funktionen eines Virus tatsächlich für diesen Effekt verantwortlich sind. Durch Arbeiten mit Virusmutanten, bei denen bestimmte Gene ausgeschaltet sind, hat man bei manchen Viren, z. B. den Reoviren, Zusammenhänge zwischen Virusfunktionen und zytopathischem Effekt herzustellen vermocht. Die Deutung solcher Experimente wird aber häufig dadurch erschwert, daß Mutationen – insbesondere in den frühen Virusgenen – eine ganze Reihe von anderen Virusfunktionen betreffen können. Außerdem ist der Begriff »zytopathischer Effekt« nicht eindeutig genug definiert und differenziert. Man muß letztlich jede einzelne morphologische Abwandlung an den Zellen registrieren und zu Veränderungen biochemischer Funktionen in Bezug setzen. Auf diesem Gebiet der experimentellen Virologie und Zellbiologie bleibt noch viel zu tun.

Noch schwieriger sind Untersuchungen über mögliche Zusammenhänge zwischen Virusinfektion und Krankheitsentstehung (Pathogenese) in intakten Organismen. Wie kann z. B. ein winziges Rhinovirus durch seine Vermehrung in den Epithelzellen der Nasen- oder Rachenschleimhaut alle die Erscheinungen hervorrufen, die eine Erkältung so unangenehm machen? Wie kann das Influenzavirus die schweren Formen der echten Grippe mit Gehirn- (selten) oder Lungenentzündung verursachen? Welche Faktoren befähigen das Poliomyelitisvirus, einerseits die Darmschleimhaut zu befallen, andererseits aber – zum Glück nur bei wenigen Menschen – Nervenzellen im Rückenmark zu zerstören und dadurch Lähmungen der Skelettmuskulatur zu bewirken?

Bei Untersuchungen an humanen Adenoviren, die bei bestimmten Nagetierarten (»cotton rat«) eine schwere Form der Lungenentzündung auslösen, hat sich gezeigt, daß möglicherweise nicht virale Funktionen für diese schwere Erkrankung direkt verantwortlich sind, sondern daß die gegen das Adenovirus gerichteten, überschießenden Abwehrreaktionen des infizierten Tieres wesentlich zur Krankheitsentstehung beitragen. Die Schädigung von Organismen durch überschießende, ursprünglich gegen das Virus oder andere Erreger von Infektionskrankheiten gerichtete Immunreaktionen ist sehr häufig die Ursache für viele Krankheitserscheinungen bei Virusinfektionen. Andererseits würden Virusinfektionen bei fehlenden oder mangelhaften Immunreaktionen des Körpers einen möglicherweise für den Organismus katastrophalen Verlauf nehmen.

Bei der Auslösung von Symptomen der früher als Kinderkrankheit weitverbreiteten Masern spielen die Abwehrreaktionen des menschlichen Körpers offenbar ebenfalls eine wichtige Rolle. Bei infizierten Menschen kann das Masernvirus über viele Jahre im Gehirn verweilen. Eine schwere, das Gehirn des Patienten allmählich fortschreitend zerstörende Spätfolge der Masernvirusinfektion ist allerdings nur bei einem sehr kleinen Prozentsatz der Infizierten ausgeprägt: die subakute sklerosierende Panenzephalitis (SSPE). In ihrem Verlauf werden in allen Teilen des Gehirns durch entzündlich-degenerative Vorgänge Nervenzellen zerstört. Die zerstörten Nervenzellen werden durch Stützgewebe (Gliazellen) im Gehirn ersetzt. Das Stützgewebe kann jedoch nicht die eigentlichen Gehirnfunktionen übernehmen.

Auch für die Entstehung von Autoimmunkrankheiten, bei denen der Körper Abwehrreaktionen gegen seine eigenen Gewebe einleitet und diese zerstört oder schwer schädigt, hat man überlegt, ob Virusinfektionen bei der Auslösung eine Rolle spielen könnten. Da Virusproteine z. B. in die Membran von Körperzellen eingebaut werden können, richtet sich die Abwehr des Körpers zunächst gegen diese fremden Virusproteine. Dabei wird aber die ganze Zelle, möglicherweise ein ganzes Organ schwer geschädigt. Bewiesen ist dieser Entstehungsmechanismus von Autoimmunkrankheiten allerdings bisher nicht.

Es ist eines der wichtigen Ziele der experimentellen Virologie, für jedes krankmachende Virus die Zusammenhänge zwischen Virusgenetik, Infektion, Abwehrreaktionen des infizierten Organismus und Pathogenese auf molekulargenetisch-biochemischer Ebene aufzuklären. Hierbei steht die Forschung allerdings noch ziemlich am Anfang, denn dieses Ziel gehört zu den schwierigsten und herausfordernsten der modernen Virologie; aber Molekularbiologie und Gentechnologie haben neue Wege eröffnet. In diesen Problemkreis gehören selbstverständlich auch die Fragen nach den Zusammenhängen zwischen einer Infektion mit dem humanen Immunschwächevirus und der erworbenen Immunschwäche AIDS. Gleichsam sind in der Tumorvirologie, sowohl bei Arbeiten an experimentellen Systemen als auch bei der Erforschung der Ursachen menschlicher Tumoren, die entscheidenden Fragen unbeantwortet, obwohl wir über sehr umfangreiche und detaillierte Kenntnisse über viele der Viren verfügen, die Tumoren auszulösen vermögen.

Wechselwirkungen zwischen Virus und Wirt

Nach der Anheftung an die Zelloberfläche und dem Eindringen eines Viruspartikels in die Wirtszelle kann die

Infektion in unterschiedlicher Weise verlaufen. In erster Linie wird der weitere Infektionsverlauf von den zum Zeitpunkt der Infektion verfügbaren zellulären Faktoren bestimmt, die benötigt werden, um die weiteren Schritte der Virusvermehrung zu ermöglichen. Man unterscheidet folgende Infektionen:

- lytische oder produktive,
- abortive oder nichtproduktive,
- persistierende und
- Infektionen, die zur Tumorbildung führen.

Lytische oder produktive Infektion

Bei dieser Art der Virus-Wirt-Wechselwirkung laufen alle Schritte der Virusvermehrung bis zur Freisetzung der neugebildeten Virionen aus der Zelle mehr oder weniger effizient in Richtung Virusproduktion. Die Art der Freisetzung erfolgt bei vielen Bakteriophagen durch Auflösung der Bakterienzellwand. Bei den eukaryontischen Viren findet man häufig andere Wege der Freisetzung (s. S. 94–95), z. B. die Sprossung. Bei einer semiproduktiven Infektion werden nur sehr wenige Virionen pro Zelle produziert.

Abortive oder nichtproduktive Infektion

Das Viruspartikel dringt in das Zytoplasma der Zelle ein – subvirale Partikel können sogar in den Zellkern gelangen–, aber es werden im Verlauf dieser Art von Infektion keine neuen Virionen gebildet; die Infektion bleibt unproduktiv. Die Virusvermehrung kann je nach Virus-Wirt-System in jedem der beschriebenen Schritte der Virusinfektion abbrechen. Manchmal erleichtert eine nichtproduktive Infektion die Transformation der Zelle zu einer tumorähnlichen Zelle, weil sie häufig nicht zur Zellzerstörung führt. Bei einer sehr effizienten produktiven Virusinfektion, z. B. von menschlichen Zellen in Kultur mit dem humanen Adenovirus Typ 2, werden dagegen offenbar alle Zellen getötet. Natürlich kann man unter solchen Bedingungen keine zu tumorähnlichen Zellen transformierten Zellen finden.

Eine in meinem Laboratorium eingehend untersuchte abortive Infektion ist die von Hamsterzellen durch das Adenovirus Typ 12. Untersuchungen an diesem Virus-Wirt-System sind vor allem deshalb interessant, weil die Injektion von Adenovirus Typ 12 in neugeborene Hamster bei 70% der überlebenden Tiere nach 30 bis 50 Tagen zur Bildung von Bindegewebstumoren (Sarkomen) an der Injektionsstelle führt. Die Blockierung der Virusvermehrung in Hamsterzellen liegt in diesem System vor dem Schritt der Virus-DNA-Replikation. In Hamsterzellen kann die DNA des Adenovirus Typ 12 zwar nicht vermehrt werden, aber sie kann in voller Länge in das Genom der Wirtszelle integrieren (s. Abb. 30 S. 125). Andere humane Adenovirustypen, z. B. Adenovirus Typ 2, können sich auf Hamsterzellen produktiv vermehren.

Latente oder persistierende Virusinfektion

Diese Art der Virusinfektion führt zu einem tolerierenden Gleichgewicht zwischen Virus und Wirtszelle bzw. -organismus. Entweder werden laufend geringe Mengen Virus produziert, wobei die Zelle nicht oder minimal geschädigt wird, oder die Virusreplikation erfolgt nur zeitweise und abhängig von den Umweltbedingungen. Perioden der Virusvermehrung wechseln dann mit denen des Verschwindens von Virionen. Das Virusgenom persistiert, also überlebt dabei in der Zelle. Bei intakten

Organismen ist die latente Virusinfektion häufig das Resultat eines komplizierten und zu verschiedenen Zeiten unterschiedlich gestalteten Wechselspiels zwischen Virusinfektion und der Summe der zellulären und immunologischen Abwehrkräfte des Organismus. In Kap. 2 wurde das Beispiel der latenten Herpesvirusinfektion beim Menschen schon erwähnt (s. S. 9). Das Herpesvirusgenom überlebt lange Zeit in Nervenzellen. Gelegentlich kommt es zur Virusvermehrung und zu Krankheitserscheinungen. Die molekularen Grundlagen der Viruslatenz sind bisher nur wenig erforscht.

Infektion, die zur Tumorbildung führt

Manche Viren können Zellen so infizieren, daß diese zu tumorähnlichen Zellen oder zu Tumoren umgewandelt werden. Der Vorgang heißt onkogene (tumorerzeugende) Transformation. Dabei überlebt das Virusgenom in der Zelle entweder als Episom in freier Form oder integriert in das Zellgenom. Ein Episom ist ein Genom, das in freier Form neben dem Zellgenom im Zellkern erhalten bleibt. In manchen Fällen, insbesondere bei Retroviren, werden von den transformierten Zellen weiterhin neue Virionen produziert. In vielen von DNA-Tumorviren transformierten Zellen findet man dagegen keine Virusvermehrung. Die transformierten Zellen unterscheiden sich in vielerlei Hinsicht von intakten Zellen, insbesondere im Wachstumsverhalten, im Aussehen (Morphologie) und im Expressionsspektrum zellulärer Gene. Da es sich bei der viralbedingten Tumorentstehung um einen grundsätzlich wichtigen, komplizierten, aber leider noch nicht vollständig verstandenen Vorgang handelt, wird das Thema in einem eigenen Kapitel behandelt (s. Kap. 7).

6 Methoden der experimentellen Virologie

In jeder Wissenschaft hängt der Fortschritt von der Entwicklung neuer Methoden ab.

Für den Fortschritt der experimentellen Virologie war die Entwicklung der Zellkultivierungstechniken eine entscheidende Voraussetzung. Als erster explantierte der französische Chirurg A. Carrel 1910 Gewebe und hielt die Zellen unter Kulturbedingungen am Leben. In den frühen 50er Jahren entwickelte H. Eagle Nährmedien mit genau definierter Zusammensetzung und ermöglichte damit die Kultivierung von fast allen Zellarten außerhalb des Organismus und die Vermehrung von Zellen in sog. Zellkulturen. Im Jahr 1949 wiesen J. F. Enders, J.H. Weller und F.C. Robbins die Vermehrung von Poliomyelitisviren auf menschlichen Zellen in Kultur nach. M. Vogt und R. Dulbecco gelang 1953 die Entwicklung eines quantitativen Tests für den Nachweis infektiöser Viruspartikel, des sog. Plaquetests für tierische Viren.

Diese für die Virologie außerordentlich wichtigen Methoden zusammen mit der in den folgenden Jahrzehnten dynamischen Entwicklung von Molekularbiologie und Gentechnologie haben die experimentelle Virusforschung zu einem der faszinierenden Gebiete der Biomedizin gemacht und wichtige Beiträge für die medizinische Virologie geleistet. Seit über 20 Jahren sind die Konzepte und Methoden der Gentechnologie zum Grundrepertoire der experimentellen Virologie geworden. Mit ihrer Hilfe sind viele Virusgenome in Struktur und Funktion analysiert worden. Manche der medizinisch wichtigen Viren, wie z. B. das humane Hepatits-B-Virus oder die humanen Papillomviren, die auch heute noch nicht in Kultur gezüchtet werden können, sowie der Aufbau der Genome der humanen Immunschwächeviren (HIV-1 und HIV-2) konnten nur mit gentechnologischen Methoden erforscht werden. Die Virologen in Deutschland halten deshalb die Bürokratisierung der experimentellen Virologie durch die Durchführungsbestimmungen des Gentechnikgesetzes von 1990 für eine ungerechtfertigte Maßnahme von Politikern, die wissenschaftliche Zusammenhänge und Sicherheitserfordernisse nicht kompetent beurteilen können.

Zellkulturen

Zellen aus den normalen Geweben eines Organismus kann man in Nährlösungen (Medien) genau kontrollierter Zusammensetzung bei Körpertemperatur, z. B. 37°C für viele Säugetierzellen, und in einer Atmosphäre, die aus 95% Luft und 5% Kohlendioxid besteht, in Kulturschalen aus Glas oder Plastik für einige Zeit am Leben halten. In einem Viruslaboratorium befinden sich deshalb immer Sterilarbeitsbänke und Brutschränke für Zellkulturen (Abb. 25).

Den meisten künstlichen Nährmedien muß tierisches Blutserum zugesetzt werden bis zu einem Gehalt von 5 bis 10%, um den Zellen für das Wachstum notwendige Stoffe zuzuführen. Meist wird Serum von Rin-

Abb. 25. Sterilarbeitsbank und Brutschrank für Zellkulturen im Viruslaboratorium am Institut für Genetik in Köln.

dern verwendet. Viele Zellen teilen sich unter diesen künstlichen Bedingungen und vermehren sich. Dabei durchlaufen die Zellen aus normalen Geweben eines Säugetieres oder auch des Menschen eine beschränkte Anzahl von Teilungen, danach stellen sie die Vermehrung ein und sterben ab. Selbst wenn man den Zellen alle erdenklichen Wachstumsfaktoren, Nähr- und Zusatzstoffe anbietet, vermögen sich normale Zellen über die Wachstumsgrenze hinaus nicht weiter zu vermehren. Offenbar fehlen der Gewebezusammenhang oder andere noch unbekannte Faktoren. Möglicherweise sind manche Zellen dazu vorprogrammiert, sich nur begrenzt teilen zu können, denn in den Organen von ausgewachsenen Organismen teilen sie sich auch nur selten. Manche Zellarten wie z. B. Nervenzellen sind sogar nur unter außergewöhnlichen Bedingungen in Kultur zur Teilung zu bringen.

Tumorzellen kann man leichter, aber nicht immer in Zellkulturen vermehren, weil sie zu unbegrenztem

Abb. 26. Zellkulturlaboratorium.

Wachstum umprogrammiert sind. Man kann außerdem Zellen in Kultur durch Infektion mit sog. onkogenen Viren zu praktisch unbegrenztem Wachstum stimulieren und als permanente Zellinien etablieren. So gibt es heute eine sehr große Anzahl definierter Zellinien, die zum Teil seit den 50er Jahren in Kultur gehalten werden und immer noch hervorragend wachsen. Die von einer Krebsgeschwulst des Gebärmutterhalses entwickelte Zellinie

HeLa* oder die von einem Mundbodentumor abgeleitete Zellinie KB* sind menschliche Zellinien, die in der experimentellen Virologie und in der Molekularbiologie eine große Rolle spielen.

Man muß wachsende Zellkulturen laufend mit frischem Nährmedium versorgen und so in regelmäßigem Abstand neu kultivieren, um ihnen Platz für weiteres Wachstum zu schaffen. In der Praxis heißt das, eine auf der Oberfläche einer Glas- oder Plastikschale Zelle an Zelle gewachsene Kultur muß von dieser Oberfläche durch eine Enzymbehandlung abgelöst, 5- bis 20mal verdünnt und wiederum auf einer Schale ausgesät werden, auf der die jetzt sehr viel weniger dicht liegenden Zellen wieder zu einem dichten Zellrasen heranwachsen können. Manche Zellarten kann man auch in Flüssigkulturen ohne Anhaftung an eine feste Oberfläche als sog. Suspensionskulturen in dafür besonders entwickelten Nährflüssigkeiten wachsen lassen. Abb. 26 zeigt u.a. solche Suspensionskulturen und andere Kulturgefäße mit Zellkulturen.

Heute ist es möglich, Zellen in flüssigem Stickstoff bei –196°C in einem Nährmedium mit Glyzerinzusatz einzufrieren, praktisch unbegrenzt aufzubewahren und nach dem möglichst raschen Auftauen bei 37°C wieder zum Wachsen zu bringen. In vielen Fällen ist die Kultivierung von Zellen fast eine Kunst, die neben den exakten biochemischen Grundlagen immer noch viel Erfahrung, Geschick und Geduld des Experimentators erfordert.

Zellen, die in Oberflächen- oder Suspensionskultur wachsen, kann man mit Viren infizieren und diese in den Zellkulturen zu großen Mengen vermehren. Allerdings muß man oft die von Tier, Pflanze oder Mensch gewonnenen Virusisolate allmählich an die Zellkulturbedingun-

* Die Bezeichnungen wurden aus den Anfangsbuchstaben der Namen der Patienten abgeleitet.

gen anpassen. Bei dieser Anpassung wählt man unwillkürlich Virusvarianten oder Mutanten aus, die sich besonders gut in Kultur vermehren können. In den meisten Fällen bleibt die Wirtsspezifität dabei erhalten. So vermehren sich vom Menschen isolierte Viren häufig am besten auf Kulturen menschlicher Zellen. Bei Zellkulturexperimenten mit Viren gibt es allerdings soviele Besonderheiten und Ausnahmen, daß es völlig aussichtslos wäre, wollte man versuchen, allgemeingültige Regeln anzugeben. Auch die Vermehrung von Viren – insbesondere von unbekannten Arten – auf Zellkulturen erfordert viel Erfahrung und Geduld.

Virusnachweis

Es gibt eine Reihe von Nachweisverfahren für Viren, von denen ich hier eine kleine Auswahl vorstelle. Viele der Methoden, die insbesondere in der Medizin routinemäßig angewandt werden, beruhen darauf, im Blut (Serum) von Menschen Antikörper gegen bestimmte Viren nachzuweisen. Manchmal kann man Viren isolieren und so direkt nachweisen.

ELISA-Test

ELISA (»enzyme linked immunosorbent assay«) ist ein Nachweisverfahren, bei dem Antikörper z. B. gegen ein bestimmtes Virus chemisch an ein bekanntes Enzym gekoppelt wurden, um dieses Virus in einer Probe nachweisen zu können. Wenn Virusbestandteile aus dem zu testenden Blut und Antikörper miteinander reagieren, wird das gekoppelte Enzym dadurch veranlaßt, eine besondere Farbreaktion auszulösen. Dieses Verfahren ist sehr empfindlich und vor allem in der täglichen Praxis einfach durchzuführen. Im Handel sind hierfür fertige Reagenzienkombinationen, sog. Kits, erhältlich.

Plaquetests

Ein in der experimentellen Virologie sehr nützliches Nachweisverfahren für Viren ist der Plaquetest, der ursprünglich für die Quantifizierung von Bakteriophagen entwickelt wurde. Bei diesem Test werden Bakterienkulturen mit Verdünnungen von Bakteriophagen gemischt und nach kurzer Adsorptionszeit auf einer Agarplatte ausgebreitet. Nach einigen Stunden wachsen die Bakterien zu einem an der Trübung des klaren Agars erkennbaren Bakterienrasen. Überall dort auf diesem Rasen, wo ein mit Phagen infiziertes Bakterium zufällig zu liegen kommt, vermehren sich die Phagen in diesem und den benachbarten Bakterien. Da die Phagen die Bakterien zerstören, entsteht an dieser Stelle eine aufgehellte Region, die fast so klar ist wie der reine Agar. Dieses Loch im Bakterienrasen bezeichnet man als Plaque (s. Abb. 1a S. 8). Wenn man weiß, welche Menge der Phagensuspension zu Beginn des Testverfahrens bei welcher Phagenverdünnung mit der Bakterienkultur gemischt wurde, kann man aus der Anzahl der Plaques die Zahl der infektiösen Bakteriophagen in der Kultur berechnen.

Auf dem gleichen Prinzip beruht der 1953 von M. Vogt und R. Dulbecco entwickelte Plaquetest für tierische Viren und Zellkulturen. Statt eines Bakterienrasens verwendet man halb dicht gewachsene Zellkulturen. Nach der Infektion mit einer Virusverdünnung in Kulturmedium wird die infizierte Zellschicht mit einer Agarschicht überlagert, um die ungehinderte Ausbreitung von freigesetzten Virionen zu verhindern. Nach drei bis sieben Tagen je nach Virus wird dem Agar ein Farbstoff zugesetzt, der von lebenden Zellen aufgenommen wird. Dabei bleiben die virusinfizierten und abgetöteten Zellen ungefärbt. Sie erscheinen in einem einheitlich gefärbten Zellrasen als blasse Plaques, die ausgezählt werden können. Wie beim Phagentest ist es möglich, aus Plaquezahl und vorgenommener Verdünnung die Anzahl infektiöser Viruspartikel im Ausgangsmaterial zu errechnen.

Man kann die Plaquetests auch zur Isolierung von Virusklonen verwenden. Jeder Plaque sollte von einem einzelnen Virusteilchen ausgegangen sein, dann sind die Viren in einem Plaque genetisch einheitlich: sie stellen einen Klon dar. Um ganz sicher zu gehen, daß man völlig reine Virusklone isoliert hat, kann man die Vereinzelung von Virusplaques mehrmals wiederholen. Diese als Einzelplaquereinigung bezeichnete Methode spielt in der Molekulargenetik der Viren eine große Rolle.

Virusreinigung

Für molekularbiologisch-biochemische Analysen ist es dringend notwendig, Viruspartikel von Verunreinigungen mit Bestandteilen der Zellen, in denen sie vermehrt wurden, zu reinigen. Für die einzelnen Virusarten mußten ganz verschiedene Reinigungsverfahren entwickelt werden. Das nur aus DNA und Protein bestehende Adenovirus z. B. reinigt man mit anderen Methoden als das membranumhüllte, RNA-haltige Influenzavirus. Als Beispiel skizziere ich hier kurz das Reinigungsverfahren für Adenoviren:

Die in Suspensionskultur (Abb. 26) in einem Nährmedium wachsenden menschlichen Zellen werden mit Adenoviren infiziert. Etwa zwei bis drei Tage nach der Infektion werden die Zellen durch Zentrifugation konzen-

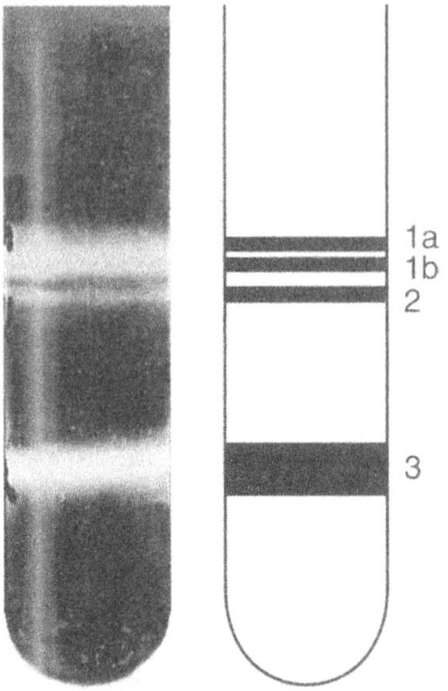

Abb. 27. Adenovirusteilchen werden in einem Cäsiumsalzgradienten durch Ultrazentrifugation gereinigt. Die weiße Bande 3 im Zentrifugenröhrchen stellt die konzentrierten Viren dar. Die darübergelegenen Banden (1a, 1b, 2) sind auf unvollständige Virusteilchen zurückzuführen.

triert, um das überflüssige Nährmedium abschütten zu können. Die Masse der Adenoviren verbleibt im Zellkern. Mit Ultraschall wird die Zellstruktur zerstört und das Virus aus dem Zellverband intakt freigesetzt. Fett- und Eiweißstoffe, die von den aufgebrochenen Zellen stammen, werden durch Ausschütteln mit einer fettlösenden Verbindung entfernt. Danach folgt eine Ultrazentrifugation (100 000fache Erdbeschleunigung) in einem Salzgradienten, um die Virionen aus dem Gemisch zellulärer Bestandteile abzutrennen (Abb. 27). Dieser letzte Schritt kann vielfach modifiziert und wiederholt werden. So erhält man sehr hoch gereinigte Viruspräparationen mit nur minimalen Spuren zellulärer DNA oder Proteine.

Gentechnologische Methoden

Um absolut reine Virus-DNA zu erhalten, die auch keine Reste zellulärer DNA mehr enthält, muß man Virus-DNA oder Virus-DNA-Fragmente in Trägermolekülen klonieren, das bedeutet mehrfach identisch vervielfältigen und isolieren. In Abb. 28 ist das Prinzip des Klonierens von DNA-Bruchstücken dargestellt. Das Klonieren ist heute in der Biologie und experimentellen Medizin zu einer der wichtigsten Techniken geworden.

Bei diesem Verfahren verwendet man als Trägermolekül im einfachsten Fall z. B. ein Plasmid-DNA-Molekül aus Bakterien. Plasmide werden kleine unabhängige Genome in Bakterien genannt, die sich in vielen Kopien bei der Bakterienvermehrung replizieren. Man schneidet dieses Plasmid an einer einzigen Stelle mit einer der vielen Restriktionsendonukleasen auf und »klebt« die Virus-DNA oder eines ihrer Bruchstücke in diese Stelle ein. Restriktionsendonukleasen sind bakterielle Enzyme, von denen es bereits etwa 2000 verschiedene gibt, die ganz bestimmte Nukleotidfolgen, z. B. CCGG, in jeder DNA erkennen und die DNA nur an diesen Stellen schneiden. Danach versiegelt man die Bruchstellen und bringt das so beladene Plasmidträgermolekül – allgemein als Vektor bezeichnet – in Bakterien zurück. Dann isoliert man die Nachkommen eines einzelnen Bakteriums, das auf einer Agarplatte zu einer kleinen Kolonie, einem Klon mit Virus-DNA in den Plasmiden, heranwächst. Die Virus-DNA muß nun nur noch aus den Bakterien gereinigt werden und ist so von den Bestandteilen der tierischen Zellen befreit, in denen sie vermehrt wurde.

Virale RNA-Genome muß man vorab mit Hilfe der reversen Transkriptase in DNA überschreiben, kann sie dann aber in gleicher Weise, wie oben dargestellt, als vereinzelte Moleküle klonieren.

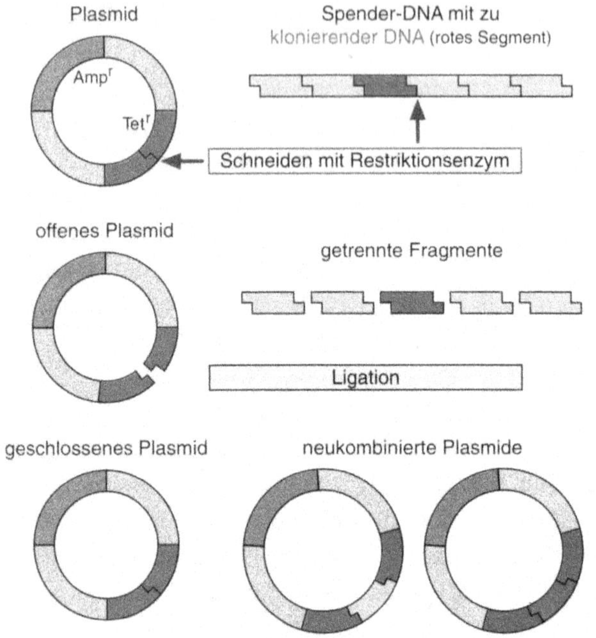
Plasmid
Spender-DNA mit zu
klonierender DNA (rotes Segment)
Amp^r
Tet^r
Schneiden mit Restriktionsenzym
offenes Plasmid
getrennte Fragmente
Ligation
geschlossenes Plasmid
neukombinierte Plasmide

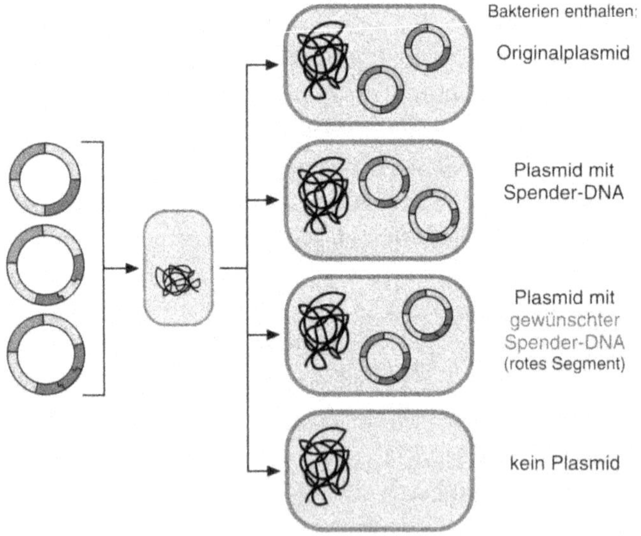
Bakterien enthalten:
Originalplasmid
Plasmid mit
Spender-DNA
Plasmid mit
gewünschter
Spender-DNA
(rotes Segment)
kein Plasmid

Mit dieser sehr kurzen Beschreibung der heute in jedem Viruslaboratorium etablierten Methoden soll wenigstens die Kenntnis vermittelt werden, daß man mit gentechnologischen Verfahren jedes Virusgenom oder seine Bruchstücke reinigen, in großer Menge herstellen und damit die Reihenfolge der genetischen Buchstaben ermitteln kann. So sind alle Virusgenome der genetischen Analyse zugänglich geworden. Diese Techniken sind auf jede Art von DNA oder RNA in der belebten Natur, nicht nur auf virale anwendbar.

Abb. 28 Schema zur Erklärung des Prinzips des Klonierens von DNA-Fragmenten in einem Bakterienplasmid als Vektor. Die einzelnen Schritte des Klonierens werden dem Schema von oben nach unten folgend erklärt. Zunächst werden Plasmid und Spender-DNA, die das zu klonierende DNA-Fragment (rot) enthält, mit der *gleichen* Restriktionsendonuklease geschnitten. Dadurch entstehen DNA-Enden, die zueinander passen und mit Hilfe des Enzyms Ligase direkt miteinander verbunden werden können. So werden viele Plasmidmoleküle mit allen möglichen Bruchstücken der Spender-DNA hergestellt. In der Menge der neukombinierten Plasmide und dem über seine eigenen Enden wieder geschlossenen, leeren Bakterien-Plasmid befindet sich auch das Plasmid mit dem darin eingeschmolzenen roten Spender-DNA Fragment. Alle Plasmide (unbesetzte und neukombinierte) werden jetzt mit einem Spezialverfahren in Bakterien eingeschleust (Transfektion), und die Bakterien enthalten jeweils eines der im Schema gezeigten Plasmide. Darunter befindet sich auch das gewünschte (rote) Spender-DNA Fragment. Die Bakterien, die ein Plasmid enthalten, kann man aus der sehr großen Menge aller Bakterien herausfinden, weil sie resistent gegen Antibiotika sind. Diese Resistenz ist Genen auf dem Plasmid (Amp^r oder Tet^r, Ampizillin oder Tetrazyklin-Resistenz) zu verdanken. Unter den Antibiotika-resistenten Bakterien werden die das rote Fragment tragenden durch eine weitere Spezialmethode herausgesucht. Diese Bakterien vereinzelt man mit mikrobiologischen Methoden im eigentlichen Klonierungsvorgang und kann dann dieses gereinigte Bakterium mit dem im Plasmid enthaltenen roten DNA Fragment zu beliebig großen Mengen vermehren.

7 Onkogene Viren

So sind wohl manche Sachen,
Die wir getrost belachen,
Weil unsre Augen sie nicht sehn.
Matthias Claudius

Unter onkogenen Viren versteht man Viren, die bei Tieren oder möglicherweise auch beim Menschen Tumoren erzeugen oder an der Tumorentstehung beteiligt sein können. Trotz sehr intensiver Forschungsarbeit in der Tumorbiologie vermag noch niemand genau zu sagen, wie es zur Tumorbildung durch Viren kommt. Normalerweise sind Zellteilung und Wachstum der Zellen durch eine große Anzahl von Genprodukten reguliert. Entsteht beispielsweise beim Menschen eine Verletzung der Haut, werden die die Verletzungsstelle umgebenden Zellen zur Vermehrung angeregt. Sie wachsen solange, bis die verletzte Stelle repariert ist. Dann hört die Zellteilung auf. Es kommt normalerweise nicht zu einer Entgleisung der Wachstumsregulation oder gar zur Tumorbildung. Offenbar gibt es in jeder Zelle Gene, deren Produkte die Zellen zur Vermehrung treiben können, und andererseits Gene, deren Produkte diesem Vermehrungsmechanismus entgegenwirken. Wie die geregelte Expression dieser Gene mit zum Teil entgegengesetzter Zielrichtung gesteuert wird, ist weitgehend unbekannt. Man vermutet, daß Hunderte, vielleicht Tausende von Genen an der für den Organismus lebenswichtigen Regelung des normalen Zellwachstums beteiligt sind.

Die Zellen der meisten Organe teilen sich äußerst selten oder nie. Bestimmte Zellen, wie die der Blutbildung oder des Abwehrsystems im Knochenmark, wie Hautzellen oder männliche Keimzellen, teilen sich unter exakter Regelung dagegen sehr häufig. Während der Entwicklung eines neuen Organismus, z. B. bei Säugetieren aus einer von einer Samenzelle befruchteten Eizelle, wird ein kompliziertes Entwicklungsprogramm angeschaltet. Das System wird in geregelter Weise auf maximale Zellteilung eingestellt. Innerhalb von etwa 40 Wochen entsteht im Laufe der menschlichen Embryonalentwicklung aus einer befruchteten Eizelle ein Individuum mit Billionen von Zellen. Dabei haben sich etwa 220 verschiedene Arten von Zellen mit sehr spezialisierten Programmen herausgebildet. Nach diesen wenigen Wochen maximaler Zellteilung und Differenzierung folgen Jahre sehr viel langsameren Wachstums, und schließlich vermehren sich nur noch sehr wenige Zellarten. Das im Genom der befruchteten Eizelle eingebaute Programm der Steuerung der zahlreichen Genaktivitäten während der Entwicklung und während der Ausbildung spezialisierter Zell- und Organsysteme ist noch nicht entschlüsselt. Weltweit versuchen zahlreiche Laboratorien der Entwicklungsbiologie, diese Programme zu entziffern. Heute kann man vermuten, daß die zellulären Programme, die die normale Entwicklung und Differenzierung eines Organismus steuern, auch Aufschluß über die Entstehung bösartiger Tumoren geben könnten.

Die Entdeckung der onkogenen Viren

Die Idee, daß Viren Tumoren bei Tieren, Pflanzen oder beim Menschen hervorrufen könnten, ist schon am Anfang dieses Jahrhunderts aufgekommen. Damals hatte man die winzigen Viren als infektiöse Teilchen gerade erst entdeckt. Peyton Rous interessierte sich für die Tumorentstehung und beobachtete bei Hühnchen Tumoren des Bindegewebes, sog. Sarkome. Er stellte fest, daß Extrakte aus diesen Tumoren, die durch ein für Zellen undurchlässiges Filter gereinigt worden waren, in der Lage waren, bei gesunden Hühnchen gleichartige Tumoren hervorzurufen. P. Rous arbeitete am Rockefeller-Institut für Medizinische Forschung, das 1901 von John D. Rockefeller als eine der ersten Forschungsstiftungen der USA gegründet worden war. Für die Entwicklung der biomedizinischen Forschung zunächst in den Vereinigten Staaten und später weltweit hat das Rockefeller-Institut in New York über viele Jahre eine führende Rolle gespielt.

In der Wissenschaft ist es notwendig, neue Ideen zunächst exakt zu dokumentieren, sie anschließend aber mit allen verfügbaren Methoden zu hinterfragen und auf ihren Bestand zu prüfen. So setzte auch nach P. Rous' Erstbeschreibung von Tumorviren eine heftige, gegen seine Entdeckung gerichtete Debatte ein, und es bedurfte vieler Jahrzehnte und der Entdeckung zahlreicher weiterer Tumorviren bei anderen Tierarten, bevor seine Entdeckung und ihre Bedeutung allgemein akzeptiert wurden.

Tabelle 4 gibt eine Übersicht über einige der wichtigsten Tumorviren, die bei Tieren Tumoren verursachen können. Daneben sind auch Viren erwähnt, die bei der Auslösung menschlicher Tumoren eine Rolle spielen könnten. Die Vorstellung, daß die Infektion mit Tumorviren direkt zu menschlichenTumoren führen könnte, ähn-

Tabelle 4. Onkogene Viren

Virusgruppe	Natürlicher Wirt	Tumoren bei
1. DNA-Viren		
Polyomavirus	Maus	Nagetieren
Affenvirus 40	Affen	Nagetieren
Papillomviren	Mensch	*
Papillomviren	Rind	Rindern
Adenoviren	Mensch	Nagetieren
Herpesviren, Epstein-Barr-Virus	Mensch	*
Hepatitis-B-Virus	Mensch	*
2. RNA-Viren (Retroviren, früher RNA-Tumorviren genannt)		
Rous-Sarkomvirus	Hühnchen	Hühnchen
Mausleukämievirus	Maus	Maus
Affensarkomvirus	Affen	Affen
Humanes T-Zell-Leukämievirus	Mensch	*

* Zusammenhänge mit menschlichen Tumorerkrankungen bestehen; es ist aber nicht bewiesen, daß diese Viren allein tatsächlich Tumoren hervorrufen.

lich etwa wie das Masernvirus oder das Influenzavirus Masern oder Grippe auslöst, ist natürlich nicht richtig. Wenn Viren bei der Entstehung von menschlichen Tumoren eine Bedeutung haben, dann im Zusammenspiel mit vielen anderen Faktoren und nach einer oft sehr langen Latenzzeit.

Onkogene Viren findet man unter den DNA- und RNA-Viren, wobei bislang mehr onkogene Virusarten mit einem RNA- als solche mit einem DNA-Genom bekannt sind. Die RNA-Tumorviren gehören zur Gruppe der Retroviren. Die virusinduzierten Tumoren bei Tieren sind häufig bösartige Geschwulsterkrankungen des Bindegewebes (Sarkome) oder der Blut- oder Abwehrzellen bildenden Systeme (Lymphome bzw. Leukämien). Tumoren von Epithelzellen, sog. Karzinome, die beim Menschen insgesamt häufiger als Sarkome und Lymphome sind, konnte man auch in Tierexperimenten durch bestimmte Virusinfektionen auslösen. Das Retrovirus, das bei der Maus Brustdrüsenkrebs verursacht, das »mouse mammary tumor virus«, wird mit der Muttermilch auf die nächste Generation übertragen.

Eigenschaften virustransformierter Zellen

Um den Mechanismus der viralen Onkogenese besser verstehen zu können, hat man mit Erfolg versucht, wenigstens einige der Vorgänge bei der Zelltransformation in Zellkultur nachzuahmen. So ist es in vielen Fällen gelungen, Zellen, die in Kultur unter definierten Bedingungen wachsen, durch eine Virusinfektion in Zellen zu verwandeln, die den Tumorzellen zumindest sehr ähnlich sind und nach Übertragung auf Versuchstiere Tumoren hervorrufen können.

In Zellkultur zeigen Tumorzellen oder tumorähnliche Zellen eine Reihe von Eigenschaften, in denen sie sich sehr deutlich von normalen Zellen unterscheiden. Normale Zellen können sich im allgemeinen in Zellkultur nur beschränkt häufig teilen (s. S. 103–104). Nach einer für die Zellart charakteristischen Anzahl von Teilungszyklen verlangsamt sich das Zellwachstum, hört dann auf, und schließlich sterben die Zellen ab. Transformierte oder Tumorzellen können dagegen in Zellkultur praktisch unbegrenzt – über viele Jahrzehnte wie heute feststellbar – vermehrungsfähig bleiben. Man nennt diese Zellen immora

b

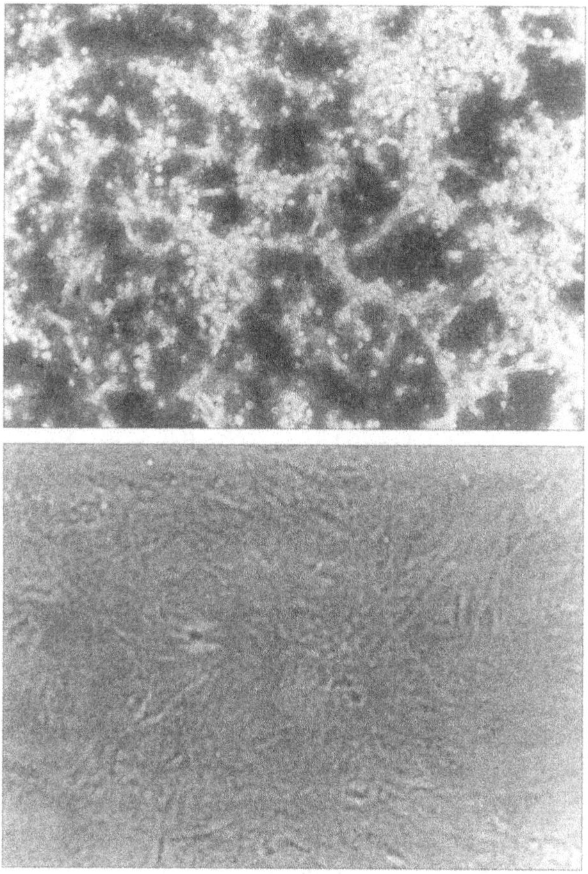

Abb. 29 a. Kolonien transformierter Zellen, die in dichten Zellhaufen (Foci) übereinanderwachsen; **b** normale, geordnet wachsende Zellen, die keine Foci bilden.

talisiert, d. h. sie sind unsterblich geworden. Eine sehr bekannte, weltweit in vielen Laboratorien verwendete Zelllinie sind die HeLa-Zellen (s. auch S. 106). Diese Zellen enthalten in integrierter Form das Genom oder Teile des Genoms eines menschlichen Papillomvirus. Die Hamsterzellinie T637 wurde 1967 mit dem humanen Adenovirus

Typ 12 transformiert und wächst heute noch sehr effizient in unserem Laboratorium.

Normale Zellen respektieren die von anderen Zellen auf dem Kulturgefäßboden eingenommenen Areale. Wenn die Kultur sehr dicht gewachsen und der verfügbare Raum im Kulturgefäß von Zellen eng besetzt ist, wird das Wachstum eingestellt. Diese Art der Wachstumskontrolle nennt man zelldichteabhängige Wachstumshemmung oder Kontaktinhibition. Tumorzellen oder virustransformierte Zellen haben diese Kontrolle verloren. Sie stellen auch in dicht gewachsenen Kulturen ihr Wachstum nicht ein; sie beginnen übereinander zu wachsen und bilden kleine Häufchen von Zellen, sog. Foci, die für transformierte Zellen sehr charakteristisch sind (Abb. 29).

In den meisten Fällen unterscheiden sich transformierte oder Tumorzellen auch durch ihr Aussehen von normalen Zellen. Die vom humanen Adenovirus Typ 12 transformierte Zellinie T637 zeigt vieleckige, kubusartige Zellen, die man auch epitheloid oder epithelzellenähnlich nennt (s. Abb. 6d S. 24). Die ursprüngliche BHK21-Hamsterzellinie (s. Abb. 6b), aus der die T637-Zellinie durch Transformation entstanden ist, besteht aus Fibroblasten. Das sind längliche, dünne Zellen, wie sie häufig im Bindegewebe zu finden sind. Die Ursachen für diese Formänderung kennt man nur teilweise. So hat man zeigen können, daß in der Anordnung von Faserstrukturen des Zytoskeletts (s. S. 50) erhebliche Unterschiede zwischen normalen und virustransformierten Zellen bestehen können.

Das Virusgenom bleibt in der Zelle

Eine der wichtigen Fragen bei der Transformation von Zellen durch Viren ist die nach dem Versteck des Virusgenoms in den transformierten oder Tumorzellen.

Kann das Virusgenom in den Zellen verbleiben (persistieren) oder verschwindet es wieder, nachdem es »Unheil« in der Zelle angerichtet hat? Wahrscheinlich sind beide Möglichkeiten in unterschiedlichen Systemen verwirklicht. Wenn das Virusgenom in der transformierten oder Tumorzelle keine Spuren hinterläßt, d. h. wenn zu irgendeinem Zeitpunkt nach der Transformation das gesamte Virusgenom aus der Zelle wieder verlorengeht, ist es unmöglich zu beweisen, daß das Virus bei der Tumorentstehung eine Rolle gespielt hat. Diesen Weg der viralen Tumorentstehung hat man als Fahrerflucht (»hit-and-run«) Mechanismus bezeichnet.

Aber selbst wenn man in einer Tumorzelle Viren oder virale Gene nachweisen kann, bedeutet das noch nicht, daß das in der Zelle entdeckte Virus oder sein Genom die Tumorentstehung ausgelöst haben muß, wenngleich diese Möglichkeit besteht. Virologen, die sich mit Tumorviren beschäftigen, wissen seit langem, daß Viren als »Trittbrettfahrer« möglicherweise auf Tumorzellen besser wachsen können, ohne selbst direkt an der Tumorentstehung beteiligt gewesen zu sein. Tumorzellen haben häufig ein verändertes Spektrum an Genaktivitäten und könnten dadurch die Vermehrung von Viren, die auf normalen Zellen nur schlecht wachsen, ermöglichen. Auch so könnte das Vorkommen von Viren in Tumoren zu erklären sein. Ebensowenig ist der Nachweis, daß ein aus einem menschlichen Tumor isoliertes Virus in Versuchstieren Tumoren hervorrufen kann, schon ein Beweis der tumorigenen Eigenschaft dieses Virus beim Menschen, denn Viren verhalten sich auf anderen Tierarten häufig unterschiedlich. Diese kritischen Erwägungen zeigen die Wichtigkeit auf, die Eigenschaften eines Virus im natürlichen Wirt möglichst genau zu studieren, um die Möglichkeit der viralen Onkogenese beim Menschen besser beurteilen zu können.

Das Genom eines Virus kann in Tumorzellen in unterschiedlichen Formen erhalten bleiben und sich bei jeder Zellteilung synchron mit dem Genom der Zelle vermehren. So bleibt das Virusgenom langfristig in allen Tumorzellen erhalten. Genome von Retroviren in ihrer DNA-Form und die DNA der Adenoviren, des Affenvirus 40 sowie mancher humaner Papillomviren u.a. werden im Erbgut von Tumorzellen durch eine echte DNA-Bindung (Phosphodiesterbindung) fest integriert. Durch diese Integration wird nicht nur die Persistenz und die Vermehrung des Virusgenoms bei jeder Zellteilung sichergestellt, sondern das Virusgenom wird durch die Verpackung im zellulären Chromatin auch vor enzymatischen Aktivitäten geschützt, die das fremde Virusgenom erkennen, verändern oder zerstören könnten. Außerdem können durch die Integration Virusgene unter die Kontrolle aktiver zellulärer Kontrollregionen (Promotoren) kommen. Auf diese Weise könnte die Aktivität viraler Gene ermöglicht oder gesteigert werden. Andererseits können aber auch virale Kontrollfunktionen die Aktivitäten benachbarter oder weiter entfernt gelegener zellulärer Gene beeinflussen. In der Wechselwirkung eines etablierten zellulären Genoms mit einem fremden viralen Genom gibt es kein engeres Verhältnis als das der Integration.

Eine weitere Möglichkeit der Persistenz viraler Genome in der Zelle ist die in Form freier, häufig zirkulärer viraler DNA-Moleküle im Zellkern. Das Epstein-Barr-Virus, ein Herpesvirus, oder tierische und menschliche Papillomviren können in dieser Form zahlreich in Tumorzellen, aber auch in normalen Zellen überdauern. Die zirkuläre Form des viralen Genoms verhindert den Abbau durch zelluläre Enzyme (Exonukleasen). Wahrscheinlich sind die viralen Genome zusätzlich aber auch durch gebundene Proteine geschützt. Diese persistierenden Virusgenome haben in ihrer Nukleotidsequenz bestimmte Sensoren (Motive), mit deren Hilfe sie die Auslösung der Vermehrung des zellulären Genoms wahrnehmen und sich dann gleichzeitig mit ihm vermehren können. Einige dieser viralen Genome können zusätzlich auch noch in das zelluläre Genom integriert sein. Damit wird die Persistenz des viralen Erbguts in den Zellen offenbar auf doppelte Weise abgesichert.

Aktivitäten onkogener Virusgenome im Wirtsgenom

Der Mechanismus, durch den die Tumorviren bei Tieren oder vielleicht auch beim Menschen Zellen zu Tumorzellen umwandeln, ist trotz jahrzehntelanger Arbeit vieler, sehr engagierter Forschergruppen nicht geklärt. Möglicherweise löst die Virusinfektion eine Kaskade zellulärer Ereignisse aus, die im Zusammenwirken mit einer Reihe anderer Faktoren letztlich zur Tumorbildung führt. Außerdem ist zu bedenken, daß Organismen eine effiziente Abwehr gegen Tumorzellen besitzen. Diese für den Organismus sehr wichtigen Schutzfunktionen muß eine Krebszelle erst überwinden, bevor sie ungehemmt bis zu einer Geschwulst auswachsen kann. Man muß bei Überlegungen über die Ursachen viele Faktoren gleichzeitig berücksichtigen. Außerdem sind die Eigenschaften und die möglichen Mechanismen bei jeder Tumorart und bei jedem Virus sehr spezifisch, so daß man sich in der Forschung auf eine oder wenige Tumor- und Virusarten konzentrieren muß, wenn man je zuverlässige Aussagen machen möchte. Aus dieser unvollständigen Auflistung von Schwierigkeiten mag auch der Laie erkennen, daß Arbeiten über die virale Onkogenese kompliziert sind und nicht schnell zum Erfolg führen können. Aus vielen interessanten Teilaspekten der Tumorforschung möchte ich im folgenden drei vorstellen.

Die Integration viraler DNA in das Wirtsgenom

Die Integration von Virusgenomen in die Erbanlagen ihrer Wirte kann direkt und augenscheinlich nachgewiesen werden, wie z. B. der Einbau von Adenovirus-DNA in die Chromosomen von Hamsterzellen zeigt (Abb. 30). Das Adenovirusgenom wurde mit einem Farbstoff markiert, der bei Beleuchtung mit ultraviolettem Licht gelb aufleuchtet, also fluoresziert. Dadurch erkennt man die Virusgenome, die in die DNA dieser transformierten Hamsterzelle an einer bestimmten Stelle auf einem Chromosom eingelagert worden sind. In anderen Hamstertumoren liegen die viralen Genome auf einem anderen Chromosom. Von einigen interessanten Ausnahmen abgesehen, erscheint es unwahrscheinlich, daß virale Genome an spezifischen, an wenigen oder immer den gleichen Stellen in das zelluläre Genom integriert werden. Die bisherigen Analysen sprechen dafür, daß virale DNA an vielen verschiedenen Orten in die Chromosomen integriert werden kann. Innerhalb eines Tumors dagegen liegen die viralen Genome aber natürlich in allen Zellen dieses klonalen Tumors an derselben Stelle. Möglicherweise können solche Regionen des zellulären Genoms bevorzugt als Integrationsstellen dienen, die zum Zeitpunkt des Eindringens viraler Genome in den Zellkern gerade transkribiert oder repliziert werden. Das zelluläre Erbgut könnte dann an einzelnen Stellen besonders anfällig für den Genaustausch mit fremder DNA (Rekombination) sein. Die Integration viraler DNA, sowohl von DNA-Viren als auch von Retroviren, kann man als

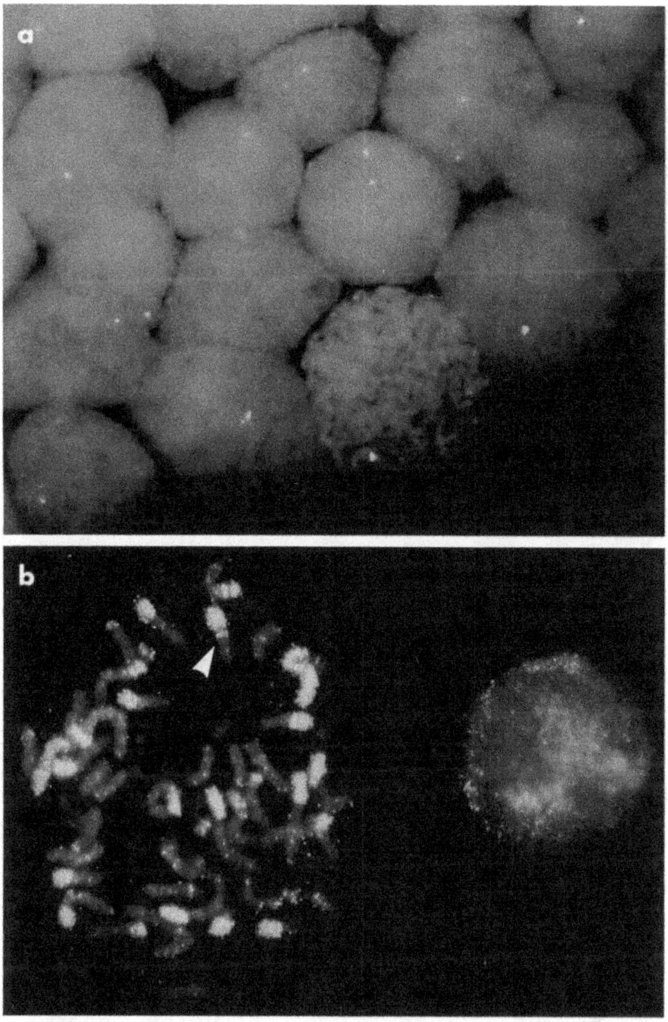

Abb. 30 a, b. Einbau von Adenovirus-DNA in eines der Chromosomen von Hamsterzellen. In **a** sind die integrierten Adenovirusgenome mit einem gelben, die Hamsterchromosomen mit einem roten Fabstoff markiert. In **a** sind Hamsterzellkerne, in **b** Chromosomen einer Hamsterzelle (links) und ein Zellkern zu sehen. In **b** sind die Adenovirusgenome grün (Pfeil), endogene Retrovirusgenome (s. S. 236–238) rosa und Hamster DNA blau angefärbt.

Sonderfall des Eindringens fremder DNA in eine Zelle betrachten.

Vielleicht kann jede fremde DNA beliebiger Herkunft in Zellen eindringen und nach Überwinden der Abwehrfunktionen in das Zellgenom eingebaut werden. Wie häufig das in einem lebenden Organismus, z. B. beim Menschen geschieht, ist unbekannt. Jeder Mensch nimmt täglich sehr große Mengen fremder DNA tierischer und pflanzlicher Herkunft mit der Nahrung auf. Kleine Mengen dieser fremden DNA scheinen laufend in den Organismus eindringen zu können (s. Kap. 10). Noch ist nicht geklärt, welche Folgen die Aufnahme fremder DNA für den Körper hat. Dem möglicherweise evolutionär sehr alten zellulären Mechanismus der Integration fremder DNA in andere Organismen verdanken wir vielleicht wesentliche Schritte in der Evolution und die Existenz der heute lebenden vielfältigen Arten.

Welche Abwehrmöglichkeiten eine Zelle oder ein Organismus gegen das Eindringen fremder DNA entwickelt hat, ist noch kaum bekannt. Aus Arbeiten an Zellen in Kultur weiß man, daß die fremde DNA ganz oder teilweise auch wieder aus den Zellen verlorengehen kann. Ein möglicherweise sehr wirkungsvoller Abwehrmechanismus der Zelle ist die Neumethylierung integrierter fremder DNA. Dabei werden die C-Buchstaben in der Fremd-DNA biochemisch sehr spezifisch zu mC modifiziert, indem an den genetischen Buchstaben C eine Methylgruppe angehängt wird. Durch mC-Buchstaben in entscheidenden Positionen von Kontrollregionen im Promotor können Gene langfristig inaktiviert werden. So ist es vorstellbar, daß dieser zelluläre Mechanismus die integrierten Fremdgene auf Dauer abzuschalten vermag. Die Methylierung von DNA hat aber eventuell auch Einfluß auf andere zelluläre Vorgänge, wie z. B. auf die Organisation des gesamten Genoms.

Die Insertion fremder DNA in ein etabliertes zelluläres Genom kann noch weiterreichende Folgen für die Zelle haben. Zum einen können durch den Einbau von Fremd-DNA an der Integrationsstelle zelluläre Gene zerstört oder in ihrer Regulation verändert werden. Diesen Vorgang bezeichnet man als insertionelle Mutagenese, als Erzeugung einer genetischen Veränderung. Durch den Einbau fremder DNA kann aber auch die DNA-Methylierung an Stellen im zellulären Genom verändert werden, die weit entfernt von der Integrationsstelle – auch auf anderen Chromosomen – liegen. Man spricht dabei von einem Transeffekt, weil er sich von der Integrationsstelle aus weit entfernt auf andere Regionen des Genoms ausbreitet. Durch diese Veränderungen im Methylierungsmuster virustransformierter Zellen könnte es zu nachhaltigen Änderungen der zellulären Genexpression kommen. Auch diese Veränderungen spielen möglicherweise eine wichtige Rolle bei der Transformation von Zellen; sie könnten aber auch zum Teil eine Folge der Transformation sein.

Der Einfluß viraler Genprodukte

Integrierte virale Genome überschreiben ihre Gene ganz oder teilweise in transformierten Zellen und virusinduzierten Tumorzellen meist unter eigener Kontrolle. Die Retroviren übersetzen alle Gene in Genprodukte und können sich auf den Tumorzellen vermehren, ohne diese Zellen zu zerstören. Bei vielen DNA-Tumorviren werden nur die frühen viralen Genprodukte in den Tumorzellen gebildet, so daß sich die Viren auf diesen Zellen oft nicht vermehren können. Die Tatsache, daß nur wenige virale Gene in den Tumorzellen überschrieben werden, hat diese Viren zu sehr attraktiven Modellsystemen für die experimentelle Tumorforschung gemacht. Man hoffte ursprünglich, die Transformation von Zellen und die Entstehung von Tumoren durch die Aktivität weniger viraler Gene erklären zu können. Durch umfangreiche experimentelle Arbeiten hat man genaue Kenntnisse über diese viralen Gene und ihre Produkte erhalten und gezeigt, daß virale Proteine, ohne die das Virus die transformierende oder tumorerzeugende Fähigkeit nicht besitzt, an wichtige zelluläre Genprodukte binden können und sie teilweise inaktivieren.

Virusgenome, die in diesen entscheidenden viralen Genen deletiert oder mutiert sind, können ihre onkogenen Eigenschaften verlieren. Man hat in adenovirustransformierten Zellen entdeckt, daß eines der Produkte der frühen Virusgene, das Protein E1 (s. Abb. 23 S. 89), an ein zelluläres Protein binden kann, von dem man bereits seit langem wußte, daß es bei der Entstehung eines bösartigen menschlichen Tumors, des sog. Retinoblastoms, eine Rolle spielt. Das zelluläre Genprodukt heißt RB.

Das Retinoblastom ist eine bösartige Geschwulst des menschlichen Auges, bei der die Vorstufen von bestimmten Netzhautzellen zu wuchern beginnen. Bei Tumorpatienten sind die beiden normalen RB-Gene auf dem langen Arm der Chromosomen 13 entweder erblich oder durch eine neu aufgetretene Mutation verändert. Man hat das RB-Gen als Antitumorgen oder Tumorsuppressorgen bezeichnet, da es in seiner normalen Form die Entstehung des Retinoblastoms offenbar verhindern kann. Die Folgen der Bindung des E1-Proteins an das normale RB-Genprodukt in adenovirustransformierten Zellen versteht man so, daß das RB-Genprodukt durch die Bindung an das virale E1-Protein funktionell verändert, gehemmt oder aus dem Umlauf gezogen wird, und so die Tumorentstehung gefördert wird. Auch für andere Tumorviren ist die Bindung viraler Genprodukte an das

RB-Genprodukt gezeigt worden. Außerdem sind weitere Tumorsuppressorgene identifiziert worden, so daß man es hier wahrscheinlich mit einem allgemein wichtigen Mechanismus zu tun hat.

Ein zweites, sehr bekanntes Tumorsuppressorgen ist das Gen *p53*, von dessen Protein als erstem entdeckt wurde, daß es mit einem frühen Genprodukt, dem sog. Tumorantigen des Affenvirus 40 interagiert. Später hat man nachweisen können, daß das *p53*-Genprodukt bei mehreren menschlichen Tumoren, z. B. beim Dickdarmkarzinom, mutiert ist. Dieses funktionell bedeutsame Wechselspiel von Tumorsuppressorgenprodukten und viralen Genprodukten, das die Zellen zu ungehemmten Teilungen treiben kann, ist offenbar Teil eines sehr komplizierten Systems mit einer unbekannt großen Anzahl von Protein-Protein-Wechselwirkungen, durch die das Wachstum der Zelle geregelt wird. Eingriffe in dieses System, z. B. durch Virusinfektion, aber auch durch viele andere Faktoren, können die Tumorentstehung auslösen. Allerdings führt keineswegs jede Virusinfektion zu diesen Fehlregulationen. Adenovirusinfektionen beim Menschen sind, soweit wir wissen, nicht onkogen. Viele noch unbekannte Faktoren scheinen in komplizierter, noch nicht verstandener Weise in diese Regelkreise eingreifen zu können.

Virale und zelluläre Onkogene

Im Jahr 1971 haben P. Vogt und P. Duesberg über die Isolierung von Mutanten des Rous-Sarkomvirus berichtet, denen ein Teil des viralen Genoms fehlt und die nicht mehr in der Lage sind, Zellen zu transformieren oder Tumoren zu erzeugen. Das bei den Mutanten fehlende Virusgen wird als Onkogen bezeichnet, weil es in

Tabelle 5. Onkogene und ihre Produkte

	onc^{v}-Gen			*onc*^{c}-Gen	
Bezeichnung des Onkogens	Äquivalent des *onc*^{v}-Gens	Tumorform	Tumortragende Spezies	Funktion des onc^{c}-Proteins	Zelluläre Lokalisation
sis	Affensarkomvirus	Sarkom	Wollaffe	Wachstumsfaktor von Thrombozyten	Extrazellulär
src	Rous-Sarkomvirus	Sarkom	Huhn	Tyrosin-Proteinkinase	Zellmembran
abl	Abelson-Leukämievirus	Prä-B-Zell-Leukämie	Maus	Tyrosin-Proteinkinase	Zellmembran
erb B	Aviäres Erythroblastosevirus	Erythroblastose	Huhn	Tyrosin-Proteinkinase	Zellmembran
fms	Katzensarkomvirus	Sarkom	Katze	Tyrosin-Proteinkinase, Rezeptor für Makrophagenwachstumsfaktor	Zellmembran
H-ras	Harvey-Mäusesarkomvirus	Sarkom	Ratte	GTP*-bindendes Protein	Zellmembran
K-ras	Kirsten-Mäusesarkomvirus	Sarkom	Ratte	GTP-bindendes Protein	Zellmembran
raf/mil	MHZ-Sarkomvirus	Sarkom	Huhn	Serin-/Threonin-Proteinkinase	Zytoplasma
raf/mil	Mäusesarkomvirus	Sarkom	Maus	Serin-/Threonin-Proteinkinase	Zytoplasma
mos	Moloney-Sarkomvirus	Sarkom	Maus	Regulation der Zellteilung	Zytoplasma
myb	Aviäres Myeloblastosevirus	Myeloblastose	Huhn	Transkriptionsfaktor	Kern
fos	Mäusesarkomvirus	Osteosarkom	Maus	Transkriptionsfaktor	Kern
jun	Aviäres Sarkomvirus	Sarkom	Huhn	Transkriptionsfaktor	Kern
rel	Retikuloendotheliosevirus	Retikuloendotheliom	Truthahn	Transkriptionsfaktor	Kern
erb A	Aviäres Erythroblastosevirus	Erythroblastose, Sarkom	Huhn	Thyroxinrezeptor	Kern

* Guanosintriphosphat

irgendeiner Weise für die Tumorauslösung notwendig ist. Wenige Jahre später haben D. Staehelin, H. Varmus und M. Bishop nachweisen können, daß diese zuerst in Retrovirusgenomen entdeckten Gene in leicht veränderter Form Bestandteil aller Genome höherer Organismen sind. Die Zellen aller höheren Lebewesen enthalten also sog. Onkogene, die man als die ursprünglichen Onkogene oder Protoonkogene bezeichnet.

Der Name dieser normalen zellulären Gene ist leider recht unglücklich gewählt. Heute unterscheidet man zwischen der viralen (onc^{v}) und der zellulären Form (onc^{v}) dieser Gene, die sich in ihren Buchstabenfolgen zum Teil nur wenig voneinander unterscheiden. Die Onkogene haben vielfach Bezeichnungen, die sie von den Viren, aus denen sie ursprünglich isoliert wurden, bekommen haben. Tabelle 5 gibt eine Reihe von Beispielen.

Die Onkogene sind also tatsächlich zelluläre Gene, die gelegentlich von Viren aus dem zellulären Genom übernommen wurden und sich dann unabhängig weiterentwickelt haben, weshalb ihre Buchstabenfolgen etwas abgeändert sind. Es gibt wahrscheinlich eine sehr große Zahl dieser Onkogene. Ihre physiologische Rolle ist in einer Beteiligung an der Wachstumskontrolle und an der Signalübertragung von der Zelloberfläche zum Zellkern, sowie bei der Aktivierung spezifischer Gene oder Gengruppen zu sehen. In der Tabelle 5 sind auch die für die einzelnen Onkogenprodukte bekanntgewordenen biochemischen Funktionen aufgeführt. Ob die Veränderung der Buchstabenfolge von den zellulären Onkogenen zu den viralen Onkogenen schon ausreicht, um die onkogene Wirkung vieler Retroviren zu erklären, kann nicht in allen Fällen entschieden werden. Für einige der viralen Genprodukte, z. B. das Onkogen *ras*, gibt es gute Gründe für diese Annahme.

Die Forschung über zelluläre und virale Onkogene hat eine wichtige Tür geöffnet, und man weiß heute sehr viel mehr über die Regulation der Zellteilung und die Erkennung von Signalen aus der Umwelt der Zelle. Unsere Vorstellungen über Onkogenese und die daran beteiligten Mechanismen sind um viele Nuancen reicher geworden. Wir müssen aber offensichtlich noch weitere Faktoren entdecken, vielleicht das gesamte Genom des Menschen und vieler Tiere in ihrer Funktion analysiert haben, ehe wir auch nur die wichtigsten Wechselwirkungen verstehen können, die an der Wachstumskontrolle in der Zelle beteiligt sind.

Viren und menschliche Tumoren

Für eine Reihe menschlicher Tumoren ist die Möglichkeit sehr eingehend untersucht worden, daß Viren bei der Auslösung eine Rolle gespielt haben (s. Tabelle 4 S. 117). Insbesondere epidemiologische Überlegungen haben eine Virusbeteiligung in manchen Fällen wahrscheinlich gemacht. Nach der Infektion mit dem Hepatitis-B-Virus (s. S. 203–206) des Menschen treten 10 bis 30 Jahre später bei bis zu 50% der chronisch Infizierten primäre Leberzellkarzinome auf. In Europa ist dieser Lebertumor relativ selten, in China aber eines der häufigsten Karzinome. Die Übereinstimmung mit der Vorgeschichte einer Virusinfektion ist sehr gut, d. h. in Europa ist auch die Hepatitis B relativ selten.

Das Epstein-Barr-Virus vermutet man als einen möglichen Faktor bei der Entstehung des Burkitt-Lymphoms (s. auch S. 190–193), das vor allem in Afrika auftritt, und des in China häufigen Nasopharyngealkarzinoms, eines Schleimhauttumors im Nasen-Rachen-Raum des Menschen. Beim Burkitt-Lymphom (Abb. 31) wurde

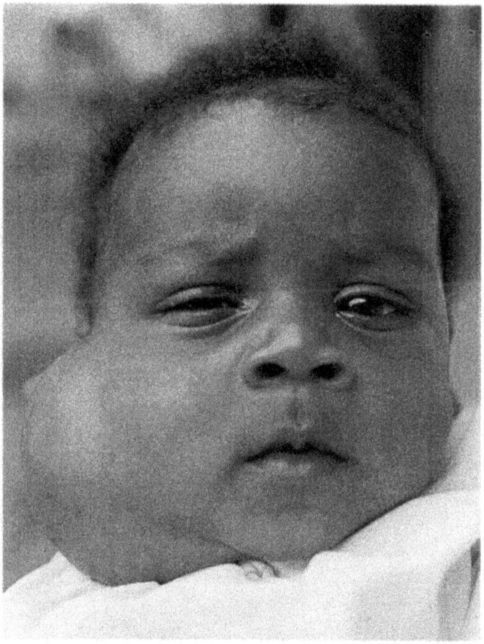

Abb. 31. Afrikanisches Kind mit Burkitt-Lymphom.

mehrfach eine Chromosomentranslokation (Umlagerung von Chromosomenabschnitten) zwischen den Chromosomen 8 und 14 beobachtet, durch die die Onkogene *myc* oder *bcl* und Immunglobulingene des Menschen unter eine veränderte Kontrolle geraten.

Die große, hervorragend untersuchte Gruppe der humanen Papillomviren kann je nach Virusart und Zielzelle z. B. harmlose Hautwarzen hervorrufen. Man schreibt den humanen Papillomviren 16 und 18 aber auch eine Rolle bei der Entstehung des Gebärmutterhalskrebses bei Menschen zu. Auch hier wirft die lange Latenzzeit von 30 und mehr Jahren zwischen dem Zeitpunkt der Infektion und dem Auftreten des Tumors viele ungelöste Probleme auf. Überdies ist ein großer Teil der Bevölkerung durch sexuelle Aktivität mit Papillomviren 16 und 18 infiziert. Zum Glück bekommt aber nur ein sehr kleiner Prozentsatz der Frauen ein bösartiges Gebärmutterhalskarzinom.

Diese Beispiele zeigen, daß Zusammenhänge zwischen Tumoren und Viren intensiv untersucht werden. Man nimmt heute an, daß Viren bei der Auslösung von Tumoren einer von vielen Faktoren sein können, also nicht alleinige und direkte Auslöser sind. Viele zelluläre Regelmechanismen und Abwehrfunktionen des Organismus müssen beschädigt sein, ehe ein bösartiger Tumor entstehen kann.

8 Was hilft gegen Viren?

Es ist dafür gesorgt, daß die Bäume nicht in den Himmel wachsen.

J. W. von Goethe

Antikörper und Impfstoffe

Zellen und Organismen haben Abwehrsysteme auch gegen die Infektion mit Viren entwickelt. Der bisher einzige, dauerhafte und wirksame Schutz gegen viele Virusinfektionen des Menschen sind Schutzimpfungen, die sich die Fähigkeit des Immunsystems zu Nutze machen, spezifische Antikörper gegen Oberflächen- oder andere Proteine im Viruspartikel zu bilden und damit die Virusinfektion in frühen Stadien der Interaktion mit dem Wirt zu unterbinden. Die Möglichkeit von Schutzimpfungen war 1798 von dem englischen Landarzt Edward Jenner (1749–1823) entdeckt worden. Er entwickelte eine Schutzimpfung gegen Pocken. Die für den Menschen über Jahrhunderte äußerst gefährliche Pockenvirusinfektion mit einer hohen Todesrate ist heute weltweit ausgerottet (s. S. 12 und Abb. 1c, 14i). Die Weltgesundheitsorganisation (WHO) konnte schon im Dezember 1979 bekanntgeben, daß die Pockenkrankheit auf der Welt nicht mehr vorkommt, und deshalb Pockenimpfungen nicht mehr durchgeführt zu werden brauchen.

Jenner beobachtete, daß Landwirte, die sich mit den für Menschen im allgemeinen sehr viel weniger gefährlichen Kuhpocken infiziert hatten, an den eigentlichen Pocken nicht mehr oder nur noch leicht erkrankten. Man hatte damals weder von der Existenz und der Wirkungsweise des menschlichen Immunsystems noch vom Pockenvirus konkrete Vorstellungen. Viren wurden erst 100 Jahre später entdeckt. Heute kann man die Beobachtung Jenners so erklären, daß das Kuhpockenvirus und das humane Pockenvirus zwei verschiedene, aber in manchen Buchstabenfolgen ihrer Proteine ähnliche Viren sind. Das Kuhpockenvirus ist optimal auf die Infektion von Rindern, eigentlich von Nagetieren, adaptiert und kann den Menschen nur abgeschwächt infizieren. Das menschliche Immunsystem erkennt aber die Proteine auch des Kuhpockenvirus als fremd und bildet dagegen sehr spezifische Antikörper. Da einige wichtige Proteine des humanen Pockenvirus denen des Kuhpockenvirus ähnlich sind, wird das menschliche Virus von diesen Antikörpern ebenfalls erkannt und inaktiviert. Der mit Kuhpockenvirus Geimpfte ist wenigstens teilweise immun gegen die Infektion mit dem Humanpockenvirus. Dieses Immunisierungsprinzip nennt man aktive Immunisierung mit einem lebenden, aber – in diesem Beispiel von Natur aus – für den Menschen abgeschwächten Virus.

Im Gegensatz zur erwähnten aktiven injiziert man bei der passiven Immunisierung Antikörper, die ein anderer Organismus gebildet hat, da er diese Infektion bereits erfolgreich überstanden hat. Solche Immunseren stehen gegen Masern, Röteln, Mumps, Hepatitis A und B und Tollwut zur Verfügung, werden aber heute nur noch selten verwendet. Man kann solche Antiseren verwenden, auch wenn eine Virusinfektion beim Patienten bereits stattgefunden hat. Durch die passive Immunisierung hofft man, die nicht mehr zu verhindernde Virusinfektion einzudämmen.

Ein zweiter weltweiter Erfolg der aktiven Immunisierung ist die Schluckimpfung gegen das Poliomyelitisvirus, den Erreger der spinalen Kinderlähmung. Noch in den 40er und 50er Jahren dieses Jahrhunderts war diese Erkrankung ein Schrecken der Menschheit. In vielen Fällen hinterließ die Infektion mit einem der drei Poliomyelitisvirusstämme Typ 1, 2, 3 schwere Lähmungen von Muskelgruppen oder verlief sogar tödlich, meist wegen einer Atemlähmung. Mit der Kultivierung des Poliomyelitisvirus 1949 war nicht nur eine der ersten Viruszüchtungen in Zellkultur gelungen, sondern auch der erste wichtige Schritt für die Entwicklung eines Polio-Impfstoffes, einer Vakzine, getan. Die Namen der voneinander unabhängig arbeitenden Forscher A. Sabin und J. Salk sind mit dem Erfolg dieser Impfung verbunden.

Auch bei der heute üblichen Schluckimpfung gegen die drei Poliomyelitisvirusstämme verwendet man lebendes Virus, das u. a. durch vielfache Passagen in Zellkulturen attenuiert, also abgeschwächt worden ist. Im RNA-Genom der attenuierten Virusstämme sind zahlreiche Buchstaben im Vergleich zu den Genomen von Wildtypstämmen ausgetauscht worden. Wie und warum dieser Austausch entstand, ist unbekannt. Die durch Buchstabenaustausch abgeschwächten Viren sind für den Menschen zwar noch infektiös, vermehren sich im Darm, können aber nicht mehr die spinale Kinderlähmung hervorrufen. Da die für Menschen gefährlichen Virusstämme aber in der Mehrzahl der Hüllproteinbausteine den Impfstämmen sehr ähnlich sind, bildet der Geimpfte Antikörper, die auch gegen die krankheitverursachenden Stämme gerichtet sind, und ist damit immun.

Es ist notwendig, die Impfung mehrmals im Leben zu wiederholen. Heute besteht in den Ländern mit hochentwickelter Medizin eher die Gefahr, daß eine wachsende Anzahl von Menschen über die Bedeutung der Schutzimpfung gegen die spinale Kinderlähmung nicht oder unzureichend informiert ist und glaubt, auch ohne Impfung auskommen zu können. Dieser Gefahr muß man durch sehr aktive Informationsarbeit entgegenwirken. Mehrere internationale private Organisationen versuchen, durch Spendenaktionen die Poliomyelitisschluckimpfung weltweit zu finanzieren und damit möglicherweise auch diese Virusinfektion auf der Welt ganz zum Verschwinden zu bringen.

Andere erfolgreiche Impfungen gegen Virusinfektionen sind diejenigen gegen Masern, Röteln, Influenza, Gelbfieber, Hepatitis A und B und andere. Dagegen ist es bisher nicht gelungen, gegen die Infektion mit HIV-1 oder HIV-2 eine effiziente Impfung zu entwickeln.

Bei der Auslösung der Immunreaktion müssen mindestens zwei Arten von Abwehrzellen, die B- und T-Lymphozyten, zusammenwirken. Die T-Lymphozyten erkennen fremde Proteine, z. B. die in der Hülle eines Virus, binden sie und bieten sie den B-Lymphozyten an. In den B-Lymphozyten werden die eigentlichen Antikörper (Immunglobuline) auch gegen Virusproteine synthetisiert. Man nimmt an, daß für die Antikörperbildung Bruchstücke von Fremdproteinen mit wenigstens neun Buchstaben Länge ausreichen. Die B-Lymphozyten beginnen die Antikörperproduktion, nachdem sie durch Kontakt mit den mit Fremdproteinen besetzten T-Lymphozyten stimuliert wurden. Dabei kommt es in den Genen der B-Lymphozyten zu komplizierten Umlagerungen.

Die Abwehr gegen Viren hängt zum einen an den von den B-Lymphozyten produzierten und ausgeschiedenen Antikörpern. Da diese in das Blut abgegeben werden, spricht man von einer humoralen, d. h. von einer über die Körperflüssigkeiten wirkenden Abwehr. Es gibt zum anderen gegen Viren und virusinfizierte Körperzellen auch eine zelluläre Abwehr, z. B. durch die zytotoxischen T-Zellen, die infizierte Zellen direkt angreifen. Unter zytotoxischer Aktivität versteht man eine gegen Zellen, infektiöse Viren oder allgemein gegen fremde Proteine zerstörerische Funktion von T-Zellen.

Bei der Infektion mit HIV, die bei der AIDS-Krankheit eine Rolle spielt, sucht sich das Virus gerade die Proteine in der Oberfläche bestimmter Klassen von T-Lymphozyten als Rezeptoren (T-Zellrezeptor) aus, mit denen die T-Lymphozyten fremde Proteine erkennen und sie den B-Lymphozyten darbieten. Über diese Rezeptoren dringt das HIV in die T-Lymphozyten ein und führt letztlich zu deren Zerstörung. Dadurch ist der Organismus zunächst in der Lage, Antikörper gegen HIV zu bilden. Über die HIV-spezifischen Antikörper im Blut gelingt auch der Nachweis, daß ein Organismus mit HIV infiziert wurde. Merkwürdigerweise wird das Abwehrsystem des infizierten Menschen erst nach Monaten oder Jahren zunehmend ausgeschaltet, und es kommt zur erworbenen Immunschwäche AIDS. Die humorale wie die zelluläre Abwehr durch die gegen HIV gerichteten Antikörper ist gerade deshalb wertlos, weil sich das HIV zumindest zeitweise in den T-Lymphozyten aufhält und von Antikörpern dort nicht erreicht werden kann. Deshalb werden wahrscheinlich auch die nach konventionellen Schemata geplanten Impfungen wenig Aussicht auf Erfolg haben. Trotz der Bildung von Antikörpern gegen HIV wird also die AIDS-Krankheit nicht verhindert.

Gegen AIDS gibt es derzeit keinerlei Heilmittel. Die einzige Hoffnung liegt in der Verhütung neuer Infektionen. Man muß sich also gegen die Infektion schützen. Die Krankheit wird beim Geschlechtsverkehr oder durch infiziertes Blut übertragen. Die Verwendung von Kondomen bietet den einzigen bekannten, allerdings nicht absolut sicheren Schutz vor der Übertragung.

Es soll nicht unerwähnt bleiben, daß einige Wissenschaftler kritische Fragen zum Zusammenhang von HIV-Infektion und AIDS gestellt haben, die nicht vollständig beantwortet werden können. Die überwiegende Mehrzahl der Virologen hält den Zusammenhang für erwiesen. Die Wissenschaft lebt aber auch von unbequemen und unpopulären Fragen. Häufig sind es gerade diese Fragen, die zur Lösung schwieriger Probleme beitragen. Da AIDS ein ungelöstes medizinisches Problem darstellt und für die Erkrankung keine wirksamen Behandlungsmethoden bekannt sind, sollten auch unkonventionelle Forschungsansätze mit Bedacht und kritischer Einstellung überprüft werden.

Nach unseren bisherigen Kenntnissen ist das Immunsystem am besten in der Lage, den Körper vor Virusinfektionen zu schützen. In vielen Fällen von viralen Infektionen, die der Mensch auch ohne Schutzimpfung überstanden hat, bleibt häufig eine lebenslange Immunität. Die Infektion mit dem Masernvirus gehörte vor der Einführung der Schutzimpfung zu den ansteckendsten Kinderkrankheiten, an der fast alle erkrankten. In den meisten Fällen verlief diese Infektion zwar mit erheblichen Krankheitserscheinungen (hohes Fieber, Hautausschlag, manchmal Lungenentzündung), führte aber zur Heilung und nur in ganz seltenen Fällen zu einer schweren tödlichen Gehirnerkrankung, der subakuten sklerosierenden Panenzephalitis. Die überstandene Masernkrankheit hinterläßt eine lebenslange Immunität.

Interferone

Im Jahr 1957 entdeckten A. Isaacs und J. Lindenmann in Zürich ein neues antivirales Prinzip, das sie als Interferon bezeichneten. Interferone sind zelluläre, meist zuckerverzierte Eiweiße (Glykoproteine). Heute kennt man eine ganze Reihe von Interferonen (IFN). Die genetische Information für deren Bildung liegt im zellulären Genom; ihre Buchstabenfolgen wurden allesamt aufgeklärt. Auch in menschlichen Zellen gibt es zahlreiche Interferongene. Normalerweise synthetisieren Zellen kein Interferon; sie müssen dazu stimuliert werden. Zur Stimulation ist eine Reihe von Stoffen fähig. Die besten Stimulatoren sind RNA-Viren; DNA-Viren stimulieren viel schwächer.

Nach Virusinfektion oder Gabe von doppelsträngiger RNA wird IFN-α vorwiegend von verschiedenen weißen Blutzellen, IFN-β hauptsächlich von Bindegewebszellen, das IFN-γ von Lymphozyten gebildet. Man vermutet, daß die Hemmung der zellulären Proteinsynthese zur Produktion von Interferon führt. Interferone haben vielfältige Wirkungen: Sie beeinträchtigen die Virusvermehrung über eine Hemmung der Translation, aber auch die Zellvermehrung durch Genabschaltung oder -aktivierung, und sie beeinflussen das Immunsystem und zahlreiche zelluläre Mechanismen entweder positiv oder negativ. Die Mechanismen dieser Wirkungen sind bisher nur wenig verstanden. Die Interferone selbst hemmen die Virusvermehrung nicht direkt, sie lösen vielmehr die Synthese mehrerer zellulärer Proteine aus, die den antiviralen Zustand der Zelle bedingen. Dabei wird insbesondere die Übersetzung der viralen Botschafter-RNA und damit natürlich die Virusvermehrung gehemmt. Man kennt zwar die biochemische Funktion dieser zellulären Proteine, kann aber ihre Rolle bei der Interferonwirkung noch nicht genau angeben.

In Zellen können die Interferone zahlreiche Gene aktivieren oder in ihrer Funktion abschwächen. Sie können auch das Wachstum von Zellen hemmen. In der Medizin hat man daher versucht, sie nicht nur bei der

Bekämpfung von Viruskrankheiten einzusetzen, sondern auch bei der Behandlung bösartiger Tumorerkrankungen. Die Erfolge dieser Tumorbehandlungen sind bisher auch deshalb mit Vorsicht zu beurteilen, da man hohe Interferondosen einsetzen muß, die sich häufig als toxisch für den Organismus erweisen.

Antivirale Therapie

Im Gegensatz zu Bakterien, die als Krankheitserreger durch die Antibiotika im allgemeinen beherrschbar geworden sind, kann man Viren mit antiviralen Chemikalien nicht oder nur mit beschränkten Aussichten auf Erfolg behandeln. Viren als obligatorische Parasiten verwenden die Vermehrungsmechanismen und die Biosyntheseapparate der infizierten Zellen. Dadurch ist es außerordentlich schwierig, gezielt die Virusvermehrung zu hemmen, ohne gleichzeitig auch die Zellen des betroffenen Organismus zu schädigen. Es ist eines der Ziele der experimentellen Virologie, die Wechselwirkung mit dem Wirt und die Virusvermehrung im Wirt so genau zu studieren, daß man möglicherweise Mechanismen entdeckt, über die man nur die Krankheitserreger spezifisch hemmen kann, ohne die Zelle zu schädigen. Dieses Ziel ist bisher nur in ganz wenigen Fällen erreicht worden.

Idealerweise wird man versuchen, sehr frühe, virusspezifische Schritte in der Wechselwirkung mit ihren Zielzellen, also die Anheftung an die Zelloberfläche, das Eindringen in das Zellinnere oder die Freisetzung der Virusnukleinsäure zu hemmen. Zu so frühen Zeiten der Virusinfektion sind die Zellen nur minimal geschädigt.

Die chemische Verbindung Amantadin z. B. hemmt ein sehr frühes Stadium der Influenzavirusinfektion. Rhodamin blockiert sehr spezifisch die Freisetzung der

Virus-RNA des Picornavirus* Echo 12. Gegen andere Picornaviren, z. B. Rhino- und Enteroviren, hat man auch wirksame Substanzen synthetisiert. Ein Beispiel ist WIN 51711. Diese chemische Verbindung paßt exakt in kleine Vertiefungen in der Oberfläche des Virions, kann sich dort über elektrische Ladungen verankern und damit die für die Virusinfektion erforderliche gegenseitige Verschiebbarkeit einzelner Oberflächenproteine in der Virushülle verhindern. So verliert das Virus seine Infektiosität. Durch exakte Studien der Form und Funktion von Viren kann man also hoffen, in Zukunft neuartige, wirkungsvolle Behandlungsmethoden gegen Viruskrankheiten entwickeln zu können.

Chemische Verbindungen wie Vidarabin oder Acyclovir haben entfernte Ähnlichkeiten mit den genetischen Buchstaben der Virus-DNA und werden von den für die Virus-DNA-Synthese verantwortlichen Polymerasen als Bausteine erkannt und verwendet. Da es sich aber nicht um die richtigen DNA-Buchstaben handelt, blockieren sie die weitere Vermehrung der Virus-DNA und damit des Virus. Die zwei genannten Verbindungen haben sich als wirksam bei der Therapie des Herpesvirus Typ 1 (Herpes labialis: Fieberbläschen an der Lippenschleimhaut) und des Herpesvirus Typ 2 (Herpes genitalis: schmerzhafte Entzündung der Geschlechtsorgane) erwiesen. Ganciclovir funktioniert in ähnlicher Weise und zeigt sich besonders geeignet bei der Behandlung von Zytomegalievirusinfektionen. Alle diese Verbindungen haben geringe Spezifität. Ribavirin verhindert in der Zelle die Bereitstellung des Buchstaben G für die Neubildung von Virus-RNA oder -DNA. Diese Verbindung hat sich für die Anwendung gegen verschiedene Virusinfektionen als geeignet erwiesen. Allerdings sind alle eben genannten

* Picornaviren sind kleine, RNA-haltige Viren.

Substanzen auch für die Zellen des Organismus schädlich. Weil sie gleichzeitig auch die Vermehrung von Zellen z. B. des blutbildenden oder des Immunsystems hemmen, kann man die Vermehrungshemmer nur in begrenzter Menge einsetzen.

Mit Verbindungen wie Azidothymidin (Zidovudin) hoffte man eine zeitlang, Behandlungserfolge bei AIDS erzielen zu können. Diese Substanz hemmt die für die HIV-Vermehrung notwendige reverse Transkriptase. Langfristig haben sich die klinischen Hoffnungen jedoch nicht bestätigt, zudem ist die Verbindung für den Menschen offenbar ziemlich toxisch. Viel Energie wird auch auf Versuche verwendet, die HIV-spezifische Protease zu hemmen. Eine wirklich erfolgreiche antivirale Behandlung gegen AIDS existiert bis jetzt leider ebensowenig, wie die Möglichkeit zur Impfung.

Im allgemeinen könnte die Zukunft der antiviralen Chemotherapie in der Konstruktion chemischer Verbindungen wie etwa des WIN 51711 liegen, die durch die spezifische Bindung an Oberflächenstrukturen von Virionen die allerersten Schritte der Anheftung des Virus an die Zelloberfläche hemmen. Dadurch würde die Infektion vielleicht verhindert, die Zellen oder der Organismus minimal geschädigt und eine hohe Spezifität für bestimmte Viren erreicht. Dieser Weg zu neuen Therapickonzepten wird langwierig und nicht kurzfristig erfolgreich sein. Die praktische Schwierigkeit mit dieser Art von antiviralen Substanzen wird aber immer darin liegen, daß man wahrscheinlich für jede Virusart einen spezifischen Hemmstoff entwickeln muß und daß diese Medikamente zu Beginn der Virusinfektion eingesetzt werden müssen. Niemand kann jedoch vorhersagen, wer wann von welchem Virus bedroht wird.

9 Viren als Hilfsmittel in der Gentechnologie und somatischen Gentherapie

Wenn man die Feinheiten der Virologie verstanden hat, kann man Viren für die Medizin arbeiten lassen.

Viren als Vektoren in der somatischen Gentherapie

In der Molekularbiologie und Genetik versteht man unter einem Vektor eine Art Trägermolekül, das im allgemeinen aus DNA besteht. In dieses Trägermolekül setzt man mit gentechnologischen Methoden fremde Gene ein, die man anschließend mit dem Virusgenom vermehren und übertragen lassen kann. Es ist selbstverständlich, daß man das für diesen Zweck verwendete Virus und seine Vermehrungsmechanismen genau kennen muß. Dann allerdings kann das Virus der Medizin als Hilfsmittel dienen. Man muß als Forscher die Virusbiologie so genau beherrschen, daß man die unter natürlichen Bedingungen schädlichen Eigenschaften des Virus zur Krankheitsbekämpfung bei Mensch, Tier oder Pflanze umfunktionieren kann.

Diese zunächst abstrakten Aussagen sollen an einem Beispiel erklärt werden. Im Genom des humanen Adenovirus Typ 2 kann man die E3-Region (siehe Abb. 23, S. 89) herausschneiden und durch fremde Gene ersetzen.

Adenovirusgenome ohne E3-Region vermehren sich in Kulturen menschlicher Zellen fast genauso gut wie die intakten. Die E3-Region ist offenbar erforderlich, um immunologische Abwehrreaktionen des menschlichen Organismus zu überwinden (s. S. 173). In Zellkulturen fehlen diese Abwehrmechanismen, folglich sind die E3-Gene unter diesen Bedingungen entbehrlich. Damit ist im Adenovirusgenom Platz gefunden, um fremde Gene einzusetzen, und diese mit dem Virusgenom in Zellkulturen zu vermehren und in andere Virusteilchen einbauen zu lassen.

Durch diesen Umbau hat man aber das Adenovirus als für den Menschen infektiöses und unter Umständen krankheitenerzeugendes Partikel noch nicht zum harmlosen Arbeitstier (Vektor) gemacht. Die E1-Region ist für die Vermehrung des Virusgenoms und damit des Virus absolut erforderlich. Für die Transformation von Zellen zu Tumorzellen ist die E1-Region auch erforderlich. Mit gentechnologischen Methoden entfernt man deshalb auch noch diese Region aus dem Adenovirusgenom und hat damit dreierlei erreicht: Einmal kann sich das Virus im Menschen oder in menschlichen Zellkulturen jetzt nicht mehr vermehren, die Tumorgefahr ist behoben, und schließlich hat man zusätzlichen Platz für das Einsetzen weiterer fremder DNA gewonnen, denn der Verpackungsmechanismus des Adenovirus sorgt dafür, daß immer die volle Genomlänge von etwa 35000 Nukleotiden, vielleicht auch bis zu 10% darüber, im Virion verpackt wird.

Das verharmloste Adenovirusgenom ohne die Regionen E1 und E3 kann man jetzt allerdings in Kulturen von normalen menschlichen Zellen nicht mehr vermehren. Man muß den Vektor in Spezialzellen kultivieren, die 293-Zellen heißen. Diese Spezialzellen haben die isolierte E1-Region des Adenovirusgenoms als Teil ihres zellulären Genoms integriert, können die Gene auch überschreiben und die E1-Adenovirusgenprodukte in der Zelle zur Verfügung stellen. In diesen 293-Zellen kann man die zurechtgeschneiderten Adenovirusgenome, die keine E1- und E3-Region des Virus, dafür aber für Kranke möglicherweise nützliche Gene enthalten, in großen Mengen vermehren und für gentechnologische oder gentherapeutische Zwecke verwenden. Es ist also möglich, mit diesen umkonstruierten Adenoviren menschliche Zellen zu infizieren, die künstlich eingebauten fremden Gene einzuschleusen und deren Produkte in den menschlichen Zellen produzieren zu lassen.

Es ist also geplant, ein in das künstlich umgebaute Adenovirusgenom eingebrachtes fremdes Gen, das Menschen mit bestimmten genetisch bedingten Erkrankungen fehlt, eines Tages bei Patienten ersetzen zu können, um damit das fehlende Genprodukt künstlich zuführen und die Krankheitserscheinungen dadurch zumindest lindern zu können. Diese als somatische Gentherapie bezeichneten Verfahren sind heute noch in der Entwicklung und beim Menschen noch nicht anwendbar. Es wird noch viele Jahre intensiver Arbeit bedürfen, bevor man weiß, gegen welche Krankheiten diese Methoden sinnvoll eingesetzt werden können. Bisher ersetzt man z. B. bei der insulinabhängigen Zuckerkrankheit (Diabetes mellitus) das fehlende Insulin durch tägliches Einspritzen. Bei der somatischen Gentherapie plant man, viel grundsätzlicher vorzugehen und defekte Gene in Körperzellen, nicht in Keimzellen, zu ersetzen.

Das beschriebene Beispiel zeigt den Weg, auf dem man zur Zeit zum Erfolg zu kommen versucht. Selbstverständlich muß man alle Vorversuche in Zellkulturen und in einer streng begrenzten Serie von Tierversuchen durchführen, bevor man die fremden Gene Patienten verabreichen kann. Eine Gentherapie an Keimzellen kann aus vielen Gründen nicht erfolgreich sein und ist daher zum jetzigen Zeitpunkt ethisch nicht vertretbar, außerdem in Deutschland gesetzlich verboten.

Probleme der somatischen Gentherapie mit Viren

Die Mukoviszidose, auch zystische Fibrose genannt, ist eine durch einen Gendefekt auf dem langen Arm von Chromosom 7 bedingte Erkrankung des Menschen. Sie kommt in Europa und Nordamerika in der Bevölkerung europäischen Ursprungs mit einer Häufigkeit von etwa 1:2500 vor. Ungefähr jeder 25. ist Träger eines defekten Gens auf einem seiner Chromosomen. Zum Glück erkrankt man nur, wenn der Gendefekt auf beiden Chromosomen vorliegt. Die Krankheit wird also autosomal-rezessiv vererbt und tritt bereits gleich nach der Geburt auf. Sie äußert sich in schwersten Störungen der Atmung und der Verdauung. Dabei ist ein Gen betroffen, dessen Produkt in die Zellwand eingebaut wird und dort als Pumpe für Wasser und bestimmte Salze funktioniert. Man bezeichnet dieses Produkt als »cystic fibrosis transmembrane regulator« (CFTR), weil beim Fehlen dieses Eiweißes die zystische Fibrose auftritt und das Protein an der Regulation des Austausches von Stoffen durch die Zellmembran beteiligt ist. Das Fehlen dieses Proteins führt zu Sekreteindickungen der Epithelien, also der Zellen, die die Atemwege auskleiden, sowie der Bauchspeicheldrüse und manchmal auch anderer Organe wie der Keimdrüsen. Die Sekrete werden so dickflüssig, daß sie insbesondere in den Atemwegen nicht mehr ausgehustet werden können, und schwere Infektionen der Lunge und der Atemwege auftreten. Die für die Verdauung absolut notwendigen Produkte der Bauchspeicheldrüse gelangen nicht oder in nicht ausreichender Menge in den Darm, und es entstehen schwerste Verdauungsprobleme. Die Mukoviszidose ist somit eine äußerst schwere genetische Erkrankung, an der viele Kinder früher oder später sterben. Die Ursache der Erkrankung läßt sich bisher nicht beheben, und die Beschwerden können nur notdürftig gelindert werden. Bei der Behandlung dieser Krankheit könnte die somatische Gentherapie in der Zukunft einen Ausweg bieten.

Vor einigen Jahren ist es gelungen, das betroffene Gen zu identifizieren, zu isolieren und seine Nukleinsäuresequenz zu bestimmen. Man hat das intakte, voll funktionsfähige Gen in das Adenovirusgenom wie auf S. 111–113 beschrieben eingebaut und außerdem zeigen können, daß das CFTR-Gen im Adenovirusgenom nach Infektion von menschlichen Zellen und Geweben in Kultur bzw. in Versuchstieren auch das richtige Protein synthetisiert. Damit waren die Voraussetzungen gegeben, ein mit dem CFTR-Gen beladenes, gentechnologisch vermehrungsunfähig gemachtes Adenovirus bei einigen Patienten gentherapeutisch anzuwenden. Die Behandlungsmethode wurde bisher nur an Freiwilligen und nach Prüfung des Verfahrens durch eine Ethikkommission angewandt. Die bisherigen Untersuchungen zeigten, daß das künstlich eingeführte intakte CFTR-Protein tatsächlich in den Atemwegen der Erkrankten synthetisiert wurde und daß sich die Funktion der Atmung bei den Patienten verbesserte. Allerdings traten durch das infizierende Virus Reizungen der Atemwege auf und die Menge der gegen das Adenovirus gerichteten Antikörper stieg bei den Patienten an.

Verbesserte Methoden zur Einführung fremder Gene in menschliche Zellen müssen entwickelt werden. Vielleicht sind Viren nur eine Zwischenstufe auf dem Weg zu den anwendbaren Verfahren. Zweifellos steht man hier am Anfang einer für die Medizin aussichtsreichen Entwicklung. Man muß allerdings mit Vorsicht, Zurückhaltung und einer sehr kritischen Einstellung vorgehen, um ein wichtiges therapeutisches Verfahren zum Nutzen der Patienten in Zukunft optimal einsetzen zu können.

Da die Gentherapie noch ganz am Anfang ihrer Entwicklung steht, ist es wichtig, auf zwei Aspekte hinzuweisen:

1. In den meisten Fällen bedarf es vor der Anwendung bei Patienten noch intensiver Grundlagenforschung. Auf diese Notwendigkeit hat Ende 1995 der von den National Institutes of Health in den USA veröffentlichte *Orkin-Motulsky-Report* eindringlich verwiesen.

Es muß vermieden werden, mit der Methode der Gentherapie unkritisch Propaganda zu machen, möglicherweise bei Patienten unerfüllbare Hoffnungen zu erwecken und den dogmatischen Gegnern der Gentechnik Argumente zu liefern.

Viren in der Gentechnologie

In Pionierexperimenten haben R. Mulligan, B. Howard und P. Berg 1978 in Stanford das Hämoglobingen des Kaninchens in das Genom des SV40-Virus (s. S. 175–177) eingebaut, nachdem vorher die späten viruseigenen Gene aus dem Virusgenom entfernt worden waren. Mit diesen das fremde Hämoglobin tragenden SV40-Virionen wurden anschließend Affenzellen in Zellkultur infiziert, worauf in den Affenzellen tatsächlich Kaninchenhämoglobin synthetisiert wurde. Affen- und Kaninchenhämoglobin kann man aufgrund ihrer unterschiedlichen Wanderungsgeschwindigkeit im elektrischen Feld unterscheiden. Das Experiment demonstrierte also, daß man Gene von Säugetieren mit Hilfe von Viren von einer Zellart auf die andere übertragen und zur Expression bringen konnte. Damit war der Weg gewiesen, wie man prinzipiell eine Gentherapie, d. h. den Ersatz fehlender oder defekter Gene durch voll funktionsfähige Gene, bewerkstelligen konnte.

Diese Arbeiten an Säugetierzellen mit tierischen Viren, wie dem Affenvirus SV40, konnten nur auf der Grundlage und mit der Kenntnis der Ergebnisse von Experimenten mit Bakteriophagen geplant und durchgeführt werden. Seit Beginn der Gentechnologie in den frühen 70er Jahren in Stanford hatte man die Bakteriophagengenome von λ und M13-Phagen zur Übertragung fremder Gene in Bakterien verwendet (s. S. 111–113). Damit konnte man unter geeigneten Bedingungen alle tierischen oder pflanzlichen Genprodukte in Bakterien in großen Mengen und sehr rein herstellen. Auch heute bilden diese Verfahren die Grundlage für die großtechnische Herstellung vieler, auch medizinisch wichtiger Produkte, wie z. B. die Produktion von Insulin oder von Impfstoffen gegen Viren in Bakterien oder auch tierischen Zellkulturen. Zum Beispiel das Autographa-californica-Kernpolyedervirus und sein Genom wurde vielfach als Vektor in der Gentechnologie eingesetzt, insbesondere zur Synthese eukaryontischer Genprodukte in der Grundlagen- und angewandten Forschung sowie in der Produktion medizinisch wichtiger Genprodukte.

Unter den in diesem Buch beschriebenen oder wenigstens kurz erwähnten Viren werden die folgenden als Vektoren in der Gentechnologie und teilweise auch in der somatischen Gentherapie verwendet:

Bakteriophagen λ und M13,
Baculoviren,
Affenvirus 40,
Adenoviren,
adenovirusassoziiertes Virus,
Pockenvirus (die Impfstofform des Kuhpockenvirus),
Retroviren,
Blumenkohlmosaikvirus (bei Pflanzen).

Die pharmazeutische Anwendung gentechnologischer Verfahren ist in Deutschland durch eine Reihe von politisch verursachten Planungsfehlern ins Hintertreffen geraten. Auch das 1990 vom deutschen Bundestag voreilig und gegen den Rat vieler Wissenschaftler verabschiedete Gentechnikgesetz hat nicht dazu beigetragen, die industrielle Anwendung dieser für die Medizin wichtigen Forschungsergebnisse in Deutschland zu fördern. Zum Glück wurde die molekularbiologische und gentechnologische Grundlagenforschung in Deutschland nicht behindert, so daß man hoffen kann, daß bisherige Fehler in Planung und Gesetzgebung in Zukunft behoben werden können. Trotzdem sind Menschen z. B. mit insulinabhängigem Diabetes mellitus in Deutschland auch 1996 noch auf den Import von Humaninsulin aus anderen Ländern angewiesen. Dort werden Humaninsulin und viele andere wichtige Medikamente seit vielen Jahren gentechnologisch hergestellt und dann in Deutschland als einem der größten Absatzmärkte verkauft – »The world makes, Germany takes«. Zur Zeit besteht Anlaß zur Sorge, daß ein aussichtsreicher neuer Industriezweig aus Deutschland aufgrund ideologisch bedingter Fehlurteile vertrieben wurde.

Die Darstellungen in diesem Kapitel zeigen, daß man virale Genome und Viren als gentechnologische oder gentherapeutische Hilfsmittel nur dann verwenden kann, wenn man die Genetik und die Biologie dieser Viren genau kennt und die gentechnologische Methodik hervorragend beherrscht. Die Virologie hat hier in enger Zusammenarbeit mit der molekularen Genetik ein für die praktische Medizin ungemein wichtiges neues Forschungsgebiet geschaffen, das in Zukunft wahrscheinlich einen noch viel breiteren Raum vor allem in der Erkennung und der Behandlung von Krankheiten einnehmen wird.

10 Das Schicksal fremder, mit der Nahrung aufgenommener DNA im Säugerorganismus

Gene werden im Verdauungstrakt nicht vollständig abgebaut.

Der menschliche Organismus ist auch ohne die Vermittlung von Viren mit fremden Genen der unterschiedlichsten Art aus der Umwelt fortwährend in Kontakt. Die Epithelien des Magen-Darm-Traktes mit einer Oberfläche von einigen 100 Quadratmetern sind dauernd der mit der Nahrung aufgenommenen fremden DNA tierischen oder pflanzlichen Ursprungs ausgesetzt. DNA-Fragmente sind selbst in archäologischen Funden biologischer Herkunft, z. B. in Mumien ägyptischer Pharaonen mit einem Alter von etwa 4000 Jahren, nachgewiesen worden. DNA ist also offenbar ein sehr stabiles Molekül. Ein Anteil von 1 bis 2% der täglichen Nahrung besteht aus DNA oder RNA. Nach jeder Nahrungsaufnahme kann diese DNA für mehrere Stunden im Darminhalt vorliegen und könnte über die Epithelzellen des Verdauungstraktes in den Organismus aufgenommen werden. Wir haben untersucht, inwieweit diese DNA vollständig zu ihren Grundbausteinen, den Nukleotiden, abgebaut wird, oder ob eine kleine Menge von DNA-Fragmenten die Passage durch den Verdauungstrakt zu überstehen vermag.

In Experimenten, die im Laboratorium des Autors durchgeführt wurden, wurde die freie doppelsträngige, ringförmige oder linearisierte DNA des Bakteriophagen M13 an Mäuse verfüttert. Jedes Tier erhielt 50 Mikrogramm DNA, Kontrolltiere die gleiche Menge Lösungsmittel ohne DNA. Diese DNA-Menge entsprach einem Anteil von etwa 0,3% der von einer Maus mit der täglichen Nahrung aufgenommenen Gesamt-DNA. In ersten Versuchen waren etwa 2% der verfütterten M13-DNA zwischen zwei und sieben Stunden nach der Verfütterung in Form von Fragmenten im Kot der Tiere zu finden. Der weitaus größte Teil dieser Fragmente besaß eine Länge zwischen 100 und 400 Buchstabenpaaren, es waren jedoch auch bis zu 1700 Buchstabenpaare lange Abschnitte nachzuweisen. Die hier verwendete modifizierte M13-DNA ist 7250 Buchstabenpaare lang und doppelsträngig, deshalb wird von Buchstabenpaaren gesprochen. Der Kot der Kontrolltiere, denen Salzlösung verfüttert worden war, war stets frei von M13-DNA-Spuren.

Die mit der Nahrung verfütterte M13-DNA war bereits nach zwei Stunden nicht mehr im Mageninhalt der Mäuse nachzuweisen. Etwa 96 bis 98% der DNA wurde offensichtlich bereits bei der Magenpassage zu sehr kurzen Fragmenten und zu einzelnen Nukleotiden abgebaut. Zwischen 2 und 4% der verabreichten fremden DNA überstand die Passage durch den Magen und fand sich im Inhalt von Dünn-, Dick- und Enddarm der Tiere wieder. Im Dickdarm lag noch ein sehr geringer Teil der M13-DNA in der ursprünglichen Länge von 7250 Buchstabenpaaren vor. Die Fremd-DNA war zwischen einer und acht Stunden nach Verfütterung im Inhalt des Dünndarms, zwei bis acht Stunden danach im Inhalt des Dickdarms und etwas später im gleichen Zeitraum im Inhalt des Enddarms zu finden. Aus dem Darminhalt der Mäuse isolierte Bakterien enthielten keine M13-Phagen

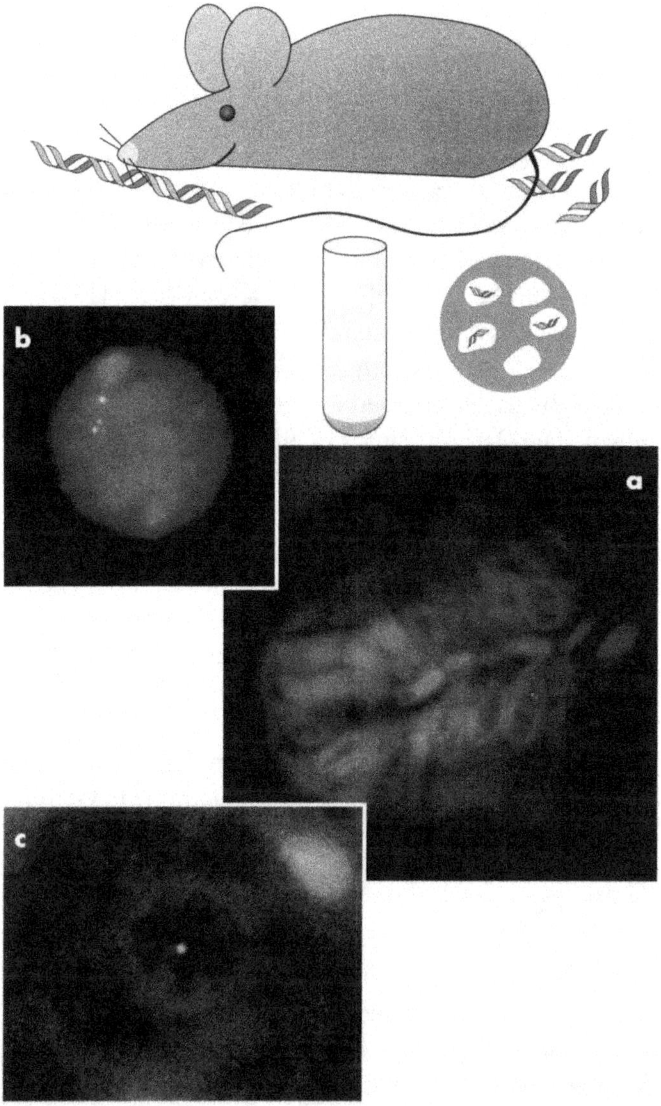

Abb. 32 a–c. Fremde, mit der Nahrung aufgenommene DNA kann bei Mäusen in den Zellen **a** der Darmwand, **b** des Blutes, oder **c** der Leber nachgewiesen werden. Die fremde M13 Phagen DNA ist als gelb leuchtendes Signal erkennbar. Diese Arbeiten wurden von R. Schubbert im Labor des Autors durchgeführt.

und keine M13-DNA-Fragmente. Da M13 ein Bakterienvirus ist, mußte diese Möglichkeit ausgeschlossen werden.

Die Untersuchung des Blutes von 300 Mäusen in unabhängigen Experimenten zeigte, daß eine sehr geringe Menge der verabreichten DNA (weniger als 0,1%) über den Verdauungstrakt in das Blut gelangte. Zwischen zwei bis acht Stunden nach der Verfütterung der M13-DNA ließen sich mit der Polymerasekettenreaktion, einer empfindlichen Nachweismethode, DNA-Fragmente von bis zu 976 Buchstabenpaaren Länge im Blut der Tiere feststellen. Die Auftrennung des Blutes in seine zellulären und flüssigen Bestandteile ergab, daß die M13-DNA nur in der aus weißen Blutzellen isolierten DNA zu finden war. Das Blutplasma und die roten Blutzellen waren frei von M13-DNA-Fragmenten. Mit einer Fluoreszenzmethode war die aufgenommene M13-DNA in etwa einer von 1000 weißen Blutzellen nachzuweisen (Abb. 32 b). In keinem einzigen Fall fanden sich M13-DNA-Spuren im Blut der Kontrolltiere.

Der Weg der M13-DNA aus dem Darminhalt in die Blutbahn wurde mit der Fluoreszenzmethode in Gewebeschnitten der Dickdarmwand verfolgt (Abb. 32). Dabei fand sich M13-DNA sowohl in den Kernen der Darmepithelzellen (Abb. 32 a) als auch in weißen Zellen der sog. Peyer-Platten in der Darmwand, nicht jedoch bei Kontrolltieren. Die nach Peyer benannten Platten (Anhäufungen von Abwehrzellen) stellen das Immunsystem des Darms dar. Die Signale der M13-DNA ließen sich in der Darmwand zwischen drei und acht Stunden nach der Verfütterung nachweisen. Es ist also vorstellbar, daß die aufgenommene DNA aus der Darmwand direkt in die regionalen weißen Blutzellen aufgenommen wird und mit diesen in die Blutbahn gelangt. Dadurch wird erklärbar, warum die verabreichte M13-DNA nur in den weißen Blutzellen, nicht aber im Plasma der Mäuse nachzuweisen ist.

Auch in DNA, die aus Leber (Abb. 32 c) oder Milz der mit M13-DNA gefütterten Tiere isoliert wurde, ließ sich die fremde DNA bis zu 18 Stunden nach Verfütterung aufspüren, zu einem Zeitpunkt also, zu dem die fremde DNA im Darm oder im peripheren Blut nicht mehr vorlag. Dabei fand sich in der Milz M13-DNA nur im lymphatischen Gewebe, nicht im Bindegewebe. In der Leber waren M13-DNA-Signale nur in Zellen nachzuweisen, die nahe an Blutgefäßen lagen. Die Organe der Kontrolltiere waren wiederum frei von M13-DNA.

Da die in Organen nachweisbare M13-DNA sich ausschließlich in den Zellkernen befand, wird zur Zeit untersucht, ob sie in genomische DNA der Leber oder Milz integriert worden ist. Aus langjährigen Untersuchungen an Säugerzellen in Kultur wissen wir, daß fremde DNA, die den Zellkern erreicht, in die genomische DNA inseriert werden kann. Für die verfütterte DNA ist eine Integration in das Genom von Zellen bisher noch nicht gezeigt.

Über funktionelle Konsequenzen längerer Persistenz der mit der Nahrung aufgenommenen DNA für den Organismus kann man bisher nur spekulieren. Wenn fremde DNA in das Genom integriert werden sollte, könnten Auswirkungen auf Mutagenese, Karzinogenese und andere medizinisch relevante Vorgänge diskutiert werden. Wir werden deshalb diese Untersuchungen auf breiter Basis fortsetzen.

Resümee

Unsere in den letzten 7 bis 8 Jahren in größeren Versuchsserien immer wieder bestätigten Ergebnisse sagen aus, daß fremde DNA, die von allen Lebewesen laufend mit der Nahrung aufgenommen wird, zumindest im Verdauungstrakt von Mäusen nicht vollständig abgebaut wird. Kleine Mengen der fremden DNA überleben als Bruchstücke die Passage durch den Magen-Darm-Trakt. Diese DNA wird von den Darmepithelien aufgenommen und gelangt über das Abwehrsystem der Darmwand in weißen Blutzellen in verschiedene Organsysteme der Tiere. Wir wissen noch nicht, ob dabei kleine Mengen fremder DNA in das Genom einzelner Zellen der Maus eingebaut werden.

11 Virusbiographien

Mitte des 18. Jahrhunderts berichtet ein Augenzeuge aus Frankfurt am Main:

> Wie eine Familienspazierfahrt im Sommer durch ein plötzliches Gewitter auf eine höchst verdrießliche Weise gestört und ein froher Zustand in den widerwärtigsten verwandelt wird, so fallen auch die Kinderkrankheiten unerwartet in die schönste Jahreszeit des Frühlebens. Mir erging es auch nicht anders. Ich hatte mir eben den Fortunatus mit seinem Säckel und Wünschhütlein gekauft, als mich ein Mißbehagen und ein Fieber überfiel, wodurch die Pocken sich ankündigten. Die Einimpfung (s. S. 135–136) derselben ward bei uns* noch immer für sehr problematisch angesehen, und ob sie gleich populare Schriftsteller schon faßlich und eindringlich empfohlen, so zauderten doch die deutschen Ärzte mit der Operation, welche der Natur vorzugreifen schien. Spekulierende Engländer kamen daher aufs feste Land und impften, gegen ein ansehnliches Honorar, die Kinder solcher Personen, die sie wohlhabend und frei von Vorurteil fanden. Die Mehrzahl jedoch war noch immer dem alten Unheil ausgesetzt; die Krankheit wütete durch die Familien, tötete und entstellte viele Kinder, und wenige Eltern wagten es, nach einem Mittel zu greifen, dessen wahr-

---

* Die Deutschen und die Impfung, die Deutschen und die Gentechnik...?

scheinliche Hilfe doch schon durch den Erfolg mannigfaltig bestätigt war. Das Übel betraf nun auch unser Haus und überfiel mich mit ganz besonderer Heftigkeit. Der ganze Körper war mit Blattern übersäet, das Gesicht zugedeckt, und ich lag mehrere Tage blind und in großen Leiden. Man suchte die möglichste Linderung und versprach mir goldene Berge, wenn ich mich ruhig verhalten und das Übel nicht durch Reiben und Kratzen vermehren wollte. Ich gewann es über mich; indessen hielt man uns, nach herrschendem Vorurteil, so warm als möglich und schärfte dadurch nur das Übel. Endlich, nach traurig verflossener Zeit, fiel es mir wie eine Maske vom Gesicht, ohne daß die Blattern eine sichtbare Spur auf der Haut zurückgelassen; aber die Bildung war merklich verändert. Ich selbst war zufrieden, nur wieder das Tageslicht zu sehen und nach und nach die fleckige Haut zu verlieren; aber andere waren unbarmherzig genug, mich öfters an den vorigen Zustand zu erinnern; besonders eine sehr lebhafte Tante, die früher Abgötterei mit mir getrieben hatte, konnte mich, selbst noch in späteren Jahren, selten ansehen, ohne auszurufen: Pfui Teufel! Vetter, wie garstig ist Er geworden! Dann erzählte sie mir umständlich, wie sie sich sonst an mir ergötzt, welches Aufsehen sie erregt, wenn sie mich umhergetragen; und so erfuhr ich frühzeitig, daß uns die Menschen für das Vergnügen, das wir ihnen gewährt haben, sehr oft empfindlich büßen lassen.

Weder von Masern*, noch Windblattern und wie die Quälgeister der Jugend heißen mögen, blieb ich verschont, und jedesmal versicherte man mir, es wäre ein Glück, daß dieses Übel nun für immer vorüber sei; aber leider drohte schon wieder ein anderes im Hintergrund und rückte heran. Alle diese Dinge vermehrten meinen Hang zum Nachdenken, und da ich um das Peinliche der Ungeduld von mir zu entfernen, mich schon öfter im Ausdauern geübt hatte, so schienen mir die Tugenden, welche ich an den Stoikern hatte rühmen hören, höchst

---

* Pocken, Masern und Windblattern (= Windpocken) sind durch Virusinfektionen bedingt.

nachahmenswert, um so mehr, als durch die christliche Duldungslehre ein Ähnliches empfohlen wurde. Bei Gelegenheit dieses Familienleidens will ich auch noch eines Bruders gedenken, welcher, um drei Jahre jünger als ich, gleichfalls von jener Ansteckung ergriffen wurde und nicht wenig davon litt. Er war von zarter Natur, still und eigensinnig, und wir hatten niemals ein eigentliches Verhältnis zusammen. Auch überlebte er kaum die Kinderjahre. Unter mehreren nachgeborenen Geschwistern, die gleichfalls nicht lange am Leben blieben, erinnere ich mich nur eines sehr schönen und angenehmen Mädchens, die aber auch bald verschwand, da wir denn nach Verlauf einiger Jahre, ich und meine Schwester, uns allein übrig sahen und nur um so inniger und liebevoller verbanden. Jene Krankheiten und andere unangenehme Störungen wurden in ihren Folgen doppelt lästig: denn mein Vater, der sich einen gewissen Erziehungs- und Unterrichtskalender gemacht zu haben schien, wollte jedes Versäumnis unmittelbar wieder einbringen und belegte die Genesenen mit doppelten Lektionen, welche zu leisten mir zwar nicht schwer, aber insofern beschwerlich fiel, als es meine innere Entwicklung, die eine entschiedene Richtung genommen hatte, aufhielt und gewissermaßen zurückdrängte (J.W. von Goethe in *Dichtung und Wahrheit, 1. Buch*).

In dem 1995 erschienenen 6. Bericht des Internationalen Kommitees für Virustaxonomie, an dem etwa 400 Virologen aus vielen Ländern mitgewirkt haben, werden auf weit über 500 Seiten steckbriefartige Beschreibungen von etwa 1700 verschiedenen Viren der unterschiedlichsten Wirtssysteme zusammengefaßt. Unter Virustaxonomie versteht man die Einteilung in Klassen und die Nomenklatur (Namensgebung) für alle bekannten Viren. Natürlich kann es nicht das Ziel dieses Buches sein, alle Virusarten zu beschreiben oder auch nur tabellarisch zu erwähnen. Ich möchte daher einige ausgewählte Viren näher vorstellen, die als Krankheitserreger vor allem beim

Menschen besondere medizinische Bedeutung erlangt haben oder sich als Forschungsobjekte sehr gut eignen. Auch vom Infektionsverlauf her betrachtet häufig als virusartig betrachtete Krankheitserreger, die Viroide und Prione, die strukturell und genetisch keinerlei Ähnlichkeiten mit Viren haben, sollen besprochen werden. Aus Platzgründen muß ich die Darstellung der sehr großen und wichtigen Gruppe der Pflanzenviren unterlassen.

Das Interesse an Viren erklärt sich beim Laien verständlicherweise vorwiegend aus ihrer Rolle als Pathogene (Krankheitserreger) bei Mensch, Tier oder Pflanze. In der molekularbiologischen Grundlagenforschung haben Viren sehr geholfen, wichtige zelluläre Vorgänge oder Infektions- und Abwehrmechanismen besser verstehen zu lernen. Auf der Basis dieses virologischen Dualismus – die Bedeutung als Krankheitserreger und Trojanisches Pferd – sind die hier eingehender besprochenen Virusarten ausgewählt worden.

Bakteriophagen

Die auf Bakterien spezialisierten Viren nennt man Bakteriophagen. In den Pionierjahren der Molekularbiologie haben Untersuchungen an diesen Phagen eine wichtige Rolle gespielt, die Grundkenntnisse der Molekulargenetik zu erarbeiten. Auch die medizinisch orientierte Virologie hat in diesen Jahren die entscheidenden Impulse erhalten. Die Pionierjahre kann man – mit Vorsicht gegenüber schematisierend historischen Definitionen – in der Zeitspanne zwischen 1944 und 1972 ansiedeln.

Als Beispiele für Tausende anderer Bakteriophagensysteme, die die unterschiedlichsten Eigenschaften aufweisen, werden hier die Bakterienviren T4 und λ (Lambda) besprochen, deren Genome doppelsträngige DNA enthalten, sowie der Bakteriophage M13 mit einzelsträngiger DNA und einer doppelsträngigen DNA als der nur in infizierten Zellen vorkommenden Vermehrungsform und der Bakteriophage Qβ mit einem einzelsträngigen RNA-Genom.

Eine der grundsätzlich neuen Entdeckungen bei Bakteriophagenexperimenten war die der Transduktion von Genen durch J. Lederberg und N. Zinder. Unter Transduktion versteht man die Übertragung von zellulären Genen mit einem Bakteriophagengenom von einer Zelle auf die andere durch eine Infektion mit diesen Viren. So kann der λ-Bakteriophage bestimmte Gene aus dem Genom von Bakterien entnehmen, auf andere Bakterien übertragen und sie in deren Genomen wieder verankern. Auch das Mitnehmen der Onkogene aus tierischen Zellen durch Retroviren (s. S. 129–132 und S. 228–244) kann man als eine Art Transduktion auffassen. Mit der Entdeckung dieser Übertragung wurde klar, daß auch die Gene von Zellen beweglich sind und nicht statisch immer am gleichen Ort im zellulären Genom festsitzen müssen.

Bakteriophage T4

Dieses auf das Darmbakterium Escherichia coli (E. coli) spezialisierte Virus (Abb. 33) wurde bereits früh zu quantitativen Experimenten in der Phagengenetik verwendet. M. Delbrück, S. Luria und ihren Kollegen ist es gelungen, viele andere Virusforscher davon zu überzeugen, sich für einige Zeit auf Arbeiten an *einem* Phagentyp zu konzentrieren, um möglichst rasch vergleichbare Daten und damit eine solide Grundlage für molekulargenetische Erkenntnisse zu schaffen.

Der Phagenkopf mit den Maßen 111 auf 78 Nanometer hat die Form einer fünfeckigen Doppelpyramide.

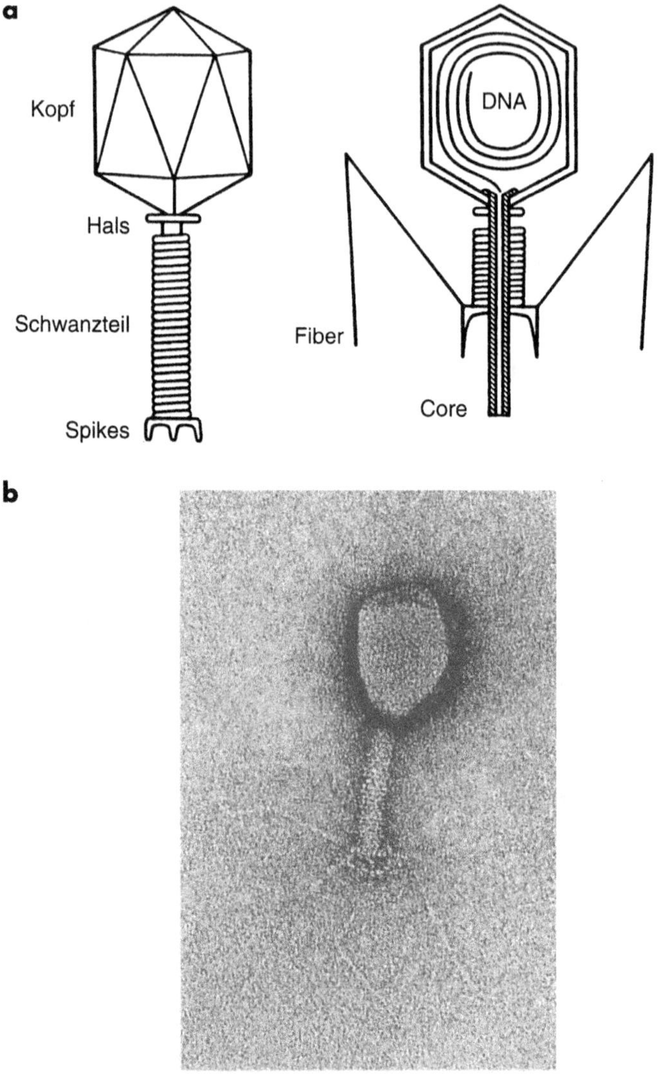

Abb. 33 a, b. Der Bakteriophage T4, einer der bestuntersuchten Phagen, **a** schematisch gezeichnet und **b** im Elektronenmikroskop dargestellt.

Der Phagenschwanz (113 auf 16 Nanometer) gliedert sich in Halskrause und Bodenplatte mit sechs kurzen Haken (»spikes«) und sechs langen Fasern. T4 ähnelt dem in den 60er Jahren in den USA von der NASA entwickelten Mondlandefähre. Mit den Haken und Schwanzfasern heftet sich das Virus an spezifische Proteine der Bakterienoberfläche an. Darauf kontrahiert sich die Schwanzhülle, und über den Schwanzkernteil wird die Phagen-DNA in das Innere der Bakterienzelle eingespritzt (siehe Hershey-Chase-Experiment s. 79). Das ringförmige Phagengenom umfaßt etwa 165000 Buchstabenpaare und kodiert für mehr als 200 Gene. Die Gene für die etwa 42 verschiedenen Proteine, die die Struktur der »Mondfähre« T4 bestimmen, liegen in der Phagen-DNA teilweise eng nebeneinander. Andere Phagengene sind weiter über das Genom verstreut organisiert.

Die Infektion von E. coli mit dem T4-Phagen ist virulent (lytisch, produktiv): eine große Zahl neuer Phagenteilchen wird unter Zerstörung der Wirtszelle produziert. Das Genom der Wirtszelle wird abgebaut und die Abbauprodukte als »Steinbruch« für die Synthese neuer Virusgenome verwendet. Bisher sind Hunderte ähnlicher Phagentypen beschrieben worden.

Bakteriophage λ

Dieses Virussystem zeichnet sich durch besonders interessante biologische Eigenschaften aus. Mit Hilfe eines raffinierten Regulationssystems im Phagengenom kann λ E.-coli-Zellen entweder lytisch infizieren, wobei die infizierte Zelle zerstört wird und einige Hundert neuer Viruspartikel produziert werden, oder auch wie folgt: In Abhängigkeit von zellulären Faktoren und von den Wachstumsbedingungen kann die Expression des Pha-

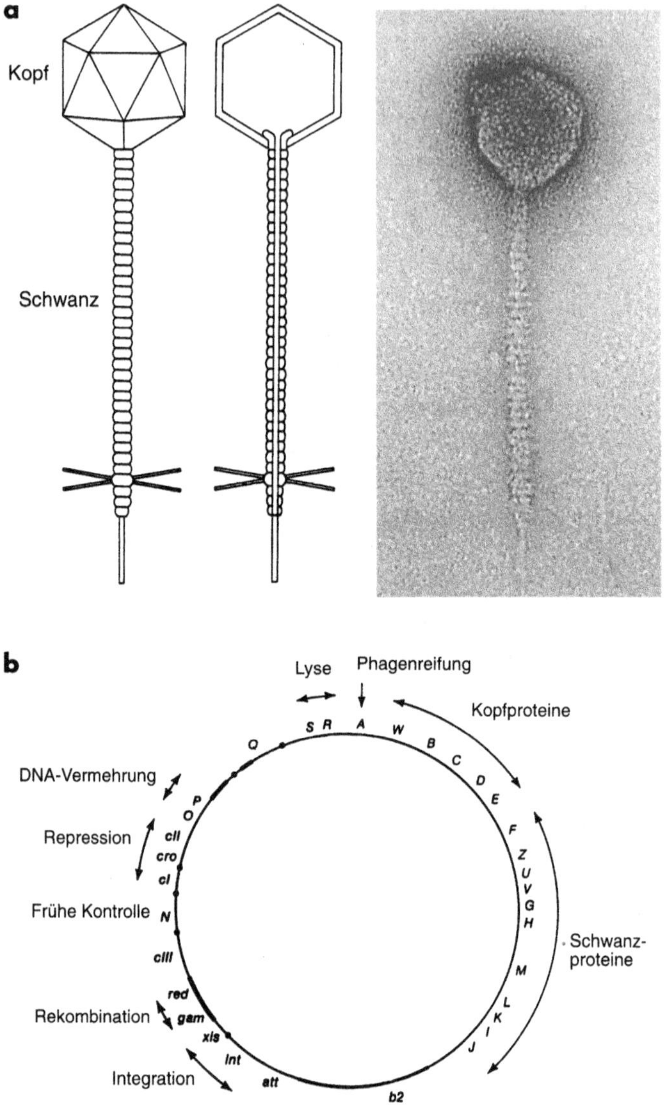

Abb. 34 a, b. Der Bakteriophage λ und seine Genkarte mit den wichtigsten Gruppen von Genen.

gengenoms so reguliert werden, daß die zur Virusvermehrung und zur Zerstörung der Zelle notwendigen Phagenfunktionen langfristig abgeschaltet werden. Andere Funktionen im Phagengenom werden dann ausgewählt und angeschaltet, die zu einer abgeschwächten (temperenten) Phageninfektion führen. Dabei wird die lineare DNA des Virus in eine ringförmige (zirkuläre) Form überführt und in den meisten Fällen an einer sehr spezifischen Stelle in das Genom der E.-coli-Wirtszelle integriert. Bei der Integration wird die Reihenfolge der Gene im Phagengenom umgestellt und die λ-DNA direkt kovalent (chemisch sehr fest) mit der DNA des Bakteriums verbunden. Die wichtigste genetische Funktion in der λ-DNA, die in diesem Zustand dauernd exprimiert wird, ist der λ-Repressor. Dieses viruskodierte Protein ist für die Abschaltung fast aller Genfunktionen im Genom des Bakteriophagen verantwortlich.

Im Stadium der temperenten Infektion ist die E.-coli-Zelle lysogen, d. h. die Infektion kann wieder in den lytischen Modus mit Virusvermehrung übergehen. Das geschieht jedoch nur dann, wenn der λ-Repressor inaktiviert wird und damit wieder alle diejenigen λ-Gene angeschaltet werden können, die für die Vermehrung des Virus notwendig sind. Der λ-Repressor kann z. B. durch die Bestrahlung der lysogenen Bakterien mit ultraviolettem Licht inaktiviert werden. Die Virusbildung wird dadurch wieder angekurbelt.

Das λ-System gehört zu den auf molekularer Ebene am besten untersuchten Virussystemen. Die Analyse der Integration der λ-DNA hat wesentlich zum Verständnis der Aufnahme fremder DNA in ein etabliertes zelluläres Genom beigetragen. Unsere Kenntnisse über die Integration von Tumorvirus-DNA (z. B. Adenovirus, SV40, Retroviren) in die Erbanlagen höherer Organismen sind durch das λ-Modell gefördert und ermöglicht worden.

Die Struktur des λ-Phagen unterscheidet sich von der des T4. Der Phagenkopf hat einen Durchmesser von 60 Nanometern, der Schwanz mißt 150 auf 8 Nanometer und trägt kurze faserartige Fortsätze. Die λ-DNA enthält 48514 Buchstabenpaare, deren Reihenfolge bekannt ist. Die letzten elf Nukleotide an jedem Ende der DNA sind einzelsträngig und einander komplementär, so daß die beiden DNA-Enden aneinander kleben und ein ringförmiges Molekül bilden können. Die Abb. 34 zeigt den Phagen λ schematisch und im elektronenmikroskopischen Bild sowie seine Genkarte mit den wichtigsten Gruppen von Genen.

Bakteriophage M13

Dieses Virus gehört zu einer großen Gruppe von Bakteriophagen mit Fadenstruktur (Abb. 35), die ein einzelsträngiges, ringförmiges DNA-Genom mit Plusstranginformation tragen und Bakterien über deren eigene faserartigen Fortsätze (F-Pili) an der Zelloberfläche infizieren. Die Länge des Virusfadens in dieser Gruppe von Viren beträgt 760 bis 1950 Nanometer bei einem Durchmesser von 6 bis 8 Nanometern. Am Aufbau des Virions sind fünf verschiedene Proteine beteiligt.

Die DNA besteht aus fast 7000 Nukleotiden bekannter Buchstabenfolge in einem zirkulären Einzelstrang. In der infizierten Zelle wird die DNA in ein zirkuläres, doppelsträngiges Molekül, die replikative Form der Virus-DNA, verwandelt, die wie ein Bakterienplasmid aus infizierten Zellen gereinigt werden kann. Es ist also möglich, die gleiche DNA als Einzelstrang aus dem gereinigten Virus oder als Doppelstrang aus infizierten Zellen zu isolieren. Deshalb hat sich die M13-DNA in hervorragender Weise als Vektor (Trägermolekül) in der Gentechnologie bewährt (s. Kap. 9). Man kann in die doppelsträngige replikative Form dieser Virus-DNA künstlich fremde DNA einbauen, z. B. das Insulingen des Menschen oder ein anderes Virusgen, und die fremden Gene mit dem Virus enorm vermehren. So ist es möglich, jedes in der Natur vorkommende Gen zu isolieren und in praktisch unbegrenzten Mengen herzustellen. Über die beiden Formen der M13-DNA als Vektor kann man außerdem jedes Gen in einzelsträngiger oder in doppelsträngiger Form gewinnen.

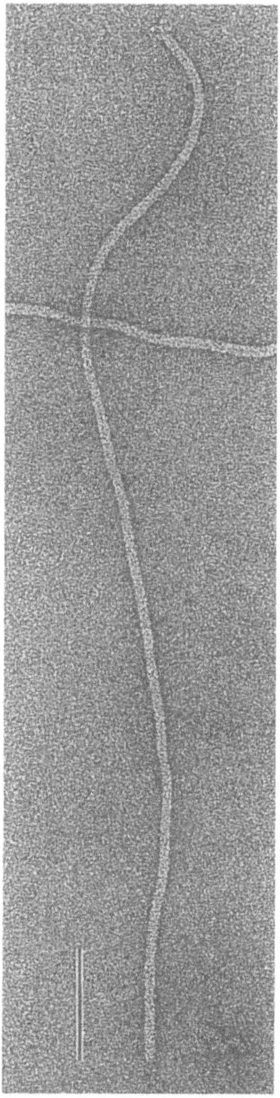

Abb. 35. Der fadenförmige Bakteriophage M13.

Bakteriophage Qβ

Diese Bakteriophagen mit einem RNA-Genom erweckten in den frühen Tagen der Molekularbiologie großes Interesse. Durch ihr Vorhandensein schien DNA als ausschließlicher Träger der Erbinformation von Lebewesen ihrer außergewöhnlichen Rolle enthoben zu sein. Heute weiß man, daß sehr viele Viren RNA als genetisches Material tragen. Qβ-Virionen sind ikosaedrisch gebaut mit einem Durchmesser von etwa 26 Nanometern. Die RNA ist einzelsträngig und umfaßt 4217 genetische Buchstaben. Das Genom kodiert für vier verschiedene Proteine:

ein Hüllprotein,
ein Protein, das für die Lyse (Auflösung) der Zellwand verantwortlich ist,
ein weiteres Protein in der Hülle des Virions, das zur Infektion erforderlich ist, und
eine Replikase für die Vermehrung des viralen Genoms.

Große Mengen neusynthetisierten Hüllproteins inhibieren die Expression der Replikase. Durch diesen Mechanismus wird die Neusynthese viraler Proteine und des viralen Genoms mit dem Verpackungsvorgang korreliert. M. Eigen hat die Vermehrung des Qβ-RNA-Phagengenoms durch die Qβ-Replikase zu ausgedehnten Untersuchungen über Mechanismen bei der Evolution viraler Genome verwendet.

DNA-Viren

Adenoviren

Die Gruppe der Adenoviren mit einem doppelsträngigen DNA-Genom wurde 1953 unabhängig von W. Rowe und M. Hilleman in menschlichen Rachenabstrichen entdeckt. Einige Adenoviren können beim Menschen Infektionen der oberen Luftwege oder der Augenbindehaut, gelegentlich auch Lungenentzündungen hervorrufen. Epidemien von Adenovirusinfektionen wurden bei neu eingezogenen Rekruten der US-Armee beobachtet. Unter den alljährlich auftretenden Erkältungskrankheiten werden humane Adenoviren, vorwiegend Typ 1, 2 und 5 (s. unten), in etwa 3 bis 7% der Fälle gefunden, bei Kindern in 5 bis 10% der Erkrankten. Adenoviren sind bei allen Wirbeltieren weit verbreitet. Viele verschiedene Typen wurden identifiziert. Beim Menschen hat man bisher 49 unterschiedliche Typen isoliert, die aufgrund ihrer genetischen Eigenschaften in verschiedene Gruppen eingeteilt werden können.

J.J. Trentin, Y. Yabe und G. Taylor entdeckten 1962, daß nach dem Einspritzen von kleinen Mengen des gereinigten humanen Adenovirus Typ 12 (Ad12) in neugeborene Hamster etwa ein bis zwei Monate später an der Injektionsstelle undifferenzierte, d. h. sehr untypische Sarkome (Tumoren des Bindegewebes), auftraten. Bisher konnte man nicht feststellen, daß diese Tumoren Metastasen (Sekundärtumoren) an anderen Stellen in den Tieren hervorrufen. Die Geschwülste können allerdings zu erheblicher Größe heranwachsen. Ad12 waren die ersten Humanviren, bei denen man onkogene Eigenschaften in Versuchstieren nachweisen konnte. Ursprünglich wurden sie aus dem Darminhalt von Kindern isoliert. Trotz intensiver Suche hat man jedoch bisher keinerlei Hinweise dafür gefunden, daß Adenoviren in der menschlichen Tumorbiologie eine Rolle spielen könnten. Wie bei vielen anderen Viren kann man allerdings nicht ausschließen, daß Adenovirusinfektionen über den in Kap. 7 bereits erklärten Fahrerfluchtmechanismus doch an der Auslösung menschlicher Tumorerkrankungen beteiligt sein könnten.

Adenoviren haben die Form eines Ikosaeders (s. Abb. 13 und 23). Am Aufbau des Virions sind mehr als zehn verschiedene Proteine beteiligt. Die Oberfläche der je nach Adenovirustyp 80 bis 110 Nanometer messenden Virionen besteht aus 240 sechseckigen Kapsomeren (Kapselanteilen), den Hexons, an den Flächen und Kanten und zwölf fünfeckigen Bausteinen (Pentons) an den Ecken des Ikosaeders. Die Pentons tragen antennenartige Fortsätze mit einer Verdickung am Ende. Diese je nach Virustyp unterschiedlich langen Antennen sind bei der Infektion von Zellen für die Anheftung des Virions an Oberflächenproteine absolut notwendig. Die Virushülle, die keine Membran aufweist, enthält noch eine Reihe weiterer Eiweißstoffe. Mit der doppelsträngigen Adenovirus-DNA sind mindestens drei bis vier verschiedene Proteine direkt verknüpft, davon ist eines, das sog. terminale Protein, kovalent an die Virus-DNA gebunden.

Das Adenovirusgenom besteht aus 34125 DNA-Buchstabenpaaren bei Ad12, aus 35937 bei Ad2 und Ad5, und das Ad40-Genom ist 34214 Buchstabenpaare lang. Bei diesen Adenovirustypen wurde die gesamte Nukleotidsequenz bestimmt. Das Adenovirusgenom kodiert für etwa 40 bis 50 verschiedene Proteine. Eine Genkarte des viralen Genoms ist in Abb. 23 S. 89 wiedergegeben. Man unterscheidet auch hier frühe und späte Gene. Die späten Gene enthalten vorwiegend die Information zur Synthese der viralen Strukturproteine. Die frühen Gene der Gruppe E1 (E1A + E1B) enthalten wichtige Funktionen insbesondere zur Anschaltung anderer viraler Gene (Transaktivatoren) oder zur An- oder Abschaltung von zellulären Genen. Gene in der E1-Region sind an der Auslösung der Tumorbildung durch Adenoviren in Nagetieren oder für die onkogene Transformation von Zellen in Kultur beteiligt. Dabei ist es möglich, daß die Produkte von E1-Genen bei der Umschaltung zellulärer Transkriptionsmuster in der Onkogenese eine Rolle spielen. Unter einem Transkriptionsmuster versteht man die Gesamtheit der Gene einer Zelle, die zu einem bestimmten Zeitpunkt in RNA überschrieben und in Proteine übersetzt wird. In der E2-Region des Adenovirusgenoms liegen Gene für die Vermehrung des viralen Genoms. Dazu gehören das oben erwähnte terminale Protein, eine Adenovirus-DNA-Polymerase und ein an einzelsträngige

DNA bindendes Protein, das die beiden DNA-Stränge bei der Replikation getrennt hält. Die E3-Region enthält wahrscheinlich vorwiegend Gene, die dem Virus helfen, die Immunabwehr von Menschen oder Tieren zu überlisten. Für die Vermehrung des Virus in Zellkultur ist die E3-Region entbehrlich. In der Region E4 liegen zahlreiche Gene, deren Funktionen bisher wenig bekannt sind.

Adenoviren kann man in menschlichen Zellen in Kultur zu großen Mengen vermehren. Da fast alle Menschen von Kindheit an durch erworbene Antikörper gegen weitere Adenovirusinfektionen geschützt sind, bedarf es bei der Arbeit mit diesen Viren außer der allgemein üblichen Sicherheitsmaßnahmen (steriles Arbeiten, Sterilarbeitsbänke, Keimfreimachen durch extrem hohes Erhitzen aller Glas- und Plastikgefäße) keiner darüber hinausgehenden Vorkehrungen in einem Viruslaboratorium (s. Abb. 25 S. 104).

Aufgrund dieser günstigen technischen Voraussetzungen und wegen des allgemein sehr großen Interesses an Viren, die an Mechanismen der Onkogenese beteiligt sein können, werden Adenoviren seit den 50er Jahren und verstärkt seit den 60er und 70er Jahren sehr genau studiert und haben deshalb eine führende Rolle bei der Erforschung molekularbiologischer und genetischer Mechanismen in Säugerzellen gespielt. Durch Forschungsarbeit am Adenovirussystem wurden viele elementare Mechanismen, die für alle Organismen von Bedeutung sind, entdeckt oder der biochemisch-molekularen Analyse zugänglich gemacht, wie die folgende Übersicht zeigt:

Spleißen von RNA, ein wichtiges Organisationsprinzip eukaryontischer Gene (s. S. 36–37);
Replikation von DNA in Säugerzellen;
ein neues Prinzip des Beginns der DNA-Replikation;
Aufbau eines komplexen Virions (s. S. 89);

Möglichkeiten zur Kartierung von Genomen (Genkarten);
Integration viraler (fremder) DNA in ein Säugergenom;
Neumethylierung integrierter fremder DNA im Säugergenom (s. S. 126–127);
die langfristige Abschaltung von Säugergenen durch sequenzspezifische Promotormethylierung;
Transaktivierung von viralen und zellulären Genen (frühe Funktionen sind für die Aktivierung später Funktionen notwendig);
die komplexen Systeme von Transkriptionsfaktoren;
Aktivatoren für die Translation von Botschafter-RNA, wie die virusassoziierte Adenovirus-RNA, die in infizierten Zellen, aber nicht im Adenovirion selbst in großer Menge vorkommt, und
Adenovirusvektoren für die Gentherapie; in das virale Genom kann in der E1- und der E3-Region fremde DNA eingesetzt werden (s. S. 145–147).

In der molekulargenetisch-virologischen Forschung der Gegenwart wird das Adenovirussystem weiterhin in vielen Laboratorien zur Erforschung wichtiger Mechanismen u.a. der menschlichen Zellen verwendet.

In adenovirustransformierten Zellen und in Ad12-induzierten Tumorzellen persistiert die virale DNA nach den bisherigen Ergebnissen immer in integrierter Form. Die viralen Genome sind häufig in mehreren bis vielen Kopien an einer Stelle auf einem der Chromosomen in die zelluläre DNA eingebaut. Die Integrationsstelle ist in verschiedenen Tumoren oder transformierten Zellen unterschiedlich, liegt also immer wieder an verschiedenen Stellen, auch auf anderen Chromosomen. Freie, nichtintegrierte virale Genome sind in adenovirusinduzierten Tumorzellen oder adenovirustransformierten Zellen nicht beobachtet worden. Durch die Integration viraler DNA in ein etabliertes Säugergenom, z. B. das von Hamstern, oder durch die Transformation werden die Methylierungsmuster zellulärer Gene, auch weit vom Integrationsort entfernter Gene, zum Teil sehr eingreifend verändert. Vielleicht spielen diese Veränderungen zellulärer Methylierungsmuster eine Rolle bei der funktionellen Umorganisation des zellulären Genoms und damit bei der onkogenen Transformation von Zellen.

Affenvirus 40 (SV40)

Auch dieses in den 50er Jahren als Verunreinigung in den ersten Impfstoffpräparationen gegen das Poliomyelitisvirus isolierte Virus hat bei Arbeiten über den Mechanismus der viralen Onkogenese und über elementare biologische Mechanismen in Säugerzellen eine dem Adenovirus vergleichbare Rolle gespielt. Das SV40 gehört zur Gruppe der Papovaviren. Der Name ist eine Kombination aus den ersten beiden Buchstaben der folgenden Virusarten:

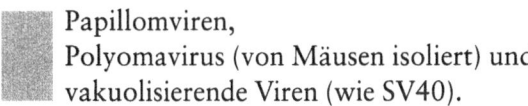

Papillomviren,
Polyomavirus (von Mäusen isoliert) und
vakuolisierende Viren (wie SV40).

Nach der SV40-Infektion von Affenzellen in Kultur treten im Zytoplasma der Zellen charakteristische Vakuolen (Hohlräume) auf, von denen ursprünglich der Name der vakuolisierenden Viren abgeleitet wurde. Das Virus kann auf Affenzellkulturen vermehrt werden, in Nagern Tumoren hervorrufen und Nagerzellen zu tumorähnlichen Zellen transformieren.

Ursprünglich wurde auch das für die Impfstoffherstellung verwendete Poliomyelitisvirus auf Affenzellen vermehrt, aber nicht ausreichend inaktiviert. Diese Affenzellen waren wahrscheinlich schon im lebenden Tier, also lange vor der Infektion mit dem Poliomyelitisvirus, mit dem bis dahin unbekannten SV40 latent infiziert, und so kam es zur Verunreinigung der ersten Impfstoffe gegen die spinale Kinderlähmung. Nachuntersuchungen an den Menschen, die mit dem SV40-verunreinigten Impfstoff immunisiert wurden, haben bisher keinen Verdacht auf eine Bedeutung des SV40 für die Entstehung menschlicher Tumoren ergeben. Die heute verwendeten Impfstoffe gegen das Poliomyelitisvirus sind selbstverständlich frei von SV40. In Affen scheint SV40 keine Krankheiten hervorzurufen; es ist für sie offenbar harmlos.

Die DNA des SV40 ist ein doppelsträngiges, ringförmiges Molekül mit 5243 genetischen Buchstabenpaaren. Sie enthält die genetische Information für drei Hüllproteine des Virus. An die SV40-DNA sind im Virion Histone gebunden, die von der Wirtszelle übernommen werden. Histone sind zelluläre Proteine, um die die zelluläre DNA gewunden ist.

Besonderes Interesse in der Molekularbiologie im allgemeinen und in der viralen Tumorbiologie im besonderen haben zwei von frühen Genen kodierte Proteine gefunden: das große und das kleine Tumorantigen (TAg und tAg). Der Name »Tumorantigen« rührt daher, daß man diese Proteine erstmals in SV40-transformierten Tumorzellen als Proteine (Antigene) fand, gegen die Antikörper im tumortragenden Tier gebildet wurden. Das SV40-T-Antigen ist neben anderem wichtig für die Tumorbildung und die Transformation von Zellen. Es ist eines der am besten untersuchten Proteine in der Biochemie. Neben seiner Funktion bei der Onkogenese ist es dafür verantwortlich, daß nach der SV40-Infektion von

Zellen die Vermehrung der Zell-DNA und damit die Zellteilung angeschaltet wird. Das t-Antigen hat mehrere Enzymfunktionen wie z. B. ATPase (Spaltung des zellulären Energiemoleküls) und Helikase (Entwindung der DNA). A. Levine und Kollegen haben zeigen können, daß das große SV40-T-Antigen an zelluläre Proteine, wie p53 und RB, binden kann, die als Tumorsuppressorproteine bezeichnet werden. Wie in Kap. 7 beschrieben, könnte durch diese Bindung die Funktion der Tumorsuppressoren behindert werden und damit das Gleichgewicht in der Regulation des Zellwachstums in Richtung ungehemmten Wachstums, d. h. Tumorbildung, verschoben werden. Ob diese Verschiebung alleine für die virale Onkogenese ausreicht oder darüber hinaus andere Faktoren beteiligt sind, muß noch geprüft werden.

Papillomviren

Diese DNA-Viren mit einem doppelsträngigen, zirkulären Genom von etwa 8000 genetischen Buchstabenpaaren Länge kommen bei vielen Säugetieren vorwiegend in Verletzungen der Haut und der Schleimhäute vor. Beim Menschen sind bis heute 77 verschiedene Papillomviren charakterisiert worden; teilweise ist auch die Buchstabenfolge der Genome bekannt. Insgesamt sind weit mehr als 100 verschiedene Papillomvirustypen beschrieben worden. Bereits 1907 berichtete G. Ciuffo, daß durch zellfreie Extrakte aus menschlichen Hautwarzen diese gutartigen Hauttumoren von Mensch zu Mensch übertragen werden konnten. Bei Kaninchen wies R. Shope 1933 Papillomviren als Erreger der warzenähnlichen Papillomatose der Haut nach. Einen direkteren Zusammenhang zwischen Rinderpapillomviren (BPV) und malignen Tumoren des Rindes hat man schon vor den Arbeiten über humane Papillomviren (HPV) aufzeigen können. Das BPV-4 verursacht bei Rindern zunächst eine gutartige Papillomatose der Speiseröhre. Es gibt Hinweise aus Schottland, daß Rinder bei Vorliegen dieser gutartigen Tumoren und bei Verfütterung bestimmter Farnarten (»bracken fern«) Karzinome im Verdauungstrakt entwickeln. In diesem Fall könnten also Substanzen aus dem Farn als mitverursachende Faktoren gelten.

In den letzten 10 bis 20 Jahren haben humane Papillomviren durch die Arbeiten von H. zur Hausen und seinen Kollegen auch deswegen großes Interesse erweckt, weil einige HPV-Typen, insbesondere Typ 16, 18, 31, 33, 35 u.a. aus Gebärmutterhalskarzinomen isoliert worden sind. Andere HPV-Typen wurden in Läsionen der Haut oder der Genitalien, z. B. den Condylomata acuminata oder bei zunächst gutartigen Kehlkopftumoren gefunden. Manche der generalisiert auftretenden Warzenkrankheiten der Haut, z. B. bei der Epidermodysplasia verruciformis, bei Papillomen des Kehlkopfes oder an den Genitalien können als Vorstufen bösartiger (maligner) Tumoren betrachtet werden. Gerade bei den HPV wurden epidemiologische Zusammenhänge zwischen HPV-Infektionen und malignen Tumoren, insbesondere für das Gebärmutterhalskarzinom, festgestellt. Andererseits haben sich sehr viele Frauen im Laufe der sexuell aktiven Phase ihres Lebens mit den HPV-Typen 16 oder 18 infiziert und gegen diese Viren Antikörper gebildet. Zum Glück bekommen aber nur sehr wenige dieser Frauen Gebärmutterhalskarzinome, und zwar erst Jahrzehnte nach der HPV-Infektion. Wenn also Zusammenhänge zwischen HPV-Infektionen und der Entstehung bösartiger Tumoren tatsächlich bestehen sollten, muß man eine Reihe zusätzlicher, nichtviraler Faktoren zur Erklärung sonst noch ungelöster Probleme heranziehen.

a

b

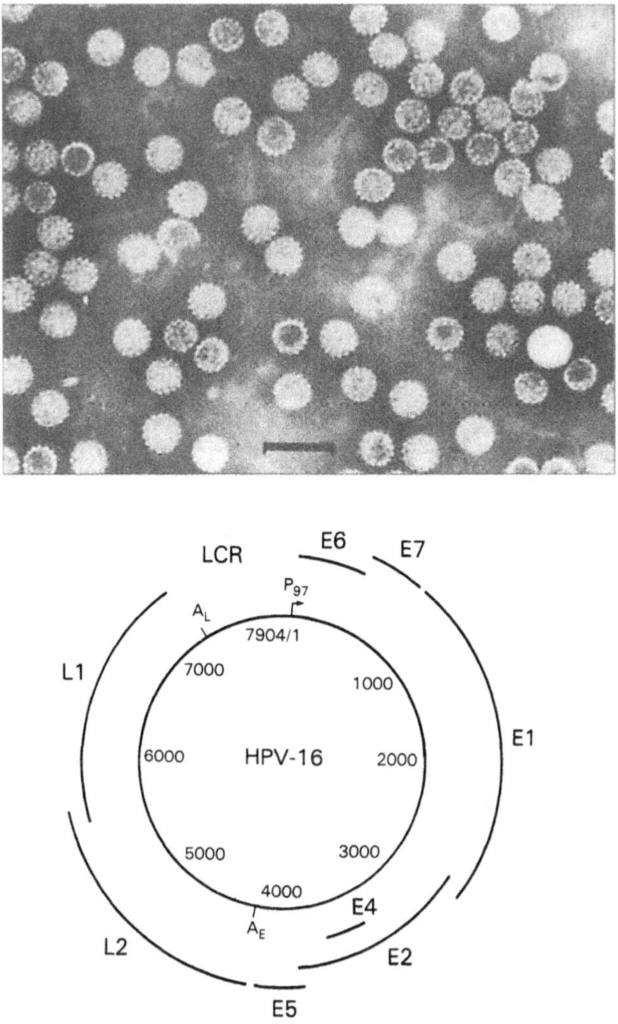

Abb. 36. Virionen (**a**) eines humanen Papillomvirus (HPV-1). Die Genkarte (**b**) stammt von HPV-16 und zeigt die Anordnung der frühen (E) und späten (L) Virusgene.

Papillomviren des Menschen oder von Säugetierarten können bisher nicht in Kultur gezüchtet werden. In der Haut oder Schleimhaut können sich diese Viren nur in den Basalzellen, d. h. den untersten Zellschichten, vermehren. Von den Basalzellen ausgehend erneuern sich fortlaufend Zellschichten der Haut und der Schleimhäute. In anderen Zellen können sich Papillomviren nicht oder nur sehr schlecht vermehren, möglicherweise deshalb, weil nur in den Basalzellen die für ihre Vermehrung notwendigen zellulären Faktoren gebildet werden können. Es wird interessant sein zu untersuchen, ob auch in den geschilderten Tumorzellen des Menschen ähnliche zelluläre Faktoren wie in den Basalzellen produziert werden, und ob sich Papillomviren gerade deshalb bevorzugt in den Tumorzellen vermehren können und sich daher in Tumoren in größerer Menge haben nachweisen lassen.

Wie andere DNA-haltige Viren (Polyomavirus, SV40, Adeno- und Herpesviren) vermögen auch manche Papillomviren, Zellen in Kultur so zu transformieren, daß sie die gleichen Eigenschaften des unkontrollierten Wachstums wie Tumorzellen aufweisen. Es wurde wie bei den anderen Tumorviren untersucht, welche HPV-Gene an der Auslösung dieser Transformation beteiligt sind. Von den früh nach der Infektion transkribierten HPV-Genen schreibt man den frühen Genen E5, E6 und E7 diese Funktion zu (Abb. 36). Bei HPV-16 ist gezeigt worden, daß E6-Proteine das zelluläre *p53*-Gen inaktivieren können. Diese Experimente sind an Zellen in Kultur durchgeführt worden, die möglicherweise in ihrer Wachstumskontrolle den Tumorzellen ähnlich sind. Die humanen Papillomviren stellen weiterhin ein interessantes Modell zur Ergründung des viralen Onkogenesemechanismus dar.

In transformierten oder in persistent infizierten Zellen sind die meisten HPV-Genome offenbar nicht integriert, sondern liegen als extrachromosomale, ringförmige Moleküle vor. Diese HPV-DNA-Moleküle teilen sich unter der Kontrolle des zellulären DNA-Vermehrungsapparates synchron mit dem Zellgenom, so daß die Anzahl von Papillomvirusgenomen etwa konstant gehalten wird. In der DNA insbesondere von Rinderpapillomviren sind Abschnitte identifiziert worden, die für diese Verzahnung mit dem Replikationsmechanismus der Zellen verantwortlich sind. Mit Hilfe gentechnologischer Verfahren kann man diese viralen Genomteile entfernen. Die Papillomvirus-DNA-Replikation verläuft dann unkontrolliert oder kommt zum Erliegen. Dagegen sind die Genome von HPV-16 oder HPV-18 in menschlichen Tumorzellen zum Teil in das Genom der Zellen integriert, z. B. in der menschlichen HeLa-Zellinie oder in Gebärmutterhalskarzinomen. Die humanen Papillomviren sind offenbar uralte Begleiter des Menschen; bei Affen kommen ähnliche Viren vor. Auch diese Gruppe zeichnet sich durch strikte Wirtsspezifität aus.

Herpesviren

Zu den Herpesviren zählen mehr als 100 verschiedene Virustypen, die bei den unterschiedlichsten Tierarten vorkommen. Die Struktur der 100 bis 200 Nanometer im Durchmesser messenden Viren ist in Abb. 14g S. 54 zu sehen. Die Viren sind von einer membranhaltigen Hülle umgeben, die von der Kern- oder Zellmembran abgeleitet ist. Das ikosaedrische Virionkapsid mißt 100 bis 110 Nanometer. Die im Inneren des Kapsids gelegene lineare, doppelsträngige DNA besteht je nach Herpesvirusart aus 124000 bis 235000 genetischen Buchstabenpaaren. Die Genome der Herpesviren haben die Besonderheit, daß in der Buchstabenfolge sowohl im Inneren als auch an den Enden der Genome längere Buchstabenwiederholungen, sog. Repetitionen, vorkommen (s. S. 26).

Im allgemeinen sind Viren nur aus der für jede Virusart spezifischen Nukleinsäure und aus einer mehr oder weniger komplizierten Hülle aufgebaut. Die größeren Viren, zu denen die Herpesviren gehören, tragen einige oder mehrere Enzyme, die für die Vermehrung der Virusnukleinsäure (Polymerasen) oder für das Zurechtschneiden der Bestandteile (Proteine) der Virushülle (Proteasen) verantwortlich sind. Durch das Mitverpacken dieser Enzyme in das Virion wird dessen Vermehrung wenigstens in wesentlichen Teilschritten unabhängig von den Enzymen der Zelle, auf die die Viren mit einem kleineren Genom angewiesen sind, da sie aus Platzgründen die für die Synthese der Enzyme notwendige genetische Information einsparen müssen. Gerade die Herpesviren enthalten mehrere solcher Proteine, z. B.

eine DNA-Polymerase für die Vermehrung der Virus-DNA,
Proteine, die spezifisch an DNA binden und während der Vermehrung der Virus-DNA eine wichtige Rolle spielen,
weiterhin Enzyme, die bei der Bereitstellung der für den Neuaufbau von Herpesvirus-DNA benötigten Nukleotide helfen, oder
solche Enzyme, die die Virusproteine zurechtschneiden (Proteasen).

Mit dieser Beschreibung sehen wir ein weiteres wichtiges Grundprinzip des Virusaufbaus realisiert. Die komplizierteren Virusarten, wie die Herpesviren, deren Genome Informationen für 70 bis über 200 verschiedene Proteine enthalten können, bringen bei der Infektion wichtiges Handwerkszeug selbst mit, das für die effiziente Vermehrung des Viruspartikels von großem Vorteil ist. Die genannten Enzyme funktionieren besonders gut mit Herpesvirus-DNA oder -proteinen und können von zellulärer DNA weniger gut verwendet werden. Hier ergeben sich Ansätze für die antivirale Therapie (s. S. 143).

Von den vielen Herpesvirusarten sollen hier einige der beim Menschen als Krankheitserreger bekannten Vertreter vorgestellt werden.

Herpes-simplex-Virus Typ 1 (HSV-1)

HSV-1 ruft beim Menschen sehr schmerzhafte Entzündungen und Bläschen an Mund- und Lippenschleimhaut hervor. Man infiziert sich im allgemeinen durch direkten Kontakt. Viele Infektionen bleiben ohne Symptome. Herpesvirusgenome haben die biologisch hochinteressante, medizinisch für den Patienten aber höchst unangenehme Fähigkeit, im Körper des Patienten zu überleben und sich insbesondere in seinen Nervenzellen lebenslang festzusetzen, wie z. B. HSV-1 nach abgeheilter Bläschenbildung. »Herpes infection is for life« – eine Herpesvirusinfektion behält man fürs Leben. HSV-1 setzt sich nach Infektionen im Gesichtsbereich in Ganglienzellen fest. Das sind Nervenzellen, die in einer Schaltstation des dreiästigen Gesichtsnerven (Nervus trigeminus) an der Schädelbasis lokalisiert sind. Über den genauen Mechanismus der Persistenz in den sog. Stammganglien des Gesichtsnerven ist noch sehr wenig bekannt. HSV-1 kann dort monate- bis jahrelang ruhen, aber auch plötzlich, z. B. nach intensiver Sonnenbestrahlung des Gesichtes oder bei einer etwas stärkeren Regelblutung bei Frauen, wieder aktiv werden und erneut zu Fieberbläschen an den Lippen und an der Mundschleimhaut führen. Diese Bläschen breiten sich über kleinere oder größere Bereiche aus, sie scheinen von Region zu Region zu kriechen. Das griechische Wort »herpein« bedeutet kriechen, und von ihm leitet sich der Name dieser Viren ab.

Im allgemeinen sind diese Bläschenerkrankungen zwar unangenehm aber harmlos und Komplikationen, wie z. B. eine Gehirnentzündung (Enzephalitis), sind selten. Bedrohlicher für den Patienten sind HSV-1-Infektionen des oberen Astes des Gesichtsnerven, der das Auge versorgt. Eine Herpesvirusinfektion der Hornhaut des Auges kann zu Sehverlust oder schwerer Beeinträchtigung des Sehvermögens führen. Ernster verläuft die Krankheit bei Neugeborenen (selten) oder bei Menschen, deren Immunsystem nicht mehr funktioniert, z. B. bei AIDS-Patienten. In seltenen, manchmal tödlich verlaufenden Fällen kann sich die Infektion bei Neugeborenen über den ganzen Körper ausbreiten.

Herpes-simplex-Virus Typ 2 (HSV-2)

HSV-2 befällt vorwiegend die Harn- und Geschlechtsorgane des Menschen und führt zu schweren Entzündungen mit schmerzhafter Rötung und Bläschenbildung an den Geschlechtsorganen von Mann und Frau. Das Virus wird beim Geschlechtsverkehr übertragen und bleibt lebenslang im Körper. Die Symptome treten ähnlich wie bei HSV-1-Infektionen schubweise auf. Die symptomfreien Pausen sind unterschiedlich lang. Die oben beschriebenen Komplikationen einer HSV-1-Infektion sind für HSV-2 häufiger und schwerwiegender. Insbesondere sind natürlich Neugeborene äußerst gefährdet, die sich im Geburtskanal der erkrankten Mutter infizieren können. Durch eine Entbindung per Kaiserschnitt kann die Übertragung auf das Neugeborene verhindert werden. Man kann sich leicht vorstellen, daß eine HSV-2-Infektion eine sehr eingreifende Erkrankung mit schwerwiegenden Folgen für das sozial-sexuelle und reproduktive Verhalten der Betroffenen darstellt.

Für eine Impfung gegen HSV-1- und vor allem HSV-2-Infektionen werden zur Zeit Impfstoffe mit gentechnologischen Methoden entwickelt. Eine Chemotherapie mit Substanzen, wie z. B. Acyclovir, die die Vermehrung der HSV-DNA hemmen, zeigt gute Erfolge, insbesondere dann, wenn das Medikament bereits beim ersten Auftreten von Krankheitszeichen, z. B. einem leichten Jucken der Lippenschleimhaut, angewandt wird.

Gerade bei HSV-2-Infektionen wurden Zusammenhänge mit der Entstehung von bösartigen Tumoren im Genitalbereich vermutet, aber bisher nicht eindeutig belegt.

Humane Zytomegalieviren (CMV)

Diese Viren sind weit verbreitet. Es gibt wahrscheinlich Hunderte verschiedener Unterarten, die alle eine hohe Wirtsspezifität besitzen. Zytomegalieviren haben ein sehr großes DNA-Genom mit etwa 240000 genetischen Buchstabenpaaren. Die von CMV infizierten Zellen vergrößern sich stark, und man findet bei der Untersuchung der Zellen im Lichtmikroskop Einschlußkörperchen im Zellkern. Die Riesenzellbildung nach der Infektion hat den Viren ihren Namen gegeben (griech. cytos, Höhle, Zelle; griech. megalos, groß, gewaltig). Beim Menschen befällt das CMV vorwiegend Epithelzellen, die Kanalsysteme in Organen auskleiden, z. B. der Speicheldrüsenkanäle oder der Kanälchen in der Niere. Vielleicht haben verschiedene Untertypen unterschiedliche Organspezifitäten. Auch die Ansteckung mit CMV führt zu einer latenten Infektion, d. h. das Virus bleibt lange Zeit, wahrscheinlich lebenslang, im Organismus. Häufig verursacht die CMV-Infektion keinerlei Symptome; man sagt, sie verläuft subklinisch.

Besonders gefährdet sind Neugeborene oder Patienten mit einem gestörten Abwehrsystem. Im Verlauf schwerer Zytomegalievirusinfektionen können viele Organsysteme des Menschen betroffen sein. Bei Kindern erfolgt die Ansteckung entweder schon während der Schwangerschaft in der Gebärmutter oder bei bzw. kurz nach der Geburt. In den USA werden jährlich 30000 bis 35000 Kinder, das sind etwa 1% aller Lebendgeborenen, mit erworbener CMV-Infektion geboren. Von diesen Kindern haben etwa 10% Krankheitserscheinungen; 90% sind chronisch infiziert, scheinen aber gesund zu sein. Bei Neugeborenen verläuft die Krankheit mit schweren Schädigungen und Verkalkungen des Gehirns, der Augen und Ohren, aber auch anderer Organsysteme. Bei einer CMV-Erkrankung während der Schwangerschaft oder nach der Geburt sind die Aussichten für eine normale Entwicklung des Kindes schlecht: etwa 30% der erkrankten Kinder sterben.

Eine Behandlung der CMV-Infektion mit Interferon (s. S. 140–142) und antiviralen Substanzen hat nur mäßigen Erfolg gebracht. Mit Hilfe gentechnologischer Methoden sollen Impfstoffe gegen humane Zytomegalieviren entwickelt werden.

Varicella-zoster-Virus (VZV)

Eine interessante, aber folgenreiche Urlaubsreise erlebten Mutter, Vater und Tochter in einem fernen Land in Asien: Nach der Rückkehr erkrankte der Vater schwer an einer nie aufgeklärten Infektion. Nachdem er diese überstanden hatte, befiel ihn die Gürtelrose (Herpes zoster), eine sehr schmerzhafte, am Körperstamm sich einseitig, gürtelartig ausbreitende Hautentzündung mit intensiver Rötung und Bläschenbildung der befallenen Hautregionen. Etwa zwei Wochen nach Beginn der Gürtelrose beim Vater erkrankte die bereits erwachsene Tochter an Windpocken (Varicella), einer typischen Kinderkrankheit, die sie als Kind allerdings noch nicht durchgemacht hatte. Nach einigen Wochen waren Tocha

b

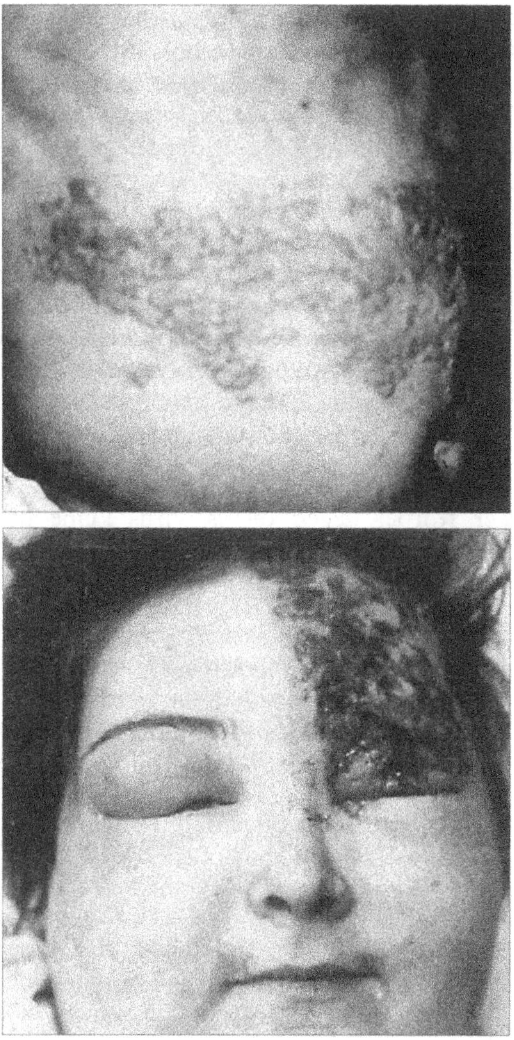

Abb. 37 a, b. Windpocken und Gürtelrose werden von dem gleichen Varicella-zoster-Virus, dem humanen Herpesvirus Typ 3 ausgelöst. **a** Gürtelrose am Rücken, **b** Gürtelrose im Bereich des ersten Astes des Trigeminusnerven im Gesicht.

ter und Vater wieder gesund. Ähnliche Familienbeobachtungen hat J. von Bokay schon 1901 in der *Wiener Klinischen Wochenschrift* veröffentlicht und daraus geschlossen, daß die Kinderkrankheit Windpocken und die meist in höherem Erwachsenenalter auftretende Herpes-zoster-Infektion vom gleichen Erreger ausgelöst wird. Herr von Bokay sprach damals vorsichtig von ursächlichen Zusammenhängen.

Die Krankengeschichte verdeutlicht, daß die meist harmlos verlaufenden Windpocken und die meist sehr schmerzhafte Gürtelrose von dem gleichen Virus hervorgerufen wird, dem humanen Herpesvirus 3 (HHV-3), auch Varicella-zoster-Virus genannt (Abb. 37). Falls man die Windpocken nicht im Kindesalter gehabt hat, kann der Körper gegen dieses Virus keine Immunität entwickeln. Deshalb ist es möglich, sich später z. B. an Gürtelrosepatienten mit dem Virus zu infizieren und dann an den Windpocken zu erkranken.

Das VZV ist ein typisches Herpesvirus. Aus einem Isolat wurde DNA von etwa 124800 Buchstabenpaaren Länge gewonnen. VZV hat offenbar eine sehr hohe Spezifität für den Menschen. Auf jeden Fall ist es nicht gelungen, mit diesem Virus bei Tieren, z. B. Affen, vergleichbare Krankheitsbilder zu erzeugen.

Den beiden Krankheiten liegt der folgende Verlauf von VZV-Infektion und -Persistenz im menschlichen Organismus zugrunde. Die hochansteckende Erkrankung der Windpocken erwirbt man meist im Kindesalter durch »Schmierinfektionen«. Die Inkubationszeit, d. h. der Zeitraum zwischen Ansteckung und Auftreten von Krankheitssymptomen, beträgt 14 bis 15 Tage. Dann tritt ein Hautausschlag mit charakteristischen pockenähnlichen Hautveränderungen, Fieber und Krankheitsgefühl auf. Die Windpocken wurden früher in den ersten Tagen der Krankheit häufig mit den echten Pocken, einer sehr schweren, häufig tödlichen Viruskrankheit verwechselt, die jedoch seit 1979 weltweit ausgerottet ist. J.W. Goethe hat in Dichtung und Wahrheit eindrucksvoll über seine persönlichen Erlebnisse mit diesen Viren vor etwa 240 Jahren berichtet (s. S. 159–161). In den meisten Fällen verlaufen die Windpocken bei Kindern harmlos. Selbst bei Erwachsenen, bei denen höheres Fieber, gelegentlich Halsentzündung und Kopfschmerzen auftreten können, sind die Windpocken eher eine leichte Erkrankung. Komplikationen wie Lungen- (Pneumonie) oder Gehirnentzündung (Enzephalitis) sind extrem selten, außer bei Patienten mit defektem Immunsystem oder solchen, die an Tumorerkrankungen des Abwehrsystems leiden. In fast allen Fällen sind die an Windpocken erkrankten Kinder nach ein bis zwei Wochen wieder gesund.

Das VZV hat aber nach den glücklich überstandenen Windpocken den einmal befallenen menschlichen Körper keineswegs verlassen. Es zieht sich vielmehr in die Stammganglien der sensiblen Nerven, d. h. der Nerven, die unser Gefühl der Haut vermitteln, zurück, ähnlich wie das HSV-1 in die Ganglien des Gesichtsnerven. Diese Ansammlungen von sensiblen Nervenzellen liegen am Eingang zum Rückenmarkskanal der Wirbelsäule. Das VZV, vielleicht auch nur dessen DNA, bleibt in den Nervenzellen und wartet auf bessere Zeiten. Über die genaue Art seines Überdauerns und seiner Kontrolle ist fast nichts bekannt. Man nimmt an, daß die Vermehrung des latenten Virus im Körper durch das Immunssystem verhindert wird. In höherem Alter oder bei allen Krankheiten, die das Abwehrsystem schädigen, z. B. schweren Infektionen wie bei der »folgenreichen Urlaubsreise«, bei Tumorerkrankungen oder häufig auch bei schwereren psychischen Belastungen kann das Virus den jahrzehntelangen Kampf mit dem Immunsystem gewinnen und zur Gürtelrose (Herpes zoster) führen.

Wie der Name besagt, befällt die Gürtelrose bestimmte Zonen der Haut vorwiegend am Körperstamm. Die Erkrankung beginnt mit einem merkwürdigen Gefühl auf der Haut, Juckreiz und leichter Rötung. Dann treten Bläschen und Pusteln auf. Die Gürtelrose kann sehr schmerzhaft sein. Am häufigsten werden die Regionen zwischen dem dritten Brust- und dem zweiten Lendenwirbel sowie das Gebiet des dreiästigen Gesichtsnerven (Trigeminus) befallen. Besonders gefährlich kann auch hier eine Erkrankung des Auges werden, die in 10 bis 15% der Fälle autritt. Etwa die Hälfte der Patienten über 60 Jahre klagen über Schmerzen im befallenen Bereich, die mehrere Monate, seltener Jahre lang bestehen können, auch dann, wenn alle Hauterscheinungen längst verschwunden sind. Ernsthaftere Komplikationen sind wie bei den Windpocken selten und treten eigentlich nur bei Immunschwäche oder bei Tumorpatienten auf.

Epstein-Barr-Virus (EBV)

Der aus Island stammende Pathologe D. Burkitt hat 1958 Tumoren des lymphatischen Systems, die nach ihm benannten Burkitt-Lymphome, bei Kindern und Jugendlichen im tropischen Regenwald von Afrika beobachtet (s. Abb. 31 S. 133). Diese Lymphome können zu einem Tumor erheblicher Größe heranwachsen, der die Patienten entsetzlich entstellt. Unbehandelt sind die Tumoren innerhalb etwa eines halben Jahres tödlich. Bei Behandlung mit Zytostatika (Zellteilungshemmern) sind sie in den meisten Fällen heilbar.

Die auffallende geographische Verteilung der Tumorerkrankungen bei Menschen im zentralafrikanischen Regenwald ließ früh an eine mögliche virale Mitursache der Erkrankung denken. Im Jahre 1964 wiesen M.A. Epstein und Y.M. Barr und unabhängig von den beiden J.

Pulvertaft elektronenmikroskopisch ein Herpesvirus im Tumorgewebe von Burkitt-Lymphomen nach: das Epstein-Barr-Virus (EBV), auch humanes Herpesvirus 4 (HHV-4) genannt. Ein großer Teil, allerdings nicht alle Lymphome bei afrikanischen Patienten waren EBV-positiv. In sehr viel geringerem Umfang wurden diese Lymphome auch in anderen Teilen der Welt, z. B. in den USA, beobachtet. Das Virus wurde auch in fast allen Fällen von Nasopharyngealkarzinomen, die gehäuft insbesondere in China und Südostasien auftreten, nachgewiesen. Möglicherweise spielt EBV eine Rolle beim T-Zell-Lymphom, einem Tumor, der von besonderen Zellen des Immunssystems, den T-Lymphozyten (s. auch S. 138–139), ausgeht.

Im Jahr 1967 gelang im Labor von W. und G. Henle in Philadelphia durch V. Diehl und Kollegen der Nachweis, daß das EBV bei Menschen die infektiöse Mononukleose, auch als Pfeiffer-Drüsenfieber bekannt, auslöst. Wegen der möglichen Übertragung durch Speichel heißt die Erkrankung auch »kissing disease«. Eine Assistentin im Henle-Labor, die bis dahin gegen das Virus keine Antikörper entwickelt hatte, bekam eines Tages infektiöse Mononukleose und war anschließend EBV-positiv, d. h. sie hatte Antikörper gegen das Virus gebildet.

Auch die infektiöse Mononukleose ist eine Erkrankung des lymphatischen Systems. Sie tritt vorwiegend bei Jugendlichen und jungen Erwachsenen auf, die im Kindesalter »behütet« unter sehr hygienischen Verhältnissen aufgewachsen sind und sich erst relativ spät mit dem Epstein-Barr-Virus infizieren. Früh mit EBV infizierte Kinder entwickeln Antikörper und bekommen keine infektiöse Mononukleose. Die Erkrankung selbst verläuft mit hohem Fieber, Hals- und manchmal Lungenentzündung, starker Schwellung der Lymphknoten vor allem im Hals- und Achselbereich sowie Schwellungen von Leber und Milz. Eine Gehirnbeteiligung ist selten. In den meisten

Fällen heilt die Erkrankung nach ein bis drei Wochen ab. Eine spezifische Behandlung ist nicht möglich. Bei EBV-Infektionen während einer eventuell bestehenden Schwangerschaft sind Mißbildungen des Fötus bisher nicht bekanntgeworden. Die Schwangerschaft kann aber gefährdet sein.

Letztlich ist die Frage ungeklärt, weshalb es bei den meisten EBV-Infektionen glücklicherweise nicht zu einer Burkitt-Lymphomerkrankung kommt und ebensowenig, weshalb diese Lymphome vorwiegend in Zentralafrika beobachtet werden. Offensichtlich müssen neben der Virusinfektion zusätzliche Faktoren eine Rolle spielen. Die EBV-Tumorentstehung ist auf einen »Unfall« in den B-Lymphozyten, den Wirtszellen für EBV, in denen das Virus auch persistiert, zurückzuführen. Ein nachgewiesener »Unfall« in Burkitt-Lymphomzellen sind Translokationen (Umordnungen) von Chromosomenstücken. Man hat gefunden, daß kleine Bruchstücke der menschlichen Chromosomen 2, 14 oder 22 auf das Chromosom 8 übertragen werden können. An den Bruchstellen der betroffenen Chromosomen liegen häufig Gene für Immunglobuline, die durch die Umlagerung unter fremde Kontrolle, insbesondere von Onkogenen (z. B. von *myc* oder *bcl*) kommen können. Auch umgekehrt können Onkogene unter die Kontrolle von Immunglobulingenen gelangen. Diese offenbar sehr spezifischen Translokationen können wahrscheinlich jedoch auch durch andere Mechanismen, also nicht nur durch eine EBV-Infektion zustande kommen. So könnten die EBV-negativen Fälle von Burkitt-Lymphomen erklärbar sein. Eines der im EBV-Genom kodierten Proteine, das EBNA1 (Epstein-Barr-Virus-spezifisches nukleäres Antigen 1) schaltet Gene der für die immunologische Abwehr wichtigen Oberflächenproteine ab und stört so wahrscheinlich die Abwehr gegen EBV-transformierte Tumorzellen. Außerdem hat man in über 30% der Burkitt-Lymphomfälle Mutationen in einem Tumorsuppressorgen, dem Gen *p53* (s. S. 128–129) gefunden. Allerdings wurde noch nicht ausreichend geprüft, wie häufig vergleichbare Mutationen in anderen Genen vorkommen. Deshalb ist noch nicht gesichert, welche Bedeutung den *p53*-Genmutationen für die Entstehung dieses Lymphoms zukommt.

Das EBV ist seit vielen Millionen Jahren ein vertrauter Gefährte des Menschen und seiner biologischen Vorfahren, den Primaten (höheren Affen), die sich vor etwa 5 Millionen Jahren auseinanderentwickelt haben. Das EBV der Primaten ist dem des Menschen eng verwandt. Es handelt sich bei diesem Virus also nicht um eine neu aufgetretene »Geisel der Menscheit«. Wir haben es, wie wahrscheinlich bei den meisten Viren, mit einem uralten genetischen Kameraden zu tun. Zu fragen bleibt, ob die hauptsächlich in Afrika vorkommenden Lymphome und die damit verbundenen Chromosomentranslokationen auf genetische Besonderheiten an den Bruchstellen der DNA zurückzuführen sein könnten. Da wir mit dem EBV schon so lange verbunden sind, ist auch zu fragen, ob und welche Vorteile wir während der Evolution von diesem treuen Begleiter gehabt haben könnten.

Das EBV-Genom umfaßt etwa 172000 genetische Buchstabenpaare. Die Nukleotidsequenz der EBV-DNA wurde 1984 als erste Sequenz eines Herpesvirusgenoms aufgeklärt.

Humanes Herpesvirus Typ 6 (HHV-6)

HHV-6 wurde 1986 erstmalig isoliert. Infektionen mit diesem Virus, dessen DNA 160000 bis 170000 Buchstabenpaare lang ist, sind beim Menschen weit verbreitet. Man infiziert sich häufig früh während der Kindheit. Bei manchen Kindern ruft die Infektion das Exanthema subitum hervor, einen plötzlich ausbrechenden Ausschlag der Haut. Die Kinder erkranken mit sehr hohem Fieber und Erkältungskrankheiten ähnlichen Anzeichen. Nachdem sie scheinbar wieder gesund sind, tritt ganz plötzlich, und zwar innerhalb von Stunden, ein hochroter, in zusammenfließenden Arealen sich rasch ausbreitender Ausschlag auf. Die Krankheit klingt in wenigen Tagen ab und verläuft meist harmlos.

HHV-6-Infektionen werden auch im Zusammenhang mit dem bei Erwachsenen auftretenden »chronic fatigue syndrome« (CFS) diskutiert, einem Krankheitsbild mit chronischen Ermüdungserscheinungen. Für diesen Zusammenhang gibt es aber keine verläßlichen Hinweise. Die Vermutungen, daß Infektionen mit diesem Herpesvirus beim Verlauf, nicht bei der Ursache der AIDS-Erkrankung eine Rolle spielen könnten, sind nicht exakt belegt.

Baculoviren

Jetzt verlassen wir vorübergehend die Virusgruppen, die beim Menschen Krankheiten hervorrufen, und wenden uns einer großen Gruppe von Insektenviren zu, den Baculoviren. Insekten sind die artenreichste Spezies auf der Welt und in ihrer Gesamtzahl an Individuen dem Homo sapiens weit überlegen.

Es gibt zahlreiche verschiedene Baculoviren (s. auch Abb. 14b S. 54). Sie tragen ebenfalls DNA-Genome und zeigen alle die Form eines Stäbchens (lat. baculum, Stäbchen). Die genetische Information des Virus ist mit 133894 genetischen Buchstabenpaaren in der DNA des AcNPV enthalten. Das aus einem Insektenschädling (»Alfalfa looper«) isolierte Autographa-californica-Kernpolyedervirus (AcNPV) ist bisher am eingehendsten untersucht worden und soll als typisches Beispiel dienen. Die Kernpolyederviren haben den Namen von ihrer ganz besonderen Verpackungs-und Schutzform. In Zellkernen infizierter Insektenlarven (Raupen) findet man viele polyederförmige Einschlußkörper, die man schon mit dem Lichtmikroskop bei geringer Vergrößerung erkennen kann (s. Abb. 24 S. 90). Diese Einschlußkörper bestehen aus einer amorphen Grundsubstanz, die vorwiegend von einem Polyhedrin genannten Protein gebildet wird. In das Polyhedrinkörperchen sind einige Hundert Virionen eingelagert, wodurch sie besonders gut vor Umwelteinflüssen, wie z. B. dem ultravioletten Licht der Sonne, geschützt sind. Die im Polyeder eingelagerten Virionen sind zusätzlich von Membransystemen und die DNA selbst ist von einer komplizierten, aus vielen Proteinen bestehenden Hülle umgeben.

Die Raupen des Schmetterlings Autographa californica ernähren sich von Blättern bestimmter Pflanzen, die mit AcNPV-Polyedern verunreinigt sein können. Nimmt die Raupe einen solchen Polyeder mit der Nahrung auf, wird in ihrem Mitteldarm durch bestimmte Faktoren (z. B. alkalisches Milieu) eine Protease, also ein eiweißabbauendes Enzym, aktiviert, das den Polyeder auflöst. So können viele infektiöse Viruspartikel freigesetzt werden. Die Virionen dringen dann sofort durch die Darmwand und vermehren sich in verschiedenen Geweben sehr erfolgreich. Es werden unglaublich große Mengen sowohl freier einzelner Virionen als auch zahlreicher in Polyedern verpackter Virionen gebildet. Letztlich löst sich die infizierte Raupe auf; sie zerfließt in eine unförmige, breiige Masse, die mit vielen Millionen infektiöser Viren angefüllt ist. In Abb. 1b S. 8 ist dieses für die Raupe tödliche Naturschauspiel als ein besonders eindrucksvolles Beispiel einer Virusinfektion gezeigt. Die Reste der aufgelösten Raupe mit Viren und Polyedern trocknen auf den Blättern oder anderen Pflanzenteilen ein. Die freigesetzten Viren werden von dem nächsten gefräßigen

Schädling aufgenommen, und der Infektionsverlauf wiederholt sich.

Man hat versucht, die Baculoviren zur Bekämpfung von Schädlingen einzusetzen. Besonders interessant sind derartige Bemühungen in Kanada mit seinen sehr weitflächigen Nadelwaldbeständen. Das aus einem der wichtigen Pflanzenschädlinge isolierte und für diesen hochspezifische Baculovirus, das Choristoneura-fumiferana-Kernpolyedervirus, könnte eine nützliche Rolle bei der Bekämpfung dieser Insektenart spielen. Die Forschungsarbeiten in dem Bereich sind vor allem darauf gerichtet, das Virus möglichst effizient in der Vernichtung der Schädlinge zu machen und die Spezifität für den Schädling zu erhöhen, um andere Insekten zu schützen. Während der schwierigen 40er Jahre hat G. Bergold in Tübingen, später in Kanada, Pionierarbeiten bei der Erforschung der Baculoviren geleistet. Diese Virusgruppe ist in den letzten 20 Jahren aber auch zu einem interessanten Objekt der Grundlagenforschung geworden, mit dessen Hilfe man die Regulation der Genaktivität in Insekten und ihren Viren studieren kann.

Seit etwa 1982 spielen Baculoviren noch eine weitere, sehr wichtige Rolle in der Molekularbiologie und Gentechnologie. Man hat Baculoviren zu Vektoren von fremden Genen umgebaut und damit deren Expression in höheren Zellen ermöglicht. Das im Virusgenom natürlich vorkommende Gen für das Protein Polyhedrin, dem Hauptbestandteil der Polyedergrundsubstanz, steht unter der Kontrolle eines Promotors, der eine außerordentlich effiziente Informationsüberschreibung und damit die Bildung von viel Protein garantiert. So hat man Baculoviren konstruiert, in denen ein fremdes Gen, z. B. das Hämagglutiningen des Influenzavirus (s. S. 216–217), an diesen starken Polyhedrinpromotor des Baculovirusgenoms gekoppelt ist. Das ursprüngliche Polyhedringen wurde bei dieser Umlagerung von Genen im Virusgenom teilweise zerstört. Das Polyhedrin ist für die Vermehrung des AcNPV in Zellkultur nicht erforderlich. Wenn man Insektenzellen in Kultur mit diesem gentechnisch veränderten Baculovirus infiziert, produzieren die infizierten Insektenzellen statt des Polyhedrins Hämagglutinin. Hämagglutinin ist ein Protein in der Oberfläche des Influenzavirus, das für dessen Infektionsfähigkeit unabdingbar ist.

Deswegen versucht man, dieses Protein auch als Impfstoff gegen die Erreger der echten Grippe zu verwenden. Die künstliche Herstellung des Influenzaimpfstoffes oder anderer Proteine in Insektenzellen hat gegenüber Bakterien, die sonst häufig in der Gentechnologie als Produktionsstätten verwendet werden, den Vorteil, daß das Proteinmolekül von den Insektenzellen richtig zugeschnitten und mit ganz bestimmten Zuckermolekülen versehen wird. Diese essentiellen »Verzierungen« des Impfstoffmoleküls sind für seine Wirkung absolut notwendig. Bakterien können diese spezifischen Verzierungen nicht leisten, da ihnen das enzymatische Handwerkszeug dazu fehlt.

Das Baculovirussystem hat sich wegen seiner hohen Effektivität und seiner Fähigkeit, die Proteine höherer Lebewesen so zu modifizieren, daß sie dem natürlichen Produkt sehr ähnlich werden, sowohl in der biomedizinischen Grundlagenforschung als auch bei der Herstellung von Impfstoffen und anderen Naturprodukten sehr bewährt. Auch anhand dieses Beispiels wird klar, daß die Konzepte und Methoden der Gentechnik zu einem unverzichtbaren Instrumentarium für die Medizin geworden sind.

Parvoviren (AAV, B19)

Die Parvoviren (lat. parvus, klein) gehören zu den kleinsten DNA-haltigen Viren mit einem Durchmesser von nur 18 bis 26 Nanometern. Unterschiedliche Parvovirusarten kommen beim Menschen und vielen Säugetieren, aber auch bei Vögeln vor. Die DNA ist einzelsträngig und besteht je nach Virusart aus 4000 bis 6000 genetischen Buchstaben. Die Struktur der Enden der Parvovirusgenome ist kompliziert; sie kann teilweise doppelsträngig sein und ist für die Replikation der DNA wichtig. Manche Parvoviren enthalten den Negativstrang der DNA. Andere, wie die adenovirusassoziierten Viren (AAV) des Menschen, können in verschiedene Partikel entweder den Positiv- oder den Negativstrang einbauen.

AAV ist auf Helferviren, z. B. humane Adenoviren, angewiesen. Das AAV kann sich nur in Zellen vermehren, die auch von Adenoviren infiziert sind. Die Adenovirusproteine sind die für die AAV-Vermehrung notwendigen Hilfsstoffe. Damit lernen wir Viren kennen, deren Vermehrung nicht nur von spezifischen Zellen abhängt, sondern zusätzlich noch von Helferviren. Andere Parvoviren sind autonom, brauchen also kein Helfervirus.

Das AAV ist dadurch biologisch allgemein interessant geworden, daß sein Genom in menschlichen Zellen in etwa 50 bis 70% der Infektionen spezifisch in die DNA des langen Arms von Chromosom 19 integrieren kann. Mehrere Laboratorien versuchen daher zur Zeit, dieses Virus als Vektor für menschliche Gene zu verwenden, die in der somatischen Gentherapie auf die Gewebe von Menschen mit bekannten Gendefekten übertragen werden könnten. Durch die künstliche Übertragung eines gesunden Gens könnten in Zukunft diese Krankheiten vielleicht geheilt oder ihre Symptome gelindert werden (s. auch Kap. 9). Dabei könnte die relativ spezifische Integration des AAV-Genoms in menschliche DNA auf Chromosom 19 hilfreich sein. Die somatische Gentherapie könnte in Zukunft praktische Bedeutung erlangen. So zeigen auch die umfangreichen Arbeiten am AAV-Genom, wie die Grundlagenforschung an einem zunächst medizinisch wenig wichtig erscheinenden Virus auch praktisch-medizinisch bedeutsam werden kann.

Ein weiteres humanes Parvovirus, das B19-Virus, mit einem einzelsträngigen DNA-Genom von etwa 5500 genetischen Buchstaben hat erhebliches Interesse als Erreger der sog. Ringelröteln (Erythema infectiosum) erweckt. Die Ringelröteln werden neben Masern, Röteln, Scharlach und einem nicht genau definierten Exanthema als fünfte Kinderkrankheit bezeichnet. Die B19-Virusinfektion erfolgt meist über die Atemwege, und das Virus vermehrt sich sehr rasch, z. B. auf einen Virusgehalt von bis zu 100 Milliarden DNA Kopien pro Milliliter Blut in Fällen von schwerer Anämie. Man spricht von einer hohen Virämie (Vorhandensein von Viren im Blut). Bei manchen Menschen verursacht die Infektion so gut wie keine Anzeichen; andere Patienten erkranken schwer, in seltenen Fällen sogar mit tödlichem Ausgang. Das Virus kann schwerste Störungen bei der Blutbildung, eine sog. aplastische Anämie, verursachen. Auch im Immun- und Blutgerinnungssystem des Körpers können Defekte auftreten. Meist verläuft die Erkrankung bei Kindern jedoch völlig harmlos. Nicht selten treten in einer Gemeinde, häufig ausgehend von Schulen, kleine Epidemien auf. Eine zweite Phase im Krankheitsverlauf der Ringelröteln, die gewöhnlich in der dritten Woche nach der Infektion beginnt, zeigt einen charakteristischen Hautausschlag (Ringelröteln) und manchmal starke, bei Erwachsenen gelegentlich langwierige Gelenkschmerzen.

B19-Virusinfektionen in der Schwangerschaft können zu einer ernsten Gefahr für das ungeborene Kind werden. Durch die große Anzahl von Virionen im Blut der infizierten Mutter werden auch Plazenta und Kind infiziert. Eine Studie in England hat ergeben, daß bei etwa 15% der durch B19-Virusinfektionen komplizierten

Schwangerschaften etwa vier bis sechs Wochen nach dem Auftreten der ersten Symptome eine Fehlgeburt erfolgt. Trotz intensiver Untersuchungen gibt es zur Zeit keine Hinweise für die Annahme, daß eine erfolgte B19-Virusinfektion bei den übrigen 85% der Kinder, die trotz der Infektion der Mutter geboren werden, Schäden verursachen könnte. Die Zusammenhänge zwischen diesen Virusinfektionen und Störungen in der Schwangerschaft sind noch nicht lange bekannt, so daß man in der Beurteilung des Risikos einer Schwangerschaft bei bestehender Ansteckung noch vorsichtig sein sollte.

Viren, die Leberentzündungen hervorrufen

Virusbedingte Leberentzündungen (Hepatitiden) gehören zu den sehr gefährlichen Infektionskrankheiten vor allem bei jüngeren Menschen. Manche Hepatitisviren (HBV, HCV) verursachen permanente Infektionen. Spätfolgen dieser latenten Infektionen sind die Leberzirrhose, eine Verhärtung der Leber durch die Zerstörung von Leberzellen und deren Ersatz durch Bindegewebe, das die wichtigen Stoffwechselfunktionen der Leberzellen nicht ersetzen kann, sowie das primäre Leberzellkarzinom, ein echter Lebertumor, der von den Leberzellen etwa 10 bis 30 Jahre nach der Ansteckung ausgeht. Im Gegensatz zum primären enstehen sekundäre Leberzellkarzinome durch Metastasen in der Leber, also Absiedlungen von Tumoren aus anderen Organen, wie z. B. Darm, Bauchspeicheldrüse, Ovarien usw..

Je nach Erreger und Verlauf unterscheidet man verschiedene Formen der Virushepatitis. Das humane Hepatitis-A-Virus mit einem Positivstrang-RNA-Genom gehört zu den Picornaviren, den kleinen (»pico«) RNA-Viren. Das humane Hepatitis-B-Virus rechnet man zur Hepadnavirusgruppe, den Hepatitis verursachenden DNA-Viren, deren Genom auf ungewöhnlichem Weg, u.a. über reverse Transkription, vermehrt wird. Das Hepatitis-C-Virus mit einem Positivstrang-RNA-Genom fällt in die Gruppe der Flaviviren, denen das Gelbfiebervirus den Namen gegeben hat (lat. flavus, gelb). Durch das Gelbfieber, einer sehr gefährlichen Tropenkrankheit, wird die Leber schwer geschädigt. Für das Hepatitis-Deltavirus mit einem Negativstrang-RNA-Genom hat man den neuen Begriff der »Deltaviren« geprägt. Das Virus ist defekt, d. h. es kann sich nicht ohne ein Helfervirus vemehren. Hepatitis-B-Virus dient als Helfer.

Die Gruppierung der Hepatitis hervorrufenden Viren, die wie gerade erklärt, zu ganz verschiedenen Virusklassen – Picorna-, Hepadna-, Flavi- und Deltaviren – gehören, verstößt gegen die Regeln der Virustaxonomie. Ich habe diese unkonventionelle Einteilung gewählt, um den medizinischen Zusammenhang wahren zu können. Ganz unterschiedliche Viren können also ähnliche Krankheiten hervorrufen.

Hepatitis-A-Virus (HAV)

Das HAV gehört wie das Poliomyelitisvirus, die Enteroviren (Erreger von Darminfektionen) und die Rhinoviren (Erreger von Erkältungskrankheiten) zu den Picornaviren, die alle ein einzelsträngiges Positivstrang-RNA-Genom besitzen. Elektronenmikroskopisch kann man das HAV-Partikel mit einem Durchmesser von 27 bis 32 Nanometern von anderen Picornaviren (s. Abb. 14a S. 54) nicht unterscheiden. Die Buchstabenfolge der HAV-RNA ist verschieden von der RNA der anderen Picornaviren. Ebenso ähneln die Proteine des HAV den Proteinen der restlichen Picornaviren absolut nicht. Die RNA von HAV umfaßt etwa 7480 Nukleotide.

Das Hepatitis-A-Virus ruft beim Menschen eine gelegentlich sehr schwere Krankheit mit Fieber, allgemeinem Schwächegefühl, Appetitlosigkeit, Erbrechen, dunklem Urin, Leberschwellung, Gewichtsverlust und schließlich Gelbsucht hervor. Die Erkrankung kann sechs und mehr Wochen lang dauern. Diese Form der Hepatitis mit Gelbsucht und sehr dunklem Urin wurde schon in der alten medizinischen Literatur Chinas beschrieben. E.A.C. Cockayne prägte 1912 den Begriff der infektiösen Hepatitis mit einer relativ kurzen Inkubationszeit (10 bis 50 Tage). Die infektiöse Hepatitis A unterscheidet sich von der »Serumhepatitis« mit einer längeren Inkubationszeit, die heute Hepatitis B heißt. Sie wird über Blut- oder andere Transfusionen oder durch Injektionen mit verunreinigten Nadeln übertragen.

HAV wird meist durch die Aufnahme von mit Kotresten verunreinigter Nahrung übertragen. Der weitere Infektionsweg ist nicht genau bekannt. Man hat Hepatitis-A-Viren aus Speichel und Blut isoliert. Bei der Auslösung der Krankheit spielt wahrscheinlich nicht so sehr die Zerstörung von Leberzellen durch die HAV-Infektion selbst eine Rolle, als vielmehr die überschießende immunologische Abwehr des Patienten gegen das Virus. Der Verlauf der HAV-Infektion ist äußerst variabel. Bei Kindern unter fünf Jahren verläuft sie meist ohne Krankheitserscheinungen. Bei älteren Kindern und Erwachsenen tritt bei 50 bis 75% der Infizierten Gelbsucht auf. Fast alle Erkrankten genesen vollständig. Antikörper gegen HAV bleiben lebenslang erhalten. Eine chronische Erkrankung ist nicht bekannt, und Spätfolgen wie Leberzirrhose oder primäres Leberzellkarzinom treten zum Glück nicht auf.

Es gibt keine spezifische Therapie; nur die Symptome der Krankheit können behandelt werden. Intensive Bemühungen auch mit gentechnologischen Verfahren, einen effektiven Impfstoff gegen HAV herzustellen, sind vor kurzem Zeit erfolgreich gewesen. Inzwischen ist die HAV Impfung voll etabliert.

Hepatitis-B-Virus (HBV)

Hepatitis-B-Viren sind kugelige, manchmal auch vielgestaltige Teilchen mit einem Durchmesser von 40 bis 48 Nanometern (Abb. 38). Das eigentliche HBV Virion mißt 42 Nanometer, der innere Kern des Virions 22 bis 25 Nanometer. Die fetthaltige Virusmembran enthält ein Oberflächenprotein (HBs*Ag = Hepatitis B Oberflächenantigen), gegen das der infizierte Mensch Antikörper bildet. Das HBV-Genom, eine teilweise doppelsträngige DNA von etwa 3200 bis 3300 genetischen Buchstaben, ist eines

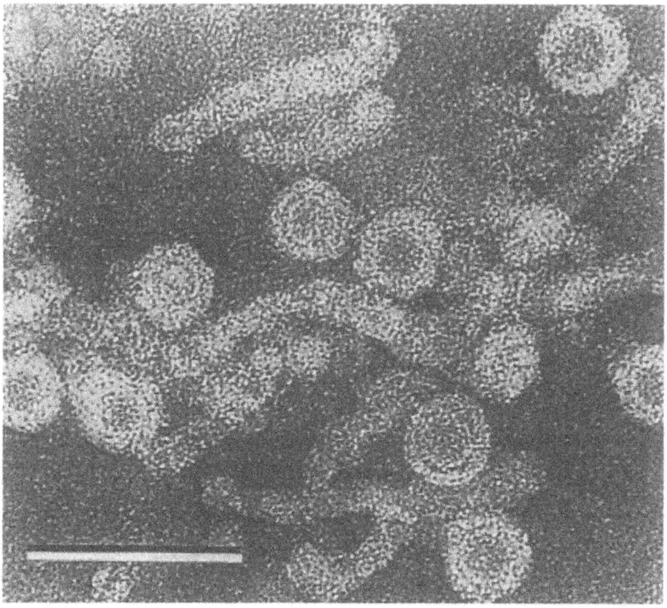

Abb. 38. Hepatitis-B-Viruspartikel können sehr unterschiedliche Formen annehmen. Der Balken unten links mißt 100 Nanometer.

---

* s, steht für engl. surface = Oberfläche

der kleinsten Virusgenome überhaupt. Die DNA des HBV kann bis zu 50% einzelsträngig sein. Der lange Strang der DNA ist der Negativstrang, von ihm wird die Botschafter-RNA abgelesen. Der kürzere, von Virion zu Virion unterschiedlich lange DNA-Strang trägt die positive Sequenz.

Da es bis heute nicht gelungen ist, HBV in infizierten Zellkulturen zu vermehren, ist die Nukleotidsequenz der HBV-DNA an gentechnologisch isolierten DNA-Fragmenten direkt aus Virusisolaten bestimmt worden. Das HBV-Genom trägt die genetische Information für vier verschiedene Proteine, deren Leserahmen teilweise überlappen. Eines dieser Proteine (P) kann gleichzeitig DNA vermehren (DNA-Polymerase), RNA in DNA überschreiben (reverse Transkriptase) und RNA abbauen (RNase H). Den Vermehrungsmechanismus von HBV kennt man in Annäherung aus Arbeiten an Hepatitis-B-Viren, die entweder für Enten oder das Murmeltier spezifisch sind. Im ersten Schritt der HBV-Genomvermehrung repariert die DNA-Polymerase den unvollständigen DNA-Positivstrang und stellt einen kompletten Doppelstrang her. Anschließend wird ein vollständiges ringförmiges, doppelsträngiges DNA-Molekül gebildet, das im Kern der infizierten Zellen zu finden ist. Vom DNA-Negativstrang liest die RNA-Polymerase der Zelle verschieden lange Botschafter-RNA-Moleküle ab. Das virale X-Protein steigert die Transkription. Die größte HBV-Positivstrang-RNA von etwa 3400 Buchstaben Länge, die damit länger ist als die DNA, wird von der viralen reversen Transkriptase zu einem DNA-Negativstrang umgeschrieben. Von letzterem ausgehend wird wieder unterschiedlich vollständige Plusstrang-DNA synthetisiert.

Das HBV hat eine hohe Spezifität für den Menschen. Es ist allerdings gelungen, einige Affenarten zu infizieren. Die Ansteckung führt altersabhängig zunächst zu akuter, dann zu chronischer Hepatitis und letztlich zur

Leberzirrhose und zum primären Leberzellkarzinom. HBV-Infektionen werden vor und nach der Geburt, durch sexuelle oder andere enge menschliche Kontakte, durch Verwendung von mit Blut von Infizierten verunreinigten Nadeln oder mit Blutprodukten übertragen. HBV kann an der Oberfläche von Zahnbürsten, Spielzeug, Eßgeschirr im Haushalt oder an Instrumenten in Krankenhäusern überleben und über diese Gegenstände, falls sie nicht desinfiziert worden sind, andere Menschen infizieren. Bisher wurden Übertragungen von Mensch zu Mensch durch Stechmücken nicht nachgewiesen.

Häufig führt die ursprüngliche HBV-Infektion zu eher harmloser oder nicht erkennbarer Hepatitis, seltener zu akuter Hepatitis mit Gelbsucht und schweren Krankheitserscheinungen. Auch beim Hepatitis-B-Virus ist nicht genau bekannt, wie es die Leberzellen schädigt. Wahrscheinlich spielen auch hier Abwehrmechanismen des Körpers eine größere Rolle als die Virusinfektion selbst. Allerdings könnten manche Virusproteine direkt toxisch auf Leberzellen wirken. Interessant ist auch die Möglichkeit der Doppelinfektion mit HBV und Hepatitis-Deltavirus, das HBV als Helfer für die Vermehrung benötigt. HDV ist offenbar direkt schädlich für Leberzellen.

Das echte primäre Leberzellkarzinom kommt in vielen Ländern der Erde relativ selten vor. Es tritt dagegen häufig bei Menschen in Afrika südlich der Sahara, in Südost- und Ostasien, bei den Ureinwohnern Alaskas und Ozeaniens sowie in Griechenland und Italien auf. Epidemiologische Untersuchungen zeigen, daß dort, wo die meisten HBV-Infektionen vorkommen, auch das echte Leberzellkarzinom am weitesten verbreitet ist, insbesondere in Afrika und Ostasien. Allerdings gibt es wichtige Hinweise dafür, daß neben der HBV-Infektion zusätzliche Faktoren bei der Auslösung dieser Karzinome von Bedeutung sind. Offenbar ist in China oder in Afrika die Übertragung des HBV von der Mutter auf das Kind ein häufiger früher Infektionsweg.

Chronische HBV-Infektionen mit Leberzirrhose und Persistenz des Virusgenoms, oft in einer in das Genom von Leberzellen integrierten Form, gehen dem Auftreten des Leberzellkarzinoms bis zu 30 Jahre voraus. Allerdings gibt es in 15 bis 25% der Fälle Leberzellkarzinome ohne nachgewiesene Persistenz der HBV-DNA in den Tumorzellen. Letztlich ist die Entwicklung von der Infektion bis zur Entstehung des primären Karzinoms trotz sehr intensiver Forschung nicht geklärt. Das Leberzellkarzinom ist eine Erkrankung, die fast immer tödlich verläuft. Die Möglichkeit von Lebertransplantationen mag bei einigen Glücklichen etwas bessere Aussichten auf ein Überleben eröffnet haben.

Hepatitis-C-Virus (HCV)

Das HCV besteht aus Proteinen und einer Positivstrang-RNA mit etwa 9400 bis 9500 genetischen Buchstaben. Der Aufbau des Virions und seine Vermehrung sind noch nicht genau bekannt. Man hat das HCV im Zytoplasma infizierter Zellen nachgewiesen. Bisher ist es sehr schwierig, dieses Virus in Kultur zu vermehren. Es kann wahrscheinlich nur den Menschen infizieren. Mindestens 60% der HCV-Infizierten haben sich durch Kontakt mit Blut angesteckt. Unter den Blutspendern in den USA hat man 0,5 bis 1,5% mit HCV infizierte Spender entdeckt. Etwa 30% aller akuten Hepatitisfälle scheinen auf den C-Typ zurückzuführen zu sein. Auch bei der HCV-Infektion verlaufen viele Fälle subklinisch, andere mit fulminanter, tödlich verlaufender Hepatitis. In 60 bis 70% der HCV-Infektionen kommt es zur Viruspersistenz. Chronische Hepatitis, Leberzirrhose und primäres Leberzellkarzinom sind die Spätfolgen bei etwa 20% der chronisch Infizierten.

Hepatitis-Deltavirus (HDV)

Das HDV ist ein defektes Virus. Seine Hüllproteine werden von einem Helfervirus, dem HBV, das dieselben Zellen gleichzeitig infizieren muß, bereitgestellt. Das Genom ist eine zirkuläre Negativstrang-RNA von 1700 genetischen Buchstaben Länge. Die Genomstruktur des HDV ist der von Viroiden bei Pflanzen ähnlich (s. auch S. 244–245).

RNA-Viren

Poliomyelitisvirus

Noch vor wenigen Jahrzehnten war die spinale Kinderlähmung, die Poliomyelitis, eine der gefürchtetsten Infektionskrankheiten des Menschen, die harmlos verlaufen oder zu leichten bis schwersten Lähmungen der Körpermuskulatur einschließlich der Atmung führen konnte. Nicht selten endete diese Erkrankung tödlich oder hinterließ die betroffenen Menschen schwer oder vollständig gelähmt. Die Lähmungen sind auf die entzündliche Zerstörung von Nervenzellen im Vorderhorn des Rückenmarks (griech. myelos) zurückzuführen. Da sie an vielen Stellen der grauen Substanz (griech. polios = grau) des Rückenmarks auftritt, nennt man die Krankheit Poliomyelitis.

In der Zeit vor der weitverbreiteten Einführung der Schutzimpfung gab es Poliomyelitisepidemien vorwiegend in Ländern und Bevölkerungsschichten mit relativ hohem hygienischem Standard. In Ländern mit niedrigerem Hygieneniveau werden die meisten Kinder sehr jung mit dem Virus infiziert, also zu einer Zeit, zu der sie wenigstens noch einen gewissen Antikörperschutz von der Mutter haben. Alter und Schwere der Erkrankung schienen aber unabhängig vom Antikörperschutz zu sein. Erst im 20. Jahrhundert entwickelten sich in den Industrielän-

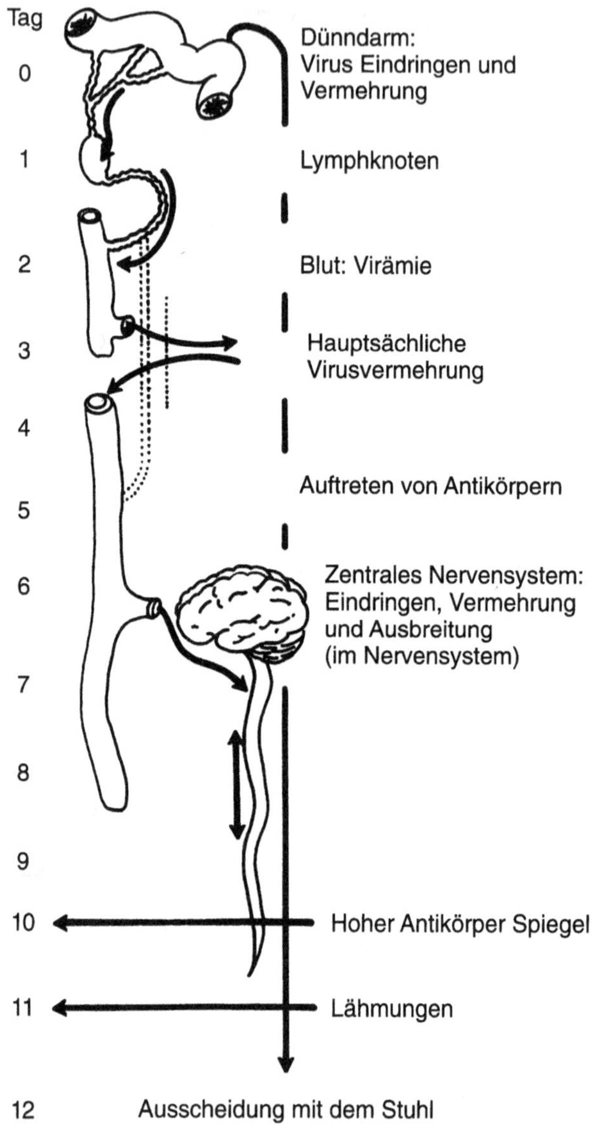

Abb. 39. Der Verlauf der Poliomyelitisvirusinfektion beim Menschen. Die einzelnen Organsysteme sind vereinfacht dargestellt.

dern die großen Polioepidemien. Einige Entwicklungsländer kommen heute mit fortschreitender Verbesserung ihrer hygienischen Verhältnisse in eine Lage, wie sie in den Industrieländern zu Anfang dieses Jahrhunderts bestand, und erleben jetzt die ersten Epidemien. Die Krankheit war natürlich schon im Altertum bekannt. Die Abbildung eines ägyptischen Würdenträgers (s. Abb. 2 S. 10) zeigt am rechten Bein die typische Spitzfußstellung und Rückbildung (Atrophie) der Muskulatur als Folgen seiner durchlittenen spinalen Kinderlähmung.

Noch 1955 – vor der Einführung der Polioimpfung – gab es in der damaligen Sowjetunion, in Europa, USA, Kanada, Australien und Neuseeland pro Jahr insgesamt 76000 Fälle von Poliomyelitis mit Lähmungen, 1967 noch 1013, 1977 bei einer Gesamtbevölkerung von etwa 680 Millionen Menschen in diesen Ländern noch 169 Fälle. Heute kommen in den USA pro Jahr weniger als zehn Poliomyelitiserkrankungen mit Lähmungserscheinungen vor. Die größte Gefahr in den Industrieländern besteht zur Zeit darin, daß sich Menschen aus den verschiedensten Gründen – von Ideologie bis Nachlässigkeit – nicht mehr impfen lassen.

Es gibt zwei Arten von Impfstoffen: zum einen abgetötetes Poliomyelitisvirus, zum anderen lebendes, aber abgeschwächtes (attenuiertes) Virus mit bis zu 57 Nukleotidveränderungen in insgesamt 7441 genetischen Buchstaben der RNA. Der Mechanismus der Abschwächung ist nicht verstanden. Heute wird im allgemeinen der ursprünglich von A. Sabin entwickelte Lebendimpfstoff verwendet. In etwa einem Fall pro 1 bis 3 Millionen Impfstoffgaben haben mit Lebendimpfstoff Geimpfte Poliomyelitis entwickelt. Dabei hat es sich oft um Menschen mit einem geschädigten Immunsystem gehandelt. Die Schluckimpfung ist eine der Erfolgsgeschichten der experimentellen Virologie. In den Industrieländern wurde dieses gefährliche Virus ausgerottet. In den Entwicklungsländern wird die Impfung mit zunehmender Effizienz angewandt.

Wie das Schema in Abb. 39 zeigt, erfolgt die primäre Infektion mit Poliomyelitisviren wie bei allen Viren der großen Gruppe der Enteroviren über Mund und Verdauungstrakt. Das Virus infiziert und vermehrt sich im Darm, speziell in den Peyer-Platten, zusammengewachsenen Gruppen von Lymphknoten im Darm, oder in der Aufhängung des Darms, dem sog. Mesenterium. Über das Lymphsystem gelangt das Virus in die Blutbahn; es entsteht eine Virämie. Etwa acht bis zehn Tage nach der Infektion findet man Antikörper gegen das Virus im Blut.

Über die Blutbahn kann sich das Virus im gesamten Körper ausbreiten. Das Poliomyelitisvirus befällt spezifisch Nervenzellen in Rückenmark, Hirnstamm und Großhirn in den Windungen, die für die durch den Willen beeinflußbare Betätigung der Muskulatur zuständig sind. Das Virus kann sich offenbar aber auch von der Peripherie aus den Nerven entlang bis zum Rückenmark ausbreiten und auf diesem Wege dort die Vorderhornzellen infizieren, schädigen oder zerstören. Bei einem hohen Antikörperspiegel im Blut, etwa zehn Tage nach der Infektion, können ab dem elften Tag Lähmungen der Körpermuskulatur auftreten. Je nach Schwere des Krankheitsverlaufs, der von vielen, eigentlich nicht verstandenen Faktoren beeinflußt wird, bleiben diese Lähmungen bestehen. Sie können aber auch ganz oder teilweise, mit oder ohne verbleibender Schwäche einzelner Muskelgruppen wieder zurückgehen. Unabhängig vom Krankheitsverlauf scheiden die vom Poliomyelitisvirus Infizierten über Tage bis Wochen das Virus mit dem Stuhlgang aus. Von Patienten mit zum Teil tödlich verlaufenen Lähmungen hat man drei Prototypen dieses Virus isoliert:

Typ 1, Stamm Brunhilde (Maryland, USA);
Typ 2, Stamm Lansing (Michigan, USA) und
Typ 3, Stamm Leon (Kalifornien, USA).

Ein Charakteristikum der Enterovirusinfektionen beim Menschen ist, daß die meisten Infektionen ohne merkliche Symptome oder mit einem nur unbestimmten, leichten Krankheitsgefühl verlaufen. Bei der Infektion mit dem Poliomyelitisvirus rechnet man, daß nur 1% der Infizierten klinisch erkennbare Krankheitszeichen aufweisen. Unter abortiver Poliomyelitis versteht man ein Krankheitsbild mit Fieber, Schwäche, Schwindelgefühl, Kopfschmerzen, Übelkeit, Erbrechen, Halsschmerzen, Verstopfung und Genesung in wenigen Tagen, ohne daß jemals Lähmungen oder Schwäche der Muskulatur auftreten würden. Bei der nichtparalytischen, d. h. ohne Lähmungen verlaufenden, Poliomyelitis findet man die gerade erwähnten Symptome und Versteifungen sowie Schmerzen am Rücken und im Nacken aufgrund einer aseptischen Meningitis (nichteitrige Hirnhautentzündung). Diese Form der Poliomyelitis dauert zwei bis zehn Tage und führt zu vollständiger Genesung.

Die Picornaviren, zu denen das Poliomyelitisvirus gehört, sind Ikosaeder ohne Membranhülle (s. Abb. 2 S. 10 und 14a S. 54), die aus vier verschiedenen Proteinen, einer einzelsträngigen Positivstrang-RNA mit 7000 bis 8500 Nukleotiden und einem kleinen Protein bestehen, das kovalent an ein Ende der RNA gebunden ist. Das Poliomyelitisvirus hat einen Durchmesser von etwa 30 Nanometern. Die Verteilung der drei Virusproteine VP1 bis VP3 auf der Oberfläche des Partikels ist ebenfalls in Abb. 2 dargestellt. VP4 erreicht die Oberfläche des Virions nicht, sondern liegt im Inneren. Bei den Enteroviren, also auch beim Poliomyelitisvirus, wird die einzelsträngige Positivstrang-RNA direkt in ein Superprotein (Polyprotein) übersetzt, das dann anschließend durch Proteasen spezifisch in die einzelnen Virusproteine zerlegt wird. Dieses Prinzip der Proteinsynthese über ein spaltbares Superprotein, das bei Eukaryonten üblich ist, wurde erstmals beim Poliomyelitisvirus entdeckt.

Das Poliomyelitisvirus infiziert menschliche Darm- oder Nervenzellen über einen spezifischen Virusrezeptor in der Zellwand. Andere Zellarten mögen diesen Rezeptor nicht besitzen und können vielleicht deshalb nicht befallen werden. Die Replikation der Virus-RNA erfolgt in einem Komplex, der mit Zytoplasmamembranen eng verbunden ist.

Zur Gruppe der Enteroviren, einer Untergruppe der Picornaviren, gehören noch über 70 weitere Virustypen, die beim Menschen Krankheiten hervorrufen können: Die zuerst in Coxsackie im US-Bundesstaat New York isolierten Coxsackieviren gliedern sich in mindestens 23 Typen der Gruppe A und sechs Typen der Gruppe B und die Echoviren in etwa 34 Typen. Diese Viren können sehr unterschiedliche Krankheiten hervorrufen, wie z. B. Gehirnhaut-, Lungen- und Herzmuskelentzündung, Lähmungen, Hepatitis, Durchfall u.a..

Influenzaviren

Eine schwere Infektionskrankheit der Atemwege des Menschen ist die echte Grippe oder Influenza (ital. influenza = Einfluß), die man strikt von harmloseren Erkältungskrankheiten unterscheiden muß, wie sie z. B. von Rhinoviren aus der Gruppe der Picornaviren oder Adenoviren verursacht werden. Erreger ist das Influenzavirus, das sich in großen oder auch kleineren Epidemien weltweit ausbreiten kann (s. Abb. 14d S. 54).

Hippokrates hat schon 412 v. Chr. eine Influenzaepidemie beschrieben. Auch im Mittelalter scheint es solche Epidemien gegeben zu haben, die in unregelmäßigen

Abb. 40. Selbstbildnis des Malers Egon Schiele aus Wien, der 1918 an Influenza starb.

Abständen aufgetreten sind. Die genauer registrierten Epidemien (1781, 1830, 1890, 1900) und vor allem die größte bekannte Influenzaepidemie von 1918/1919 scheinen alle von China ausgegangen zu sein und vor allem, aber keineswegs ausschließlich, die ältere Bevölkerung betroffen zu haben. Die sog. Spanische Grippe von 1918/1919 hat auf der Welt schätzungsweise zwischen

20 und 40 Millionen Menschen vorwiegend jüngeren Alters (Gipfel bei 25 Jahren) getötet – mehr als die militärischen Ereignisse im 1. Weltkrieg. Der Militärstratege v. Ludendorff, Generalstabschef der Kaiserlichen Armee, hat das Fehlschlagen der Marne-Offensive im Sommer 1918 auf die im Heer grassierende Influenza zurückgeführt. In der US-Armee hatten 80% der Todesfälle im 1. Weltkrieg die gleiche Ursache. Natürlich wurden auch viele Menschen Influenzaopfer, die nicht direkt an Militäraktionen beteiligt waren, so z. B. der Maler des Expressionismus Egon Schiele und seine Frau in Wien (Abb. 40).

R. Shope in New York konnte zeigen, daß Influenza bei Schweinen durch zellfreie Filtrate von Schleim übertragen wurde. Ein humanes Influenzavirus wurde erstmalig 1933 von W. Smith, C.H. Andrewes und P.P. Laidlaw in London (Mill Hill) isoliert. Bei den verschiedenen Epidemien wurden unterschiedliche Virusstämme isoliert. Man unterscheidet drei Typen von Influenzaviren, die genetisch völlig verschieden sind und ein unterschiedliches Krankheitspotential besitzen. Hier soll nur vom Influenzavirus-Typ A und seinen Stämmen berichtet werden.

Influenzavirusinfektionen können ohne Krankheitserscheinungen verlaufen oder zu schwerster Lungenentzündung mit tödlichem Ausgang führen. Die Krankheit beginnt plötzlich nach einer Inkubationszeit von einem bis fünf Tagen, je nach Virusmenge und der Abwehrfähigkeit des Betroffenen. Die Ansteckung führt zu Kopfschmerzen, Schüttelfrost, Husten, hohem bis sehr hohem Fieber, Muskelschmerzen, Schwäche, Appetitlosigkeit, Brustschmerzen, seltener zu Schnupfen und Rachenentzündung. Es können Fieberkrämpfe auftreten, ebenso Muskel- und Mittelohrentzündungen. Bei Kindern ist das Fieber besonders hoch. Eine der gefährlichsten Komplikationen der Influenza ist die Viruslungenentzündung,

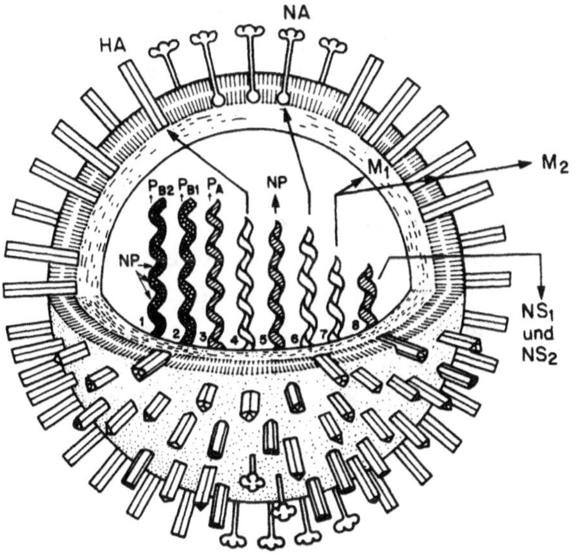

Abb. 41. Die acht Segmente des Influenzavirusgenoms werden in folgende Proteine übersetzt: HA Hämagglutinin, NA Neuraminidase, NP Nukleoprotein, M Matrixprotein, PA, PB1 und PB2 , die an der Überschreibung oder Vermehrung der genetischen RNA beteiligt sind, sowie NS1 und NS2.

die in wenigen Tagen vor allem bei älteren Menschen oder Schwangeren zum Tod führen kann. Andere Menschen erholen sich in mehreren Wochen. Besonders tückisch wird die Lungenentzündung, wenn die Virusinfektion noch durch Bakterien verschlimmert wird. Bestimmte Bakterien (Staphylococcus aureus z. B.) verhelfen dem Influenzavirus zu erhöhter Infektionsfähigkeit, weil sie ein Enzym (eine Protease) ausscheiden, das eines der Oberflächenproteine des Influenzavirus so spaltet, daß das Virus besonders effektiv infektiös wird.

Auch das Zentralnervensystem des Menschen kann in unterschiedlicher Weise von der Influenzavirusinfektion betroffen sein. Enzephalopathie und Enzephalitis (Gehirnschädigung und -entzündung) können tödlich verlaufen. Bestimmte Formen der Enzephalitis, die zur Parkinson-Krankheit geführt haben, sollen nach der Influenzavirusepidemie von 1918 beobachtet worden sein. Bei der Parkinson-Krankheit kommt es zu Störungen der geregelten Bewegungsfähigkeit, zu Zittern und einem Erstarren des Gesichtsausdruckes.

Abb. 41 zeigt den Aufbau des Influenzavirus. Wie auf S. 58–59 beschrieben, erwirbt das Virus eine membranartige Hülle aus Teilen der Zellmembran, wenn sich neue Viruspartikel handschuhfingerartig bei der Virussprossung aus der Zelloberfläche ausstülpen und abschnüren. Das Genom ist eine einzelsträngige Negativstrang-RNA mit der Besonderheit der Segmentierung: Das RNA-Genom liegt nicht als ein Molekül, sondern in der Form von acht einmaligen einzelsträngigen RNA-Molekülen vor, und zwar in Längen von 2341, 2341, 2233, 1778, 1565, 1413, 1027 und 890 genetischen Buchstaben. Jedes dieser RNA-Segmente trägt die genetische Information für eines der Virusproteine. Die einzelnen Virusproteine sind an der Überschreibung der genetischen RNA aus der Negativstrang-RNA oder deren Vermehrung beteiligt (P_A, P_{B1}, P_{B2}), oder sie bilden die Oberflächenproteine Hämagglutinin (HA) und Neuraminidase (NA), die beide für die Fähigkeit des Virus, Zellen und Organismen zu infizieren, von entscheidender Bedeutung sind. Ein weiteres Protein umhüllt und schützt die RNA-Segmente, das Nukleoprotein (NP), ein anderes (M) bildet die Grundsubstanz der Virushülle, die Matrix. NS_1 und NS_2 sind *n*icht in der *S*truktur des Virion zu finden. Durch die genetische Verteilung von wichtigen Virusfunktionen auf einzelne RNA-Segmente kann jedes Virusgen unabhängig vererbt oder auf die Nachfahren eines Virions verteilt werden. Diese Möglichkeit zur unabhängigen Neuverteilung von Genen (Reassortierung) verleiht diesem Virus einmalige genetische und epidemiologische Eigenschaften sowie große Vorteile bei der Durchsetzung gegenüber menschlichen Populationen mit hohen Antikörperspiegeln gegen einen bestimmten Subtyp der Influenzaviren.

Die genetische Information in den acht Negativstrangsegmenten der Influenza-RNA wird durch ein Enzym (Transkriptase) in Positivstrang-Botschafter-RNAs überschrieben, die dann in die einzelnen Genprodukte übersetzt werden. Die besondere Kappenstruktur der im Zellkern modifizierten Botschafter-RNA wurde bereits auf S. 74 ausführlich beschrieben. Im Gegensatz zur Botschafter-RNA wird von jedem RNA-Segment außerdem eine Positivstrangkopie hergestellt, die keine Kappe trägt und nicht in Protein übersetzt wird. Diese komplementäre Positivstrang-RNA wird anschließend in neue Virion-RNA-Segmente mit Negativstrangcharakter überschrieben (Replikation). So vermehren sich die einzelnen Segmente der Influenza-Virus-RNA.

Eines der am besten untersuchten Virusproteine, vielleicht eines der biochemisch am eingehendsten analysierten Proteine in der Natur überhaupt, ist das von G. Hirst 1941 in New York entdeckte Hämagglutinin (HA). Dieses Oberflächenprotein des Influenzavirions ist für die Infektion absolut erforderlich und vermag rote Blutkörperchen (Erythrozyten) zu verklumpen. HA kann Zellmembranen verschmelzen. Das HA muß durch ein eiweißspaltendes Protein, eine Protease, in zwei Moleküle HA1 und HA2 gespalten werden, die aber über Schwefelbrücken locker miteinander verbunden bleiben. Die beiden Eiweißmoleküle werden außerdem durch Ketten von Zuckermolekülen verziert. Drei solcher Molekülgruppen HA1 und HA2 lagern sich zu einem Hämagglutininteilchen zusammen. Diese HA-Strukturen kann man auf der Oberfläche des Virions im Elektronenmikroskop erken-

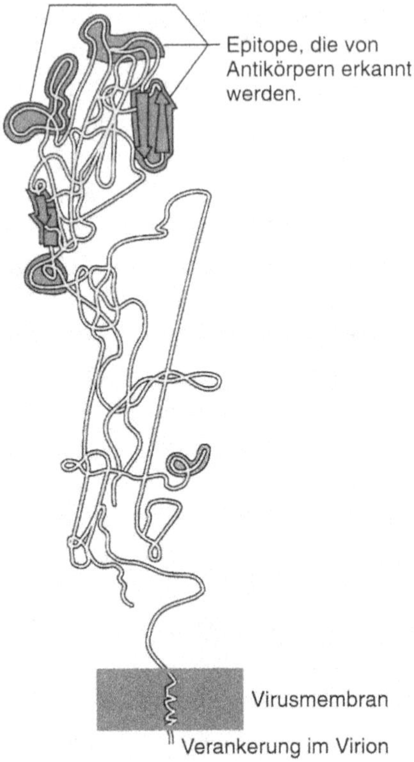
Epitope, die von Antikörpern erkannt werden.
Virusmembran
Verankerung im Virion

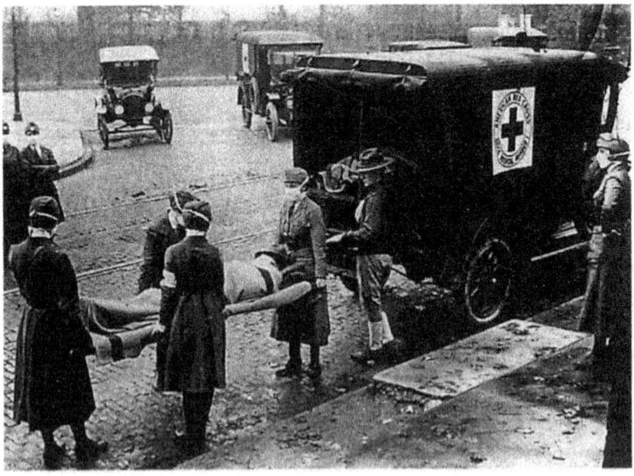

nen (s. Abb. 14d S. 54). Man kennt die dreidimensionale Gestalt des Hämagglutinins sehr genau aus physikalischen Analysen (Abb. 42, oben).

Auch die Neuraminidase (NA) ist ein für die Virusinfektion wichtiges Oberflächenprotein des Influenzavirions, dessen Form genau aufgeklärt wurde. In den Influenzaviren, die während der Epidemien in diesem Jahrhundert aufgetreten sind, hat man in bezug auf die Nukleotidsequenz verschiedene HA- und NA-Moleküle identifiziert. Je nach der Art der HA- oder NA-Moleküle (H oder N) im Influenzavirion wurden die Virussubtypen bezeichnet:

H1N1 (Erreger der Epidemie 1918, der 1977 wieder auftauchte),
H2N2 (Erreger der Epidemie 1957) oder
H3N2 (Erreger der Epidemie 1968).

Aufgrund eingehender Untersuchungen von Influenzavirionen bei Epidemien in der Bevölkerung, aber auch in Tierreservoiren, vorwiegend bei Wildenten und anderen Vögeln (wie Gänsen, Seeschwalben, Möwen, Truthähnen, Hühnern, Wachteln, Fasanen) sowie bei Schweinen vermutet man, daß die für den Menschen gefährlichen Subtypen in den genannten Tierarten überleben, wenn die menschliche Population durch die Infektion mit einem bestimmten Subtyp, wie z. B. H1N1 im Jahr 1919, entweder teilweise verstorben ist oder gegen diesen Subtyp schützende Antikörper gebildet hat. Die menschlichen Antikörper sind gegen bestimmte Teile der an der

Abb. 42. Das Modell des Hämagglutinins (HA in Abb. 41) des Influenzavirus. Mit dem unteren Teil ist das Eiweiß in der Virusmembran verankert. Der obere Teil (Kopf) trägt Regionen (Epitope), die von Antikörpern gegen das Influenzavirus erkannt werden können. Unten, Krankentransport in London während der Influenzaepidemie 1918.

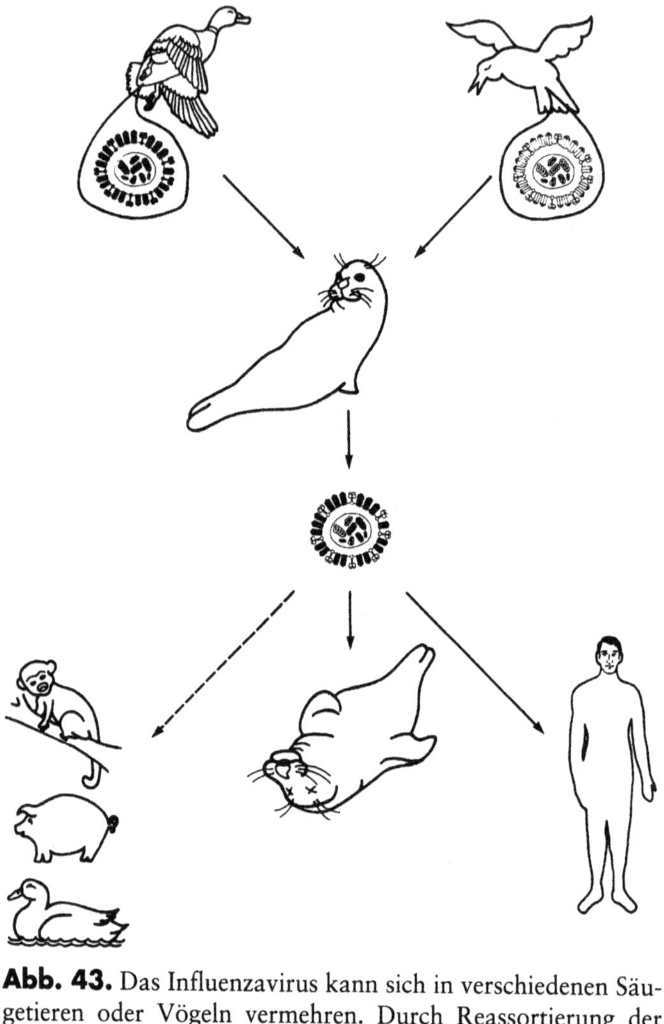

Abb. 43. Das Influenzavirus kann sich in verschiedenen Säugetieren oder Vögeln vermehren. Durch Reassortierung der acht Genomabschnitte bei der Vermehrung des Influenzavirus in Tieren können neuartige Influenzaviren entstehen, die unter Umständen eine neue Epidemie in der menschlichen Bevölkerung auslösen können. Man nennt diesen Vorgang »antigenic shift«. Die Virusschemata deuten an, daß durch Neusortierung von HA- und NA-Genen ein Virus mit neuen Kombinationen dieser Gene aus Viren von Ente und Möwe entstehen kann.

Virusoberfläche sitzenden Proteine HA und NA gerichtet, z. B. gegen den Kopfteil des HA (s. Abb. 42).

Bei den genannten Tierarten löst das Influenzavirus offenbar weit schwächere Krankheitserscheinungen aus. Allerdings können auch Schweine an Lungenentzündungen schwer erkranken. Durch Mutationen, z. B. Buchstabenaustausche vor allem im Kopfbereich des HA- oder NA-Moleküls, können veränderte Proteine entstehen, die von den in der menschlichen Population vorhandenen Antikörpern nicht mehr erkannt werden können. Dieser Vorgang der schleichenden Veränderung einer Proteinart wird »antigenic drift« genannt. Wie in Abb. 43 gezeigt, können durch Mischinfektionen im Tierreich, z. B. in Robben, ganz andere Kombinationen von HA und NA im Virion entstehen: Übergang von H1N1 zu H3N2. Die durchschlagende Änderung der Proteinart heißt »antigenic shift«. Diese neusortierten Influenzaviren können jetzt die Bevölkerung wieder sehr effizient befallen, da die noch lebenden Menschen keinen Antikörperschutz gegen die neuartigen Kombinationen von HA- und NA-Molekülen in der Virusoberfläche besitzen.

Natürlich ist es ein wichtiges Ziel der medizinischen Virologie, Impfstoffe gegen das Influenzavirus hauptsächlich für die besonders gefährdete Bevölkerungsgruppe der über 60jährigen herzustellen. Deshalb hat man HA- und NA-Moleküle mit gentechnologischen Methoden besonders eingehend studiert. Impfstoffe stehen heute zur Verfügung und haben sich als wirksam erwiesen. Vorwiegend älteren Menschen ist die Impfung zu empfehlen. Natürlich können immer wieder neue Subtypen des Influenzavirus auftauchen, gegen die die entwickelten Impfstoffe dann weniger wirksam, aber immer noch hilfreich sein können. Es müssen dann wiederum neue, effizientere Vakzine hergestellt werden.

Masernvirus

Die Masern gehören zu den ansteckendsten der bekannten Viruskrankheiten. Nach einer Inkubationszeit von acht bis zwölf Tagen beginnt die Erkrankung mit Fieber, Schwächegefühl und Appetitlosigkeit. Wenig später kommen Schnupfen, Bindehautentzündung und Husten dazu. Zu dieser Zeit hat sich das Virus über die Blutbahn im ganzen Körper ausgebreitet. An der Wangenschleimhaut treten charakteristische rote Flecken mit einem bläulichen, rosettenförmigen Zentrum auf, die sog. Koplik-Flecken. Das Fieber steigt jetzt stufenartig auf 40 bis 41°C an. Am vierten oder fünften Tag nach Beginn des Fieberanstieges zeigen sich die typischen, leicht erhöhten roten Flecken der Haut. Der Masernausschlag beginnt hinter den Ohren, am Haaransatz der Stirn und am Hals und breitet sich in drei Tagen vom Kopf bis zu den Füßen aus. Zur selben Zeit verschwindet der Ausschlag schon wieder in der gleichen Reihenfolge. Das gesamte Lymphsystem ist betroffen. Die Milz kann anschwellen, und nicht selten folgt eine nichteitrige Blinddarmentzündung. Weitere nicht seltene Komplikationen durch bakterielle Überinfektionen sind Mittelohrentzündung, Lungen- und Gehirnentzündung mit Verwirrtheit und Krampfanfällen. Die Masernenzephalitis betrifft etwa eines von 1000 Kindern. An der Enzephalitis sterben 10 bis 20% der Betroffenen; die Überlebenden haben meist Folgeschäden. Bei defektem Immunsystem kommt es zu einer noch schwereren Form der Masernenzephalitis.

Eine besonders gefürchtete Spätfolge der Masern ist die subakute sklerosierende Panenzephalitis (SSPE), die in einem von 100000 Fällen auftritt. Diese tödliche Krankheit beginnt schleichend (subakut). Allmählich gehen Großhirnfunktionen verloren, und die erkrankten Kinder können sich immer schlechter konzentrieren.

Schließlich entwickeln sich schwere Krampfanfälle, und es kommt zum Verlust der geregelten Bewegungsfähigkeit. Die Kinder erblinden und sterben im Koma. Diesen Erscheinungen liegt eine das ganze Gehirn erfassende Entzündung zugrunde, die mit der Zerstörung der Nervenzellen einhergeht (sklerosierende Panenzephalitis).

Durch die seit vielen Jahren durchgeführte Impfung mit einem attenuierten Masernvirus ist die Krankheit in den Industrieländern heute extrem selten geworden. Die gefürchtete SSPE-Komplikation hat sich durch die Impfung um den Faktor 10 verringert. Die Impfung gegen Masern erfolgt gleichzeitig auch gegen Mumps und Röteln (Rubella). Wahrscheinlich ist es trotz aller Maßnahmen schwierig, das Masernvirus weltweit auszurotten. In den Entwicklungsländern rechnet man mit etwa 50 Millionen Fällen pro Jahr mit sehr hoher Sterblichkeit.

Masern ist eine sehr aktiv verlaufende, hoch ansteckende Virusinfektion. Subklinische Formen sind nicht bekannt. Die Krankheit verläuft in Epidemien und hinterläßt lebenslange Immunität. Das Virus braucht große Bevölkerungen von mehreren Hunderttausend Menschen, um selbst am Leben und vermehrungsfähig zu bleiben. Für das Masernvirus gibt es im Gegensatz z. B. zum Influenzavirus keine Tierreservoire. Die Masern sind daher eine relativ neue Krankheit, die im Altertum wahrscheinlich zunächst nicht bekannt war. Erst als die großen Bevölkerungszentren im alten Ägypten oder in Mesopotamien entstanden, bekam das Virus durch die großen Menschenansammlungen eine Chance. Man vermutet, daß es sich durch Anpassung an menschliche Populationen aus einem nahe verwandten Virus, vielleicht dem Rinderpestvirus, entwickelt hat. Der persische Arzt Rhazes (Abu Becr im 10. Jahrhundert) hat die Masern beschrieben und sich seinerseits auf den hebräischen Arzt El Yehudi (7. Jahrhundert) bezogen. Im 17. und 18. Jahrhundert gab es in Europa einige offenbar verheerende Masernepidemien. Diese Epidemien verliefen wahrscheinlich deshalb mit solch hohen Todesraten, weil es sich um ein in Europa neues Virus handelte, gegen das in der Bevölkerung keine Antikörper vorhanden waren. Später hatte auch jeder Nichtgeimpfte wenigstens einen geringen, von der Mutter übertragenen Antikörperschutz. Anfänglich konnten die Ärzte die Masern nicht von den Pocken unterscheiden.

Besonders gefährlich erwiesen sich die erstmaligen Maserninfektionen auch in zuvor isolierten Bevölkerungsgruppen, die diesen Viren noch nie ausgesetzt waren. Die Kleinkinder in diesen Populationen hatten keinen mütterlichen Antikörperschutz, und insbesondere waren die Erwachsenen völlig schutzlos, da ihr Immunsystem keinerlei Erfahrung mit dem Virus hatte. So kamen große Teile der Azteken- und Inkapopulationen im 16. Jahrhundert nach der spanischen Eroberung durch Masern (Todesrate bis zu 20%) und Pocken zu Tode. Der dänische Arzt Peter Panum beschrieb 1846 den erstmaligen Ausbruch von Masern in der bis dahin vom übrigen Europa isolierten Bevölkerung der Faröer Inseln mit sehr hohen Todeszahlen unter den Säuglingen und den über 50jährigen. Dort waren die Masern schon 1781 einmal aufgetreten sodaß die älteste Bevölkerung 1846 verschont blieb.

J.F. Enders und T.C. Peebles gelang 1954 die Isolierung des Masernvirus in menschlichen und Affenzellkulturen. Das Masernvirus gehört zu den Morbilliviren in der großen Gruppe der Paramyxoviren. Man unterscheidet die Orthomyxoviren, zu denen das Influenzavirus gehört, und die Paramyxoviren (s. auch Abb. 17 S. 72). Zu den Morbilliviren zählt man außerdem das Virus der Hundestaupe und das Rinderpestvirus. Masernviren haben eine von der Zellmembran abgeleitete Hülle (s. Abb. 16 S. 58), die in der Lipiddoppelschicht eingelagert die virusspezifischen

Proteine Hämagglutinin (H) und Fusionsprotein (F) enthält. Nach der Entfernung der Membran erkennt man im Inneren des Virions im elektronenmikroskopischen Bild das Nukleokapsid, das aus dem N-Protein und der Virus-RNA besteht. Die Masernvirus-RNA mit etwa 15900 genetischen Buchstaben, deren Reihenfolge bekannt ist, stellt ein einzelsträngiges Negativstrang-RNA-Molekül dar. Das RNA-Molekül kodiert für mindestens sieben verschiedene Proteine, die am Aufbau des Virions oder an der Vermehrung der Virus-RNA beteiligt sind. Die Nukleotidsequenz der Masernvirus-RNA ist der Buchstabenfolge der Hundestaupevirus- oder der Rinderpestvirus-RNA sehr ähnlich.

»Killerviren«: Marburg-, Ebola- und Lassa-Fiebervirus

Im Europa des Mittelalters, im Mittel- und Südamerika des 16. Jahrhunderts oder im 19. Jahrhundert auf den Faröer Inseln hätte man das Masernvirus zu Recht als »Killervirus« bezeichnet. Die Bezeichnung »Killerviren« bringt die Gefährlichkeit der Infektion mit bestimmten Viren für den Menschen zum Ausdruck, ist aber natürlich kein wissenschaftlicher Begriff. Je nach der Abwehrlage in einer Bevölkerungsgruppe sind Viren harmlose Weggefährten oder eine tödliche Gefahr für die gesamte Bevölkerung.

Das Marburg- und das Ebola-Virus gehören zu den Filoviren (lat. filum, Faden). Das elektronenmikrokopische Bild in Abb. 14 h S. 54 veranschaulicht diesen Namen für das Ebola-Virus. Das Marburg-Virus verursachte 1967 erstmals in Marburg, dann in Frankfurt und Belgrad Infektionen bei insgesamt 31 Menschen, von denen sieben starben. Das Marburg Virus wurde dort von Siegert und Kollegen isoliert. Das Ebola-Virus – Ebola ist ein Fluß im Nordwesten Zaires – rief während einer der beobachteten Epidemien bei über 550 Menschen in Zaire und im Sudan Fieber mit schweren inneren Blutungen, ein sog. hämorrhagisches Fieber, hervor. In Zaire starben 88% und im Sudan 53% der Infizierten. Im Frühjahr 1995 erregte eine Ebola-Epidemie mit Zentrum in Kikwit, Zaire, wiederum großes Aufsehen. Es wurde von 160 bis 200 Infizierten und vielen Toten berichtet. Die Epidemie wurde offenbar schnell beherrscht.

Man fragt sich, ob es sich bei diesen Erregern tatsächlich um neue Virusinfektionen handelt oder ob sie erst in den letzten Jahrzehnten wissenschaftlich erfaßt werden konnten. Möglicherweise war die Ebola-Viruskrankheit in Afrika schon lange bekannt, und man hatte gelernt, die Infizierten zu isolieren und sich selbst zu schützen.

Das Marburg-Virus war 1967 auf Laboranten übertragen worden, die Nieren von aus Uganda importierten afrikanischen Meerkatzen (Cercopithecus aethiops) untersucht hatten. In anderen Affen der gleichen Art, die häufig als Versuchstiere verwendet werden, hat man dieses Virus jedoch nie gefunden. Die Affen sind also wahrscheinlich nicht der natürliche Wirt des Virus. Im Jahr 1975 tauchte das Marburg-Virus wieder in Johannesburg, Südafrika, auf. Ein Mann hatte sich in Simbabwe infiziert, vielleicht in einer Höhle, in der große Schwärme von Fledermäusen lebten. Er starb. Sein Reisegefährte und die Krankenschwester, die beide behandelt hatte, erkrankten ebenfalls, überlebten aber. Könnte die Übertragung von Mensch zu Mensch die tödliche Aktivität des Virus abgeschwächt haben?

Bis heute sind die Ursprünge dieser beiden Virusarten nicht bekannt. Bei der Ansteckung mit dem Ebola-Virus bedarf es sehr enger Kontakte, wie der Übertragung durch gebrauchte Nadeln, durch Blut oder Blutprodukte oder auch sexueller Kontakte. Marburg- und Ebola-Virus rufen beim Menschen ähnliche Krankheitserscheinungen hervor. Es kommt zu hohem Fieber und zur Blutungsneigung in Haut, Schleimhäuten, Eingeweiden, Magen und Darm. Darüber hinaus treten schwere Schwellungen der Milz, der Lymphknoten, der Nieren und des Gehirns auf. Die Leber wird ganz oder teilweise zerstört. Lungen- und Bauchspeicheldrüsenentzündung, Zerstörung von Eierstöcken und Hoden sind weitere Symptome. Die Viren können die Zellen der betroffenen Organe direkt zerstören. Es kann aber auch zum Absterben der Organe durch Störungen der Gefäße, der Blutgerinnung und des Abwehrsystems kommen. Mit der für Virusinfektionen höchsten bekannten Sterberate von 30 bis 90% der Erkrankten gehören das Marburg- und das Ebola-Virus zu den tödlichsten Viren.

Die Virionen sind fadenförmig, helikal gewunden und 790 Nanometer lang beim Marburg-Virus, 970 Nanometer lang beim Ebola-Virus. Sie besitzen keine Membran. Die Genome der Viren sind einzelsträngige Negativstrang-RNA-Moleküle von 12000 bis 13000 genetischen Buchstaben Länge. Beide Viren sind bei 20°C stabil; bei 60°C werden sie zerstört. Es gibt bisher keine Impfung, doch wird an der Entwicklung eines Impfstoffes, u.a. in Marburg, intensiv mit gentechnologischen Methoden gearbeitet. In Afrika versucht man, neu auftretende Infektionen durch die Aufklärung der Bevölkerung zu begrenzen, was in Zaire 1995 gut gelungen zu sein scheint. Ein Nachweis des natürlichen Reservoirs dieser Viren in der Tierwelt wäre von größter Wichtigkeit, ist aber bisher nicht gelungen.

Auch das Lassa-Fiebervirus, ein Arenavirus (lat. arena, Sand) mit membranartiger Hülle und zwei einzelsträngigen RNA-Molekülen ruft schweres hämorrhagisches Fieber mit häufig tödlichem Ausgang beim Menschen hervor. In der Hülle des Virions sind Ribosomen, die Organellen der zellulären Proteinsynthese, eingeschlossen. Dadurch erscheinen die Viren im Elektronenmikroskop als wären sie mit Sandkörnchen gefüllt.

Retroviren

Einteilung

Die große Gruppe der Retroviren hat ihren Namen aufgrund ihres besonderen Vermehrungsmechanismus bekommen, bei dem die genetische Information aus dem RNA-Genom in die DNA überschrieben wird. Nach dem 1911 entdeckten Rous-Sarkomvirus (s. S. 116–118) wurden in den folgenden Jahrzehnten noch viele andere Retroviren isoliert, die bei Tieren Tumoren hervorrufen können. Vom Menschen wurde bei der zuerst 1977 in Japan beschriebenen humanen T-Zell-Leukämie das gleichnamige Virus von Y. Hinuma in Kyoto isoliert. Außerdem gehören die beiden humanen Immunschwächeviren Typ 1 und 2, die von AIDS-Patienten isoliert wurden, zu den Retroviren.

Auch für das Verständnis der Entwicklung und des Aufbaus der Genome von Menschen und Wirbeltieren sind Retrovirusgenome von Interesse. Man schätzt, daß bis zu etwa 10% der Genome von Wirbeltieren – auch Menschen zählen zu den Wirbeltieren – uralte »Retroviruseinwanderer« enthalten, die sich im Laufe der Evolution zwar etwas verändert haben, aber letztlich von retroviralen Genomen abgeleitet und zu einem festen Bestandteil auch des menschlichen Genoms geworden sind. Man bezeichnet sie als endogene (im Innern liegende) Retrovirusgenome. Sie sind im Genom von Menschen und anderen Wirbeltieren an vielen Stellen stabil integriert. Endogene Retrovirusgenome werden seit langer Zeit von Generation zu Generation vertikal weitergegeben. Sie treten in den allermeisten Fällen nicht als Viren in Erscheinung, weil sie defekte virale Genome darstellen.

Die Retroviren werden in mehrere Genera eingeteilt u. a.:

- Zu den Onkoviren, das sind tumorerzeugende Viren, gehören u.a. das Rous-Sarkomvirus, viele Vogel- und Maustumorviren sowie das humane T-Zell-Leukämievirus (HTLV).

- Zu den Lentiviren mit einem langsamen Infektionsverlauf (lat. lentus, langsam) gehören die humanen Immunschwächeviren Typ 1 und 2 und das Affenimmunschwächevirus.
- Viele Arten von Spumaviren (Schaumviren), die nach den charakteristischen Veränderungen in infizierten Zellen benannt wurden, sind von Menschen und Affen isoliert worden. Von ihnen ausgelöste Krankheiten sind bisher nicht bekannt.

Struktur der Retroviren

Alle Retroviren weisen in etwa die gleiche Struktur auf (Abb. 44). Sie besitzen eine membranartige Hülle mit einem Durchmesser von etwa 100 Nanometern. Die Retroviren sind insofern einmalig unter den Viren, als sie zwei praktisch identische Moleküle einer einzelsträngigen Positivstrang-RNA mit 7000 bis 10000 genetischen Buchstaben enthalten. Diese RNA kann im Gegensatz zur RNA anderer Positivstrang-RNA-Viren nicht direkt als Botschafter-RNA eingesetzt werden.

Die Virusmembran ist von der Zellmembran bei der Ausstülpung (»budding«) neugebildeter Virionen abgeleitet, wobei die Lipidzusammensetzung der Zellmembran wie beim Masern- oder Influenzavirus unverändert übernommen wird (Abb. 16 S. 58). In die Membran sind zwei Proteine eingebaut: das Transmembranprotein und ein für die Bindung an den spezifischen Zellwandrezeptor notwendiges Protein. Beide Proteine sind im sog. *env*-Genomabschnitt* der Retrovirus-RNA kodiert. Am Auf-

---

* *env* von engl. envelope, Membranhülle.

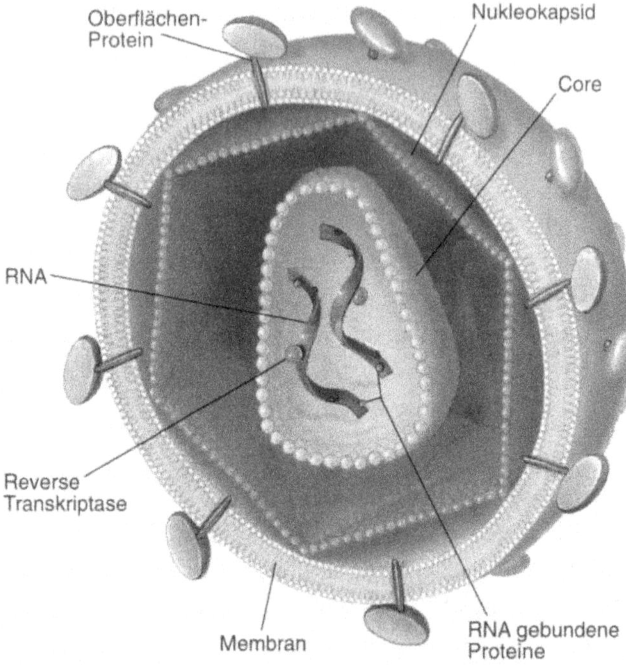

Abb. 44. Die strukturellen Hauptbestandteile des Virions eines Retrovirus.

bau des innerhalb der Virusmembran gelegenen Nukleokapsids ist ein vom Genomabschnitt *gag** kodiertes Protein beteiligt. Auch das Nukleoprotein, das eng mit den beiden RNA-Molekülen im Inneren des Virions verbunden ist, ist ein *gag*-kodiertes Protein, ebenso wie das Matrixprotein, das Hülle und Kapsid miteinander verbindet.

Wie bereits erwähnt, tragen manche Viren Enzyme im Viruspartikel mit sich, die für die effiziente Vermehrung des eigenen Genoms zuständig sind. Die Virionen

---

gag ist die Abkürzung für gruppenspezifisches Antigen.

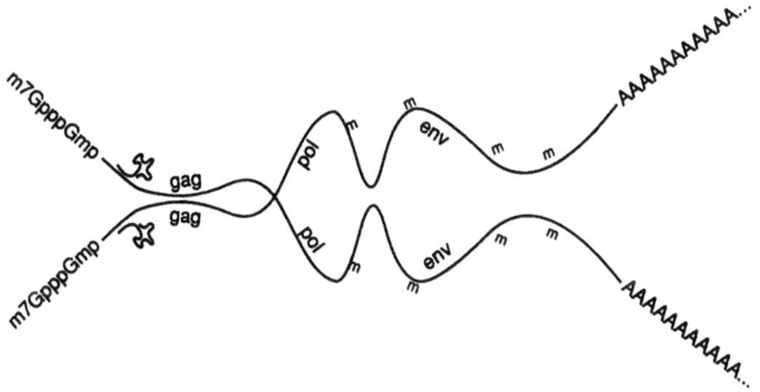

Abb. 45. Retrovirale RNA mit den verschiedenen Genfunktionen (gag, pol, env), dem Poly-A-Schwanz und der Kappe (m^7GpppGmp). Die diploiden Retroviren enthalten zwei im wesentlichen identische RNA-Genome.

der Retroviren enthalten im Inneren die reverse Transkriptase, die vom Genomabschnitt *pol* (Polymerase) kodiert wird und die folgenden Reaktionen zu bewerkstelligen vermag:

- die reverse Transkription, die für die Überschreibung der RNA in DNA, für die DNA-Vermehrung, und den Abbau der RNA verantwortlich ist;
- eine Integrasefunktion, die den Einbau der nach der reversen Transkription bei der Genomvermehrung entstandenen doppelsträngigen Virus-DNA in das Genom der infizierten Zelle besorgt, und
- eine Proteinspaltungsfunktion (Protease), die bei der Reifung des Virions wichtig ist und die einzelnen Virusproteine zurechtschneidet.

Abb. 45 zeigt ein Schema der genetischen Funktionen in der Retrovirus-RNA. An dem einen Ende der RNA sitzt eine komplizierte Kappenstruktur (m^7GpppGmp).

Es folgen der Ursprungsort der Vermehrung des RNA-Genoms mit einem gebundenen Transfer-RNA-Molekül, die *gag*-, *pol*- und *env*-Gengruppen und das Ende mit den etwa 200 A-Buchstaben. An den beiden Enden der Retrovirus-RNA liegen die langen terminalen Wiederholungen (LTR). Die Verdopplung des RNA-Genoms bei den Retroviren dient wahrscheinlich der Sicherung der genetischen Information.

Die Vermehrung des Retrovirusgenoms

Im folgenden werden die wesentlichen Schritte bei der Retrovirusvermehrung stark vereinfacht wiedergegeben (Abb. 46). Das Virus bindet an die Zelloberfläche durch Vermittlung eines spezifischen Proteinrezeptors (Adsorption) und gelangt über die Membran durch die Zellwand. Schließlich wird im Zytoplasma der Zelle das Viruskapsid mit RNA-Molekülen und Enzymen auf nicht bekanntem Weg freigesetzt. Die reverse Transkriptase überschreibt die genetische Information in der RNA in DNA, so daß zunächst ein Doppelstrang aus je einem RNA- und einem DNA-Molekül entsteht (reverse Transkription). Das gleiche Enzym vermag auch die RNA in diesem Doppelstrang abzubauen und durch DNA zu ersetzen. Das fertige doppelsträngige DNA-Molekül, das jetzt in anderer und doppelsträngig gesicherter Form die gleiche genetische Information trägt wie die Virion-RNA, wird in ein ringförmiges Molekül umgewandelt. Die ringförmige Retrovirus-DNA wird direkt in das Genom der Zelle eingebaut (Integration). Die Integrationsstelle im zellulären Genom ist nicht spezifisch, kann also an vielen verschiedenen Orten auf den Wirtschromosomen liegen. Durch die Integration können zelluläre Gene unter die Kontrolle von Virusgenen geraten und umgekehrt. Vom Negativstrang der integrierten Virus-DNA

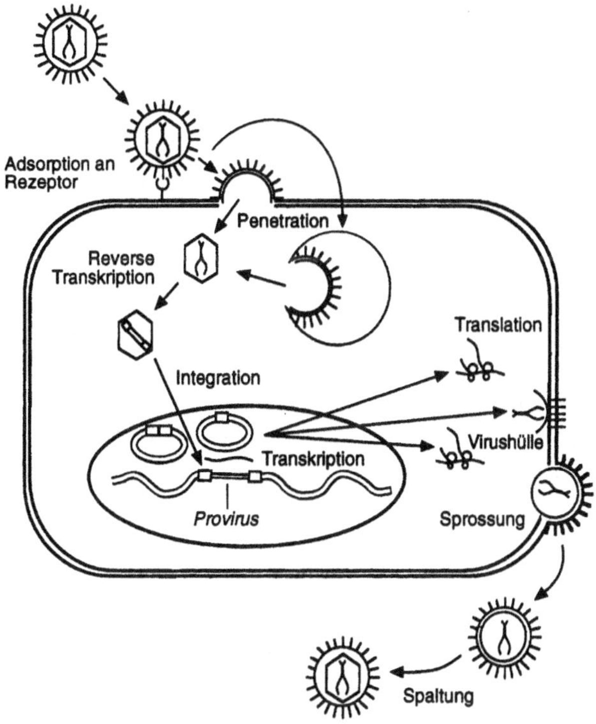

Abb. 46. Vermehrungszyklus von Retroviren.

wird die Virus-Botschafter-RNA kopiert (Transkription) und im Zytoplasma der Zellen in die Virusproteine übersetzt (Translation). Neue Virion RNA wird durch einen komplizierten Mechanismus hergestellt. An der Zellmembran werden neue Viruspartikel zusammengebaut, Virusproteine in die Zellmembran eingesetzt und neue Virionen durch Sprossung (»budding«) gebildet.

Onkogene

Die Onkogene (*onc*) sind bereits auf S. 129–132 im Zusammenhang mit den onkogenen Viren erwähnt worden. Die Reihenfolge der Gengruppen im Genom onkogener Retroviren ist:

LTR-*gag*-*pol*-*env*-*onc*-LTR.

Unter LTR (lange terminale Repetition) versteht man die aneinandergereihten Wiederholungssequenzen an den Genomenden. Die für die Tumorerzeugung verantwortlichen *onc*-Gene waren höchstwahrscheinlich nicht ursprünglicher Bestandteil des Genoms der Retroviren, sondern wurden von ihnen im Verlauf ihrer Evolution aus zellulären Genomen mitgenommen. Die zellulären Onkogene sind auf sehr unterschiedliche Weise an der Regulation des Wachstums von Zellen beteiligt und haben ursprünglich mit der Tumorentstehung nichts zu tun. Möglicherweise gibt es Hunderte solcher Gene. Während der Integration von Retrovirusgenomen in die Genome von Zellen können diese gelegentlich auch in die Nachbarschaft von zellulären Onkogenen gekommen sein, die beim Abschreiben des viralen Genoms vielleicht mit dem Genom der Retroviren überschrieben worden sind. Es ist nicht mit Sicherheit zu entscheiden, ob die Retroviren, die ein zelluläres Onkogen in ihr genetisches Repertoire aufnahmen, dadurch Vorteile gegenüber Retroviren ohne diese Gene erworben haben. Die zellulären Onkogene haben sich in den Retrovirusgenomen über sehr lange Zeiträume unabhängig von den ursprünglichen zellulären Onkogenen durch zufällig aufgetretene Mutationen weiterentwickelt. Heute sind die Buchstabenfolgen in den zellulären und viralen Onkogenen leicht unterschiedlich, obwohl natürlich weiterhin wesentliche Ähnlichkeiten bestehen. Man spricht von zellulären Onkogenen (onc^c) und viralen Onkogenen (onc^v).

Historisch wurden die Onkogene als Bestandteile vieler verschiedener Retroviren entdeckt. Ihre Produkte haben biochemisch sehr unterschiedliche Funktionen (s. Tabelle 5 S. 130). Einige Onkogene enthalten die Information z. B. für Enzyme, die Phosphorsäurereste auf andere Proteine übertragen und diese damit in ihrer Funktion verändern. Andere Onkogene kodieren für Membranproteine, die als Rezeptoren für Moleküle aus der Umwelt der Zelle dienen. Viele Produkte von Onkogenen sind an der Wirkung der Signalkette zwischen der Zelloberfläche und den Regelelementen von zellulären Genen im Zellkern beteiligt. Diese Signalkette entscheidet, wie eine Zelle auf Veränderungen in der Umwelt reagiert, z. B. durch Aktivierung oder Inaktivierung einzelner Gene. Onkogene können auch Wachstumsfaktoren genetisch bestimmen. Die Zelle kann sich nach Einwirkung eines solchen Wachstumsfaktors auf einen spezifischen Membranrezeptor teilen. Anhand dieser wenigen Beispiele wird vielleicht erkennbar, in welch vielfältiger Weise die Produkte von Onkogenen in die Regulation des Wachstums von Zellen einzugreifen vermögen.

Die Zellteilung ist eine der wesentlichsten Funktionen des Lebendigen. Dieser Vorgang muß genauestens kontrolliert und vielfältig regulierbar sein. Dabei wirken Hunderte von Genen, Onkogenen, in unterschiedlichster Weise mit. Der Name »Onkogen« (Tumorgen) ist historisch entstanden, aber leider äußerst mißverständlich. Fehler in der Funktion der das Wachstum regulierenden Gene können allerdings zur Tumorbildung (Onkogenese) führen. Die eigentliche Funktion der Onkogene liegt aber in der Regulation des Wachstums von Zellen. Gerade für den Laien muß die historische Namensgebung häufig verwirrend sein. Bei der Entdeckung neuer Gene versteht man deren Funktion häufig nur teilweise und wählt dann einen letztlich nicht zutreffenden Namen.

Bisher ist noch nicht genau erklärbar, wie die in den Retrovirusgenomen vorliegenden *onc*^{v}-Gene nach der

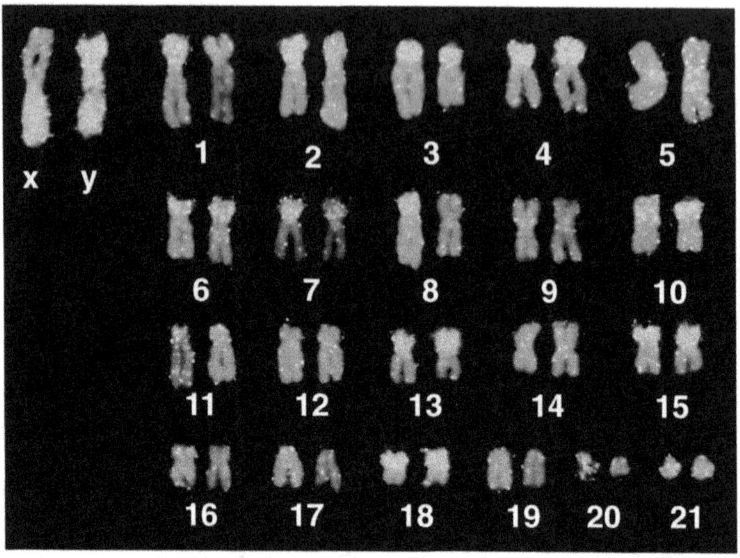

Abb. 47. Im Genom von normalen, gesunden Hamstern sind endogene Retrovirusgenome integriert. Diese Virusgenome, Begleiter aller Säugetiere und des Menschen, sind seit Urzeiten fester Bestandteil des zellulären Genoms. Hier sind die endogenen Retrovirusgenome mit einer Spezialfärbung sichtbar gemacht. Merkwürdigerweise liegen sie bevorzugt auf den kurzen Armen der Chromosomen.

Virusinfektion zur Tumorbildung im Tier, z. B. wie beim Rous-Sarkomvirus, oder zur tumorähnlichen Umwandlung von Zellen in Kultur führen. Einige mögliche Erklärungen sind auf S. 123–132 besprochen worden. Auch auf diesem spannenden Gebiet der Virologie bleibt noch viel Forschungsarbeit zu tun.

Endogene Retroviren

Ein großer Teil des menschlichen Genoms und der Genome anderer Tierarten besteht aus Buchstabenfolgen, die sich tausend- oder millionenfach wiederholen, den sog. repetitiven Sequenzen. Die Funktion dieser Sequenzen beim Aufbau und der Entwicklung der heute bestehenden Arten ist nicht bekannt. Die meisten Wiederholungssequenzen enthalten keine genetische Information für Proteinprodukte. Ihre Bedeutung wirft wichtige, noch unbeantwortete Fragen auf. Ein Teil der repetitiven Sequenzen sind endogene Retrovirusgenome, d. h. im zellulären Genom vorkommende Retrovirusgenome, die möglicherweise vor Millionen von Jahren in die zellulären Genome integriert worden sind. Auch als Menschen sind wir also genetisch auf das allerengste mit diesen Retroviren verbunden. Welche Folgen hatte die Aufnahme dieser fremden DNA-Moleküle für die Entwicklung des Homo sapiens?

Mit Hilfe besonderer molekularbiologischer Techniken kann man endogene retrovirale Gene, die etwa 1000fach wiederholt im Genom einer Tierart vorkommen, auf den Chromosomen sichtbar machen. In Abb. 47 sind die Chromosomen des Syrischen Hamsters nach ihrer Größe geordnet. Bestimmte endogene Retrovirusgene dieses Hamsters wurden spezifisch durch die sog. fluoreszierende in situ-Hybridisierung (FISH) angefärbt. Die Retrovirusgenome liegen häufig auf den kurzen Armen vieler Chromosomen.

Jede Säugetierart trägt eigene, spezifische endogene Retroviren; beim Menschen kommen also andere Retrovirusgenome vor als z. B. beim Hamster. Als Laie mag man zunächst von der Erkenntnis schockiert sein, daß wir die Genome von onkogenen Retroviren in großen Mengen in unserem Erbgut tragen, und daß wir diese Gene nicht etwa »durch eine Virusinfektion« kürzlich erworben haben, sondern daß unsere Spezies sie als Millionen Jahre altes Erbe seit vielen Generationen weitergibt. Auch der Mensch ist Teil des biologischen Gesamtsystems und dessen Gesetzen unerbittlich unterworfen: »Und keine Zeit und keine Macht zerstückelt, geprägte Form, die lebend sich entwickelt«, spekulierte Johann Wolfgang von Goethe.

Humane Immunschwächeviren (HIV-1, HIV-2)

Auch die humanen Immunschwächeviren (»human immunodeficiency virus«) sind Retroviren. Ihre Genome enthalten noch wesentlich kompliziertere Zusatzinformationen als die meisten bekannten Retroviren. Diese zusätzlichen genetischen Elemente haben regulatorische Funktionen. Die HIV-Viren waren vor 1983 nicht bekannt. Viele epidemiologische Beobachtungen sprechen für die Vermutung, beweisen sie aber nicht, daß HIV aus Afrika stammt, HIV-1 wahrscheinlich aus Ostafrika, HIV-2 aus Westafrika. In Abb. 44 S. 230 ist ein HIV-Virion schematisch dargestellt.

Das von einer stark ideologisch beeinflußten Berliner Zeitung in den 80er Jahren verbreitete Gerücht, HIV sei in Laboratorien der USA als biologische Waffe hergestellt worden, ist wissenschaftlich leicht zu entkräften. Diese Fehlinformation wurde damals von kommunistischen Geheimdiensten gezielt verbreitet. Zu der Zeit, als HIV nach Mitteilung dieser Lügengeschichte konstruiert worden sein sollte, waren die HIV-spezifischen Gene völlig unbekannt. Außerdem waren die Zellen, auf denen das humane Immunschwächevirus sich ausschließlich vermehren kann, in Kultur noch nicht züchtbar. Es ist unwahrscheinlich, daß HIV wirklich als »neues Virus« zu betrachten ist. Dagegen gibt es Hinweise dafür, daß das Virus in Afrika schon lange vorkommt, dort möglicherweise die »wasting disease« verursacht und sich in den

Jahrzehnten des ausgedehnten interkontinentalen Reiseverkehrs und größerer sexueller Freiheiten weltweit ausgebreitet hat.

Infektionen des Menschen mit HIV-1 oder HIV-2 stehen mit der erworbenen Immunschwäche AIDS (»acquired immunodeficiency syndrome«) in direktem Zusammenhang. Zur Zeit kann nicht mit Sicherheit angegeben werden, welche zusätzlichen Faktoren als Ursache der bei HIV-1-Infektionen bisher immer tödlichen Krankheit eine Rolle spielen. HIV-2-Infektionen können einen milderen Verlauf nehmen. Wegen des tödlichen Ausgangs und des häufig sexuellen Übertragungsmodus hat die AIDS-Krankheit im Bewußtsein vor allem jüngerer Menschen verständlicherweise einen ganz besonderen, auch emotional hochrangigen Stellenwert eingenommen.

Ende 1995 schätzte die Weltgesundheitsbehörde (WHO), daß gegenwärtig mindestens 15 Millionen Menschen auf der Welt mit HIV infiziert oder an AIDS erkrankt sind; davon leben 8,5 Millionen in Afrika und etwa 2 Millionen in den USA. Seit dem ersten erkennbaren Auftreten von AIDS in den frühen 80er Jahren sind bereits 4 Millionen Menschen an dieser Krankheit gestorben. In den USA ist sie die häufigste Todesursache bei Männern zwischen 20 und 45 Jahren. Mitte 1993 waren beim Bundesgesundheitsamt in Berlin etwa 58000 HIV-Infektionen in Deutschland gemeldet worden. Die Dunkelziffer, d. h. die Anzahl der wirklich HIV-Infizierten oder an AIDS Verstorbenen, liegt wahrscheinlich noch erheblich höher.

Entscheidend für viele Erkenntnisse über AIDS als bis dahin unbekannte Krankheit war die Beobachtungsgabe von Klinikärzten in den Jahren 1980/1981 in Los Angeles. Sie beobachteten zunächst an fünf zuvor völlig gesunden Männern eine Lungenentzündung, die durch einen sonst selten aufgetretenen, als Pneumocystis carinii bezeichneten Erreger verursacht wurde. Bald wurden ähnliche Krankheitsfälle in anderen Teilen der USA, vor allem in New York und San Franzisko beobachtet. In weiteren Fällen trat ein bösartiger Tumor, das ebenfalls sonst seltene Kaposi-Sarkom, plötzlich häufiger auf. Das Kaposi-Sarkom geht von den Endothelzellen, der Innenauskleidung der Gefäße, aus. Ungewöhnlich gehäufte Infektionen mit so unterschiedlichen Erregern wie Toxoplasmen, Pilzen (Candida), Kryptokokken, Histoplasmen, Tuberkulosebakterien, Herpesviren, Zytomegalievirus und Adenovirus Typ 35 u.a. kamen hinzu. Bei allen diesen schließlich schwerstkranken Patienten fand man gemeinsam, daß bestimmte, besonders wichtige Abwehrzellen, die $CD4^{+}$-T-Lymphozyten zunehmend zerstört wurden. Fast ausschließlich handelte es sich bei den ersten bekanntgewordenen Patienten um homosexuelle Männer, um Menschen, die sich Rauschgift mit verunreinigten Nadeln in die Venen injizierten oder um Bluter, die mit aus Blut hergestellten Blutgerinnungsfaktoren behandelt werden mußten. Ein Jahr weiterer weltweiter Beobachtungen stellte klar, daß diese anscheinend neue Krankheit auch bei anderen Bevölkerungsgruppen auftrat, daß häufig Menschen, die Bluttransfusionen bekommen hatten, sowie Partner oder Kinder von Müttern aus Risikogruppen befallen wurden. Diese und andere klinisch-medizinische Beobachtungen sprachen für eine bis dahin unbekannte Infektionskrankheit.

Im Jahr 1983 wurde ein neues Retrovirus, heute HIV-1 genannt, von AIDS-Patienten isoliert. Das nahe verwandte HIV-2 wurde 1986 in Westafrika entdeckt. Noch heute diskutieren eine Forschergruppe in Paris und eine in Bethesda, USA, darüber, wer das neue Virus zuerst isoliert habe. Diese Diskussionen haben gelegentlich Formen angenommen, die manchem die Psychologie von Virologen seltsam erscheinen ließ. Die in den frühen 70er

Jahren entwickelten Konzepte und Techniken der Gentechnologie ermöglichten es mehreren Gruppen von Virologen, das HIV-1 in kürzester Zeit als Retrovirus zu erkennen, die Reihenfolge der genetischen Buchstaben in dem etwa 9200 Buchstaben langen RNA-Genom zu ermitteln und die im Vergleich zu den bis dahin bekannten Retroviren noch sehr viel zahlreicheren Gene zu entschlüsseln. Wegen der Ähnlichkeit zwischen den Buchstabenfolgen des HIV-1-Genoms und des bei Schafen Nervenkrankheiten hervorrufenden Visnavirus, dessen Infektion langsam über Jahre hinweg verläuft, ordnete man das HIV-1 der Retrovirusuntergruppe der Lentiviren zu.

HIV-1 und HIV-2 sind in den Buchstabenfolgen ihrer Genome außerordentlich ähnlich. Antikörper gegen HIV-2 schützen dennoch nicht vor HIV-1-Infektionen. Die Sequenzen in den HIV-Genomen sind innerhalb eines Grundtyps enorm variabel. Häufig sind Patienten mit mehreren verschiedenen Subtypen von HIV-1 infiziert, deren Genome sich in ihren Buchstabenfolgen eindeutig unterscheiden lassen.

HIV kann durch sexuellen Kontakt, Transfusion von Blut oder Blutprodukten oder vor oder während der Geburt übertragen werden. Sowohl homosexuelle als auch heterosexuelle Übertragung ist möglich. Die Verwendung von Kondomen bei sexuellen Kontakten schützt weitgehend, aber nicht absolut. HIV ist aus Samenflüssigkeit und aus Scheidensekret meist in einer mit Zellen assoziierten Form isoliert worden. Freies HIV ist äußerst instabil. HIV wird deshalb oft, aber nicht ausschließlich in Zellen gefunden und bei der Infektion von Mensch zu Mensch durch infizierte Zellen übertragen. Insbesondere bei schwerkranken AIDS-Patienten findet man auch große Mengen des freien Virus im Blutplasma. Die eigentliche Zielzelle der HIV-Infektion ist nicht bekannt. Wahrscheinlich sind vor allem Abwehrzellen (Monozyten und Makrophagen) infizierbar.

HIV hat sich hervorragend an die Oberflächenproteine bestimmter menschlicher Abwehrzellen angepaßt. Es benutzt genau die Membranproteine der Abwehrzellen als Rezeptoren für sein Eindringen, an die normalerweise fremde Proteine zur Erkennung für die Abwehr gebunden werden. Auf diesem Weg beginnt die allmähliche Zerstörung des Immunsystems. Es werden zwar Antikörper gegen HIV gebildet, diese vermögen aber aus letztlich unbekannten Gründen dem Virus nur wenig anzuhaben, vielleicht auch weil sich das Virus vorwiegend in Zellen des Abwehr-, des blutbildenden oder des Nervensystems aufhält.

Durch das Vorkommen von Antikörpern gegen HIV im Blut (Serum) von Infizierten kann man die HIV-Infektion nachweisen. Im Gegensatz zu fast allen anderen Virusinfektionen, bei denen Antikörper lange, häufig lebenslange Immunität wie beim Masernvirus gegen das betreffende Virus erzeugen und das Fortschreiten der Virusinfektion verhindern, unterbinden gegen HIV gerichtete Antikörper nicht das Ausbrechen von AIDS. Dieses offensichtlich paradoxe Verhalten stellt immer noch eine der ungeklärten Fragen bei der HIV-Infektion dar.

Und eine weitere Frage zum Zusammenhang zwischen HIV-Infektion und AIDS beschäftigt viele Wissenschaftler: Offenbar ist nur ein kleiner Teil der wichtigen $CD4^+$-T-Abwehrzellen von HIV infiziert, aber letztlich gehen fast alle $CD4^+$-T-Zellen zugrunde. Manche Berichte dokumentieren, daß weniger als 0,1% der T-Lymphozyten infiziert sind. Warum werden dann fast alle T-Zellen zerstört? In der Forschung nach den Ursachen von AIDS dürfen die Bücher noch nicht geschlossen werden. Vielleicht haben wir bisher nur die Spitze des Eisberges gesehen.

Nach fast 15 Jahren intensivster AIDS-Forschung und bisher leider vergeblichen Versuchen, einen wirksamen, die Krankheit verhindernden Impfstoff gegen HIV-Infektionen zu entwickeln, hat man großes Interesse an einer kleinen Personengruppe gefunden, die HIV-Infektionen zwar ausgesetzt war, aber offenbar nicht nachweislich infiziert wurde. Man hat außerdem Prostituierte untersucht, die seit Jahren mit HIV infiziert sind, doch bisher nicht an AIDS erkrankten. Die sonst überwiegende Mehrzahl der HIV-Infizierten erkrankte an AIDS und verstarb nach kürzerer oder längerer Zeit. Bei den scheinbaren Ausnahmen könnte die Krankheit – allerdings sehr viel später – doch noch auftreten. Oder haben diese Ausnahmeinfizierten Mechanismen entwickelt, um der Krankheit zu entkommen? Hier könnte ein Schlüssel zur Lösung des AIDS-Problems liegen.

Viele Krankheitserscheinungen von AIDS, vor allem die vielfältigen Arten sog. opportunistischer Infektionen mit anderen Viren, Mikroorganismen, Pilzen, Hefen usw., sind mit der Zerstörung des Immunsystems erklärbar. Erste Symptome sind Veränderungen der Haut und der Mundschleimhäute. Besonders charakteristisch ist das Kaposi-Sarkom der Haut, das sich über große Areale ausbreiten kann. Auch das Magen-Darm-System ist betroffen, und die Patienten leiden an Appetitlosigkeit, Übelkeit, Erbrechen und Durchfall. AIDS-Patienten verlieren sehr stark an Gewicht. Der Magen-Darm-Trakt wird vor allem von Zytomegalievirusinfektionen mit blutigen, sehr schmerzhaften Durchfällen heimgesucht. Nieren, Herz, Lunge oder das endokrine System können in seltenen Fällen betroffen sein. Das blutbildende, das Blutgerinnungs- und natürlich das Immunsystem werden vorwiegend zerstört. Im Zentralnervensystem spielen einerseits sonst kaum auftretende Infektionen (Toxoplasmose, Kryptokokkose, JC-Virus, ein Papovavirus, u.a.) eine

Rolle, andererseits werden Nervenzellen offenbar durch HIV auch direkt zerstört. Mit fortschreitender Krankheit verlieren die Patienten zunehmend ihre geistigen Fähigkeiten. Das Zentralnervensystem ist bei 85% der Patienten schwerer oder leichter betroffen.

Resümee

AIDS ist eine bisher unheilbare Krankheit, die nach jetziger Kenntnis in fast allen Fällen nach kurzer oder langer Zeit zum Tod führt. HIV-Infektionen kann man nicht behandeln. Trotz intensiver Bemühungen gibt es auch 1996 keinen Impfstoff gegen HIV. Man muß also den Schwerpunkt der Vorsorge und der Aufklärung vor allem auf die Verhinderung der HIV-Infektion setzen. Vermeiden Sie unter allen Umständen, sich mit HIV zu infizieren.

Viroide und Virusoide

Viroide sind keine Viren. Sie haben mit Viren eigentlich nur die eine Eigenschaft gemeinsam, infektiös zu sein. Viroide sind als Krankheitserreger bei Pflanzen bekanntgeworden und bisher nur bei diesen nachgewiesen. Dabei sind sie auf bestimmte Pflanzen spezialisiert. So ruft das Viroid der Kartoffelknollenkrankheit großen Schaden hervor. Das Viroid der Kadang-Kadang-Krankheit hat große Anpflanzungen von Kokospalmen vernichtet. Auch Zitrusfrüchte oder Chrysanthemen können von spezifischen Viroiden befallen werden. Nicht alle Viroide rufen Krankheiten hervor.

Viroide wurden von H. Sänger und T.O. Diener unabhängig als Erreger von Pflanzenkrankheiten entdeckt. A.K. Kleinschmidt und Kollegen identifizierten Viroide als nackte, kleine, ringförmige, einzelsträngige RNA-

Moleküle. Sie besitzen keine Proteinhülle. Wenn diese RNA-Moleküle in Pflanzenzellen gelangen, vermehren sie sich autonom. Die Länge der RNA-Moleküle verschiedener Viroide schwankt zwischen 246 und 375 genetischen Buchstaben. Diese RNA ist zu kurz, um die Information für irgendein Protein (Genprodukt) zu enthalten. Die Viroid-RNA wird von den Enzymen der Pflanzenzellen (RNA-Polymerasen) vermehrt.

Es ist nicht genau bekannt, wie die Viroide die Pflanzenzelle schädigen. Man vermutet, daß die kleinen RNA-Moleküle wichtige Mechanismen der befallenen Zelle stören, z. B. den Spleißvorgang (s. S. 36–37) bei der Herstellung der Botschafter-RNA in den Zellen. Noch ist auch unklar, ob viroidähnliche Strukturen bei Tieren oder beim Menschen vorkommen und dort möglicherweise Krankheiten hervorrufen können.

Unter Virusoiden versteht man unvollständige, defekte Pflanzenvirusgenome, die in die Hüllen von Pflanzenviren eingepackt werden und sich in Gegenwart intakter Virusgenome in Pflanzenzellen vermehren können, dabei aber die Vermehrung der Pflanzenviren hemmen. Man hat daher Virusoide zur Bekämpfung von Pflanzenviruskrankheiten eingesetzt.

Die isolierte Besprechung von Viroiden als Pflanzenschädlingen darf nicht den falschen Eindruck hervorrufen, daß bei Pflanzen keine echten Viren vorkommen. Die Pflanzenvirologie ist ein riesiges, hochinteressantes Forschungsgebiet von großer praktischer Bedeutung.

Prionen

Aus Protein bestehende infektiöse Partikel, »prions« als Abkürzung von »protein infections«, sind die Erreger von etlichen schweren, letztlich tödlichen und sehr langsam verlaufenden Erkrankungen des zentralen Nervensystems bei Tier oder Mensch. Diese seltenen Krankheiten werden als spongiforme Enzephalopathien bezeichnet, weil im Gehirngewebe Schädigungen auftreten, die das Gehirn im mikroskopischen Bild schwammartig erscheinen lassen (lat. spongus, Schwamm). In Prionen konnte mit den empfindlichsten Methoden keine Nukleinsäure nachgewiesen werden.

Beim Menschen gehören seltene Erkrankungen wie die Creutzfeldt-Jakob-Krankheit, das Gerstmann-Sträussler-Scheinker-Syndrom, die tödlich verlaufende familiäre Schlaflosigkeit und die Kuru-Krankheit in diese Gruppe. Hauptsymptome sind zunehmende Demenz, Unfähigkeit, Bewegungsabläufe zu kontrollieren, Muskelkrämpfe und Verlust der Beweglichkeit.

In letzter Zeit ist die bovine spongiforme Enzephalopathie (BSE), der sog. Rinderwahnsinn, sehr bekannt geworden. Hierbei treten Lähmungen und schwere Störungen im Bewegungsablauf bei Rindern auf. Die bei Rindern und Schafen beobachtete Krankheit ist vorwiegend in Großbritannien vorgekommen und wahrscheinlich von Schafen, deren Schlachtabfälle als Tiermehl an Rinder verfüttert worden waren, übertragen worden. Bei diesem lange praktizierten Fütterungsverfahren hatte man aus Kostengründen zu Beginn der 80er Jahre die Temperatur gesenkt, bei der die Schlachtabfälle aufbereitet wurden. Der Erreger der Rinderenzephalopathie kann also von einer Art auf die andere, nämlich von Schafen auf Rinder, übertragen werden.

Bisher gibt es keine Hinweise dafür, daß BSE auf den Menschen übertragen werden kann. Man kann aber auch nicht beweisen, daß eine derartige Übertragung nicht erfolgen könnte. Da in England auch 1996 zudem immer noch Hunderttausende von Rindern befallen sind, war es klug, Rinderimporte aus Großbritannien zu verbieten, auch wenn die Bürokratie in der Europäischen Union und vor allem in England das nicht gerne sieht. Alle durch Prionen verursachten Krankheiten verlaufen langsam. Man muß daher in der Beurteilung einer möglichen Übertragung von Rind auf Mensch äußerst zurückhaltend sein. Ich rate unseren Politikern zu größter Vorsicht in dieser Angelegenheit.

Als Wissenschaftler wundert man sich, daß die Gentechnologie, die der Medizin bisher weltweit entscheidende neue Erkenntnisse und wichtige diagnostische und therapeutische Möglichkeiten eröffnet hat, 1990 mit einem unsinnigen Gentechnikgesetz stigmatisiert wurde. Dagegen ist man in Bereichen der Biologie und Landwirtschaft, in denen nachweisbare Gefahren wie der Rinderwahnsinn erkennbar sind, wesentlich weniger restriktiv. Unsere Politiker brauchen offenbar dringend Nachhilfe über Grundkenntnisse in Biologie und Medizin.

Seit langer Zeit ist die Scrapieerkrankung bei Schafen bekannt. Bei dieser Erkrankung des Zentralnervensystems vergehen Jahre zwischen der Infektion und dem ersten Auftreten von Symptomen. Möglicherweise sind die Erreger von Scrapie und BSE identisch oder sehr ähnlich. Auch im Erreger der Scrapie konnte keine Nukleinsäure nachgewiesen werden. Die erkrankten Tiere zeigten Lähmungserscheinungen und verhielten sich insofern früh auffällig, als sie sich offenbar wegen starken Juckreizes der Haut beständig kratzten und schabten (engl. scrape, kratzen, schaben). Auch Scrapie verläuft immer tödlich.

Die durch Prionen beim Menschen verursachten Nervenkrankheiten verlaufen ebenfalls immer tödlich, sind nicht behandelbar, zum Glück aber sehr selten. D.C. Gajdusek hat schon in den 60er und 70er Jahren die Kuru-Krankheit studiert, die isoliert beim Fore-Stamm auf Papua-Neuguinea aufgetreten war. Er konnte nachweisen, daß der Erreger dadurch übertragen wurde, daß

Stammesmitglieder aus rituellen Gründen das Gehirn verstorbener Verwandter ungekocht verzehrten und sich so mit Prionen infizierten.

Prione sind zwar infektiös, aber keine Viren. Nach dem gegenwärtigen Kenntnisstand enthalten sie keine Spuren von Nukleinsäuren. Es handelt sich um infektiöse Proteine, möglicherweise bei jeder der genannten Krankheiten um ein spezifisches Protein. Erstaunlicherweise behalten diese Proteine ihre Ansteckungsfähigkeit auch dann, wenn sie über den Magen-Darm-Trakt aufgenommen werden, obwohl sie eigentlich zum Großteil von den Verdauungsenzymen in ihre Grundbausteine zerlegt werden sollten, wie auch DNA oder RNA. Aber es ist bekannt, daß Prione gegenüber Proteinasen beständig sind. In Kap. 10 wird beschrieben, daß das Magen-Darm-System keine absolute Barriere des Körpers gegen die Aufnahme von DNA darstellt.

Die merkwürdigste, erschreckendste, aber auch interessanteste Erkenntnis über Prionen ist aber die, daß es sich um normalerweise in jedem Organismus vorkommende Proteine handelt. Die genetische Information für die humanen Prionen ist in jedem menschlichen Genom enthalten. Welcher Vorgang verwandelt also Proteine, die bei jedem von uns vor allem im zentralen Nervensystem vorkommen, plötzlich in Erreger einer schrecklichen, immer tödlich verlaufenden Nervenkrankheit? Die Antwort auf diese Frage wird gerade erst erkennbar.

Alle Proteine, die aus den natürlich vorkommenden 20 Proteinbuchstaben (Aminosäuren) Buchstabe für Buchstabe synthetisiert werden, nehmen aufgrund ihrer spezifischen Buchstabenfolgen eine für jedes Protein charakteristische Form an, die sog. Sekundär- und Tertiärstruktur. In Abb. 42 S. 218 ist z. B. die komplizierte Form des Hämagglutinins des Influenzavirus dargestellt. Man könnte ein Proteinmolekül mit einem Band vergleichen, das je nach Proteinart zu unterschiedlich geformten Schleifen gefaltet wird. Die Prionenkrankheiten entstehen durch bestimmte Faltungsfehler: Statt einer geordneten Schleife entsteht ein falsch zusammengelegter Knäuel. Ein solches Proteinmolekül erfüllt nicht nur seine Funktion nicht mehr, das falsch gefaltete Eiweißmolekül schädigt die Nervenzelle, in der es vorkommt. Aber die Folgen bestimmter Fehlfaltungen sind noch schlimmer. Die Eigenschaft »falsche Faltung« ist bei den Prionenkrankheiten und bei den betroffenen Proteinen ansteckend, infektiös. Das ist zum Glück keineswegs bei allen fehlerhaften Proteinfaltungen der Fall, sondern nur bei einigen wenigen Proteinen, die vorwiegend im Nervensystem vorkommen, und deren Funktion man noch nicht kennt. Fehlfaltungen mit Ansteckungsfähigkeit könnten bei den betroffenen Proteinen auf zweierlei Wegen zustande kommen.

1. Ein normales Protein, z. B. die normale Form des bei Scrapie betroffenen Proteins kommt in Kontakt mit dem falsch gefalteten Protein. Daraufhin nehmen auch die normalen Proteinmoleküle die Fehlfaltung an und werden selbst ansteckend. Auf diese Weise werden letztlich viele oder alle Moleküle dieser Eiweißart falsch gefaltet, werden in ihrer Funktion gestört und schädigen die Nervenzelle. Die Krankheit beginnt und breitet sich allmählich auf andere Nervenzellen und Gehirnbereiche aus. Die Aufnahme der fehlgefalteten Proteine über den Verdauungstrakt verändert offenbar in einigen Fällen (Scrapie, Kuru) die Fähigkeit zur Ansteckung nicht. Scrapie ist möglicherweise auf Rinder und sicher auf Hamster übertragen worden. Die ansteckende Fehlfaltung kann also zumindest in einigen Fällen von der einen auf die andere Tierart übertragen

werden. Diese Erkenntnis ist Grund genug, auch bei der Diskussion über die mögliche Ansteckung von Menschen mit BSE äußerst gewissenhaft zu sein. Man kann diese Möglichkeit gerade wegen des bei den Prionenkrankheiten schleichenden Krankheitsverlaufes nicht ausschließen.

2. Fehlfaltungen von Proteinen können in sehr seltenen Fällen (1:1000000) auch auf der Grundlage eines genetischen Fehlers in der Buchstabenfolge des für das Protein zuständigen Gens entstehen. Die Creutzfeldt-Jakob-Krankheit, das Gerstmann-Sträussler-Scheinker-Syndrom oder die familäre tödliche Schlaflosigkeit können vererbt werden. Etwa 15% der Creutzfeldt-Jakob-Krankheitsfälle treten familiär (vererbt) auf, 95% sind sporadisch ohne familiären Hintergrund. Die vererbte Creutzfeldt-Jakob-Krankheit ist ebenfalls ansteckend. Die Creutzfeldt-Jakob-Krankheit ist durch Organtransplantationen auf andere Menschen übertragen worden.

Resümee

Prione sind keine Viren. Es handelt sich um nukleinsäurefreie Proteine, die falsch gefaltet sind. Diese Eigenschaft der falschen Faltung ist ansteckend und kann zu schwersten, tödlich verlaufenden Erkrankungen des Nervensystems bei Mensch oder Tier führen. Für jede dieser Krankheiten ist möglicherweise jeweils ein anderes fehlgefaltetes Protein verantwortlich. In einzelnen Fällen sind diese Krankheiten von einer Tierart auf die andere übertragen worden. Fehlfaltungen von Proteinen können auch durch genetische Fehler in der Buchstabenfolge bestimmter Proteine entstehen.

Literatur

Anregungen zum Lesen und Nachschlagen

Auch in der Virologie erscheinen wöchentlich Hunderte von Publikationen. In diesem Buch wurde bewußt darauf verzichtet, zu jedem Sachverhalt die Originalliteratur zu zitieren. Ich hätte sonst unzählige, sehr wichtige Publikationen nennen können. Für den Laien wäre diese Information von geringem Wert, da die Originalarbeiten alle in englischer Sprache geschrieben und mit Fachausdrücken belegt sind. Für ein vertieftes Studium der Virologie und der Molekularbiologie könnten die folgenden Quellen nützlich sein:

Brandis H, Köhler W, Eggers HJ, Pulverer G (Hrsg) (1994) Lehrbuch der Medizinischen Mikrobiologie. Gustav Fischer, Stuttgart Jena New York

Fields BN, Knipe DM, Howley PM, Chanock RM, Melnick JL, Monath TP, Roizman B, Straus SE (eds) (1996) Fields Virology, 3rd edition. Lippincott-Raven, Philadelphia, New York

Knippers R, Philippsen P, Schäfer K-P, Fanning E (1990) Molekulare Genetik. Georg Thieme, Stuttgart New York

Levine AJ (1992) Viruses. Scientific American Library, New York

Murphy FA, Fauquet CM, Bishop DHL, Ghabrial SA, Jarvis AW, Martelli GP, Mayo MA, Summers MD (eds) (1995) Virus Taxonomy. Sixth Report of the International Committee on Taxonomy of Viruses. Springer, Wien New York

Passarge E (1994) Taschenatlas der Genetik. Georg Thieme, Stuttgart New York

Singer M, Berg P (1992) Gene und Genome. Spektrum Akademischer Verlag, Heidelberg Berlin New York

Glossar

In diesem Wörterverzeichnis werden Fachbegriffe der Virologie und Genetik erklärt. Die Namen von Viren oder Virusgruppen sowie Krankheiten und ihre Symptome sind nicht enthalten. Diese Erklärungen finden sich an den entsprechenden Textstellen bzw. die Virennamen vorwiegend in Kap. 11 bei den Virusbiographien.

Adsorption Anheftung eines Virusteilchens mit ganz bestimmten Virusproteinen an bestimmte Proteine in der Oberfläche einer Zelle (lat. adsorbere, an sich ziehen).

Aminosäuren Grundbausteine aller Proteine. Diese organischen Säuren bestehen aus einem Kohlenwasserstoffgerüst mit einer Säuregruppe am Ende. Das vorletzte, der Säuregruppe benachbarte Kohlenstoffatom trägt eine Aminogruppe. Die 20 Aminosäuren unterscheiden sich durch verschiedene Seitenketten voneinander.

Amplifikation Erweiterung bestimmter Buchstabenfolgen im Genom. So kann sich z. B. die Buchstabenfolge CGG, die an einer bestimmten Stelle des menschlichen X-Chromosoms vorkommt, von normal 20 bis 50 Wiederholungen auf über 2000 Wiederholungen ausdehnen und dadurch zum Fragilen-X-Syndrom führen. Derartige Amplifikationen sind die Ursache für eine Reihe schwerer menschlicher Erkrankungen, z. B. auch der Huntington-Krankheit.

Antivirale Therapie Hierbei sollen die Infektionen durch Viren mit spezifischen Hemmstoffen der Virusvermehrung unterbunden werden, um damit Viruskrankheiten zu verhindern oder zu heilen. Von wenigen Ausnahmen abgesehen, ist die antivirale Therapie noch nicht sehr erfolgreich. Es ist nur in wenigen Fällen gelungen, Substanzen zu finden oder zu entwickeln, die ausschließlich und zuverlässig virusspezifische Funktionen hemmen, ohne die Zellen zu schädigen.

Attenuierung Abschwächung der Infektiosität von bestimmten Viren, z. B. indem man das Virus über Zellen eines anderen Wirtes vermehrt. Die Ursache für die Attenuierung ist letztlich nicht bekannt, hängt aber mit der Selektion von Virusmutanten oder Virusvarianten zusammen.

Autosomen Die Chromosomenpaare 1 bis 22 z. B. beim Menschen. Die Autosomen sind bei Mann und Frau die gleichen. Sie unterscheiden sich von den Geschlechtschromosomen (s. dort).

Bakterien Eine sehr große Gruppe von Lebewesen, die viel einfacher gebaut sind als tierische, menschliche oder pflanzliche Zellen. Ein Bakterium stellt eine Zelle dar und gehört zu den Prokaryonten, deren Zellen keine Unterteilung in Zellkern und Zytoplasma aufweisen. Bakterien haben eine doppelte Zellwand, die ganz anders gebaut ist als die der höheren Zellen, der Eukaryonten. Die DNA liegt als langer Faden in der Zelle vor.

Bakteriophage (Phage) Ein Bakterienvirus (griech. phagein, fressen).

Basenpaarungsregel In der DNA-Doppelhelix sind die beiden Einzelstränge durch sog. schwache Wechselwirkungen miteinander verbunden. Man nennt die beiden aneinander gebundenen Stränge komplementär. Die Basenpaarungsregel zeigt, daß einem A in dem einen Strang immer im komplementären Strang ein T, sowie einem C immer ein G gegenübersteht. Es gibt nur wenige Ausnahmen von dieser Regel.

Botschafter-RNA Eine Form von RNA (mRNA, engl. messenger RNA), die zur Aufgabe hat, die genetische Information von der DNA, die bei höheren Organismen im Zellkern in den Chromosomen liegt, zu übernehmen und in das Zytoplasma zum Ort der Proteinsynthese zu transportieren.

Chromosom Anfärbbares Körperchen. Die im Zellkern liegenden Chromosomen sind Träger der Erbinformation. In jedem Chromosom liegt ein durchgehender DNA-Faden, der von schützenden Proteinmolekülen umgeben ist.

Deletion Zerstörung von Buchstabenfolgen in einem Genom aufgrund der unterschiedlichsten Ursachen (lat. delere, zerstören). In den meisten Fällen sind die Ursachen nicht bekannt.

DNA Desoxyribonukleinsäure (DNS, engl. deoxyribonucleic acid). Chemische Verbindung, die das genetische Material aller Lebewesen – mit Ausnahme einiger Viren – darstellt. Da in der Biologie, wie in allen Naturwissenschaften allgemein englische Fachtermini benutzt werden, wird heute üblicherweise die Abkürzung DNA verwendet.

DNA-Doppelhelix Die meisten DNA-Moleküle bestehen aus zwei nach strengen physikalisch-chemischen Regeln miteinander verbundenen Einzelsträngen. Die Form des Doppelstranges ist die einer Spirale (Helix).

DNA-Methylierung An den Buchstaben C kann eine kleine Seitenkette, eine sog. Methylgruppe, angehängt werden. Dadurch verändert sich die Eigenschaft der umgebenden Buchstabenfolge, z. B. können Proteine an die so veränderte Buchstabenfolge nicht mehr oder schlechter binden. Für die Anhängung der Methylgruppe ist ein spezifisches Enzym verantwortlich. Das Wort „Methyl" ist vom Methylalkohol, einem für den Menschen sehr giftigen Alkohol, her gut bekannt.

DNA-Protein-Wechselwirkung Durch die Bindung von spezifischen Proteinen an bestimmte Buchstabenfolgen (Motive) in der DNA oder RNA sind viele der grundlegenden Mechanismen in der Genetik und der Virologie zu erklären. So wird z. B. die Aktivität von Genen durch die Bindung sehr verschiedener Proteine an den Promotor (s. dort) von Genen, d. h. einen bestimmten DNA-Abschnitt, geregelt.

endogene Retrovirusgenome Retrovirale Genome, die als fester Bestandteil normaler zellulärer Genome zum Teil seit Millionen von Jahren in heute lebenden Organismen, auch im Menschen, existieren. Diese retroviralen Genome kommen häufig in Hunderten oder Tausenden von Kopien im Zellgenom vor. Ihre Bedeutung für den Organismus ist unbekannt.

endoplasmatisches Retikulum Netzwerk aus Membranen und Ribosomen im Zytoplasma höherer Zellen. An diesem Netzwerk werden in der Zelle fast alle Proteine zusammengebaut.

Enzym Ein Wirkstoff, der eine ganz bestimmte Funktion erfüllen kann. So vermag z. B. das Enzym DNase, ein DNA-Kettenmolekül zu den Grundbausteinen abzubauen. Eine DNA-Polymerase dagegen kann aus den Grundbausteinen A, C, G, T und einer DNA-Matrize, die als Muster für den Aufbau dient, eine neue DNA-Kette zusammenbauen.

Episom Ein Molekül freier, in das Gesamtgenom einer Zelle nichtintegrierter DNA, das sich unabhängig vom Gesamtgenom in der Zelle vermehren kann. Episomen hat man ursprünglich bei Bakterien entdeckt. Sie sind häufig zu einem Ring geschlossene DNA-Moleküle, sog. Plasmide, wodurch sie weniger leicht von DNA-abbauenden Enzymen zerstört werden können. Auf den Episomen liegt ebenfalls Information für Genprodukte, z. B. für ein Enzym, das Penizillin abbauen kann (Penizillinase). Episomen sind manchmal für die Resistenz krankheitserregender Bakterien gegen Antibiotika verantwortlich.

Exon Sinnvoller genetischer Text, der im Genom aller höheren Organismen durch sog. Introns unterbrochen ist (s. Spleißen).

frühe Gene Virusgene, die früh nach der Infektion einer Zelle überschrieben und übersetzt werden, in den meisten Fällen bevor das virale Genom vermehrt wird.

Fusion Verschmelzen von Zytoplasmamembran und Virusmembran beim Eindringen von membranhaltigen Viren, z. B. Influenzaviren, in Zellen. Für diese Verschmelzung sind bestimmte Proteine in der Virusmembran, sog. Fusionsproteine, verantwortlich. Die Fusionsreaktion kann man ausnutzen, um Zellen auch unterschiedlicher Arten, z. B. von der Maus und vom Menschen, miteinander zu verschmelzen. Diese Technik hat in der Humangenetik eine große Rolle gespielt. Die Fusionsfähigkeit von Viren wurde zum ersten Mal in Sendai, Japan, am sog. Sendaivirus (»hemagglutinating virus of Japan«, HVJ) beschrieben.

genetischer Kode Genetische Sprachregeln. Der primäre genetische Kode legt fest, wie die Buchstabenfolge in der DNA (vier Nukleotide) in die Buchstabenfolge der Proteine (20 Aminosäuren) übersetzt wird. Für diese Übersetzungsaufgabe sind sehr komplizierte biochemische Mechanismen notwendig. Der primäre genetische Kode ist bei allen Lebewesen der gleiche. Der Kode wurde in den Jahren 1961 bis 1966 entschlüsselt. Man kann vom primären genetischen Kode andere Kodierungen unterscheiden, so z. B. die Regeln, die die Bindung von Proteinen an DNA oder RNA bestimmen.

Genexpression Überschreibung der genetischen Information von der DNA in die Botschafter-RNA und deren Übersetzung in die Proteinsequenz. Bildung eines funktionsfähigen Genproduktes, das in den meisten Fällen ein Protein darstellt. Diese Überschreibung ist für zelluläre und virale Genome sehr ähnlich, fast identisch. Einige virale Genome sind bereits in der Form der Botschafter-RNA geschrieben und können direkt übersetzt werden.

Genkarte Eine Karte, die die Anordnung von Genen oder genetischen Einheiten in einem Genom, z. B. einem Virusgenom oder auf einem menschlichen Chromosom, schematisch durch vereinbarte Symbole aufzeigt.

Genom Die Gesamtheit aller Erbanlagen eines Lebewesens. Bei einem Adenovirus sind es z. B. die 34125 Buchstabenpaare in der DNA, beim Menschen die etwa 3 bis 4 Milliarden Buchstabenpaare in der DNA jeder seiner Zellen.

Genprodukt In den meisten Fällen ein Protein (Eiweiß). Die Information für die Reihenfolge der 20 möglichen Bausteine in einem bestimmten Protein liegt im dazugehörigen Gen der DNA. Nach Überschreibung und Übersetzung der genetischen Information in der DNA entsteht das Genprodukt.

Gentechnologie Eine große Anzahl molekularbiologischer Methoden, die seit 1971 ausgearbeitet worden sind, und ohne die die biologische und medizinische Grundlagenforschung heute nicht mehr durchführbar ist. Die Information über alle in diesem Buch beschriebenen Virussysteme geht auf dieses Methodenrepertoire zurück. Dieses Repertoire von Techniken ermöglicht es, Gene aus jedem Organismus zu isolieren, zu großen Mengen zu vermehren, zu analysieren, die Buchstabenfolge in diesen isolierten Genen zu bestimmen und die Gene zu exprimieren. Die Gentechnologie wurde durch einige entscheidende Experimente im Department of Biochemistry an der Stanford Universität in Kalifornien in den Jahren 1971/1972 initiiert. Im Gegensatz zu den in Deutschland manchmal vertretenen Irrmeinungen (s. S. 159) ist die Anwendung gentechnologischer Methoden ungefährlich. In unzähligen Experimenten in Hunderten von Laboratorien hat man weltweit bei der Anwendung dieser Techniken keine neuen Gefahren entdecken können, die nicht schon im Ausgangsorganismus zu erkennen gewesen wären.

Gentherapie Somatische Gentherapie. Mit diesem Verfahren plant man, durch den Transfer von Genen beim Menschen defekte Gene in den Körperzellen zu ersetzen und damit Krankheiten zu behandeln. Diese Verfahren sind aus vielen Gründen außerordentlich kompliziert und fast alle noch im Versuchsstadium. Es ist noch sehr viel Grundlagenforschung für diese Behandlungsmethode zu leisten. In wenigen Fällen hat man versucht, die somatische Gentherapie bei Patienten mit Mukoviszidose oder einer erblichen Form der Immunschwäche anzuwenden. Die Erfolge sind noch mit Zurückhaltung zu beurteilen.

Geschlechtschromosomen Von den Autosomen (s. dort) unterscheidet man die Geschlechtschromosomen des Menschen. Frauen haben zwei X-Chromosomen, Männer ein X- und ein Y-Chromosom.

Glykoproteine Verzuckerte Proteine (griech. glykos, süß). Nach ihrer Synthese im endoplasmatischen Retikulum wird im Golgi-Apparat an bestimmte Aminosäuren (Proteinbuchstaben) dieser Proteine eine Zuckerkette angehängt. Viele Proteine in der Oberfläche von Zellen, z. B. Virusrezeptoren, oder auch von Viren können Glykoproteine sein.

Golgi-Apparat Zellorganelle in der Nähe des Zellkerns im Zytoplasma gelegen. Im Membransystem des Golgi-Apparates finden sich die Enzyme, die Zuckerketten an Proteine anhängen. Wahrscheinlich hat der Golgi-Apparat auch noch andere wichtige Aufgaben in der Zelle zu erfüllen.

Hämagglutinin Protein in der Membranhülle, z. B. des Influenzavirus. Dieses Protein besitzt u.a. die Eigenschaft, rote Blutkörperchen (Erythrozyten) zu verklumpen (lat. agglutinare, aneinanderkleben). Das Häm ist der Farbstoffanteil im Hämoglobin (griech. Häm, Blut).

Hämoglobin Roter Blutfarbstoff aus Eiweiß und Häm bestehend. Das Protein (Globin) besteht aus zwei α- und zwei β-Ketten, die durch schwache chemische Bindungen miteinander verbunden sind. An diesen Komplex von vier Proteinmolekülen sind der eigentliche Farbstoff, das Häm, und Eisen gebunden. Das Hämoglobin ist in den roten Blutkörperchen (Erythrozyten) des Blutes lokalisiert und vermag den Sauerstoff aus der Luft in der Lunge zu binden, mit dem Blut zu den verschiedenen Geweben zu transportieren und den Sauerstoff im Gewebe wieder freizusetzen.

Helix Spirale. Nach dieser geometrischen Figur ist nicht nur die DNA gebaut, sondern auch viele Proteine oder Proteinabschnitte. Auch viele Virionen nehmen diese Grundform biologischer Strukturen an.

Ikosaeder Geometrische Figur mit 12 Ecken und 20 Flächen. Viele Virusarten sind nach dieser Anordnung gebaut.

Immunisierung Auslösen der Antikörperreaktion durch Injektion von Antigenen, d. h. Proteinen oder Proteingemischen z. B. auch von Viren. Dadurch wird das Immunsystem des Organismus in einer komplizierten Reihe von Reaktionen dazu angeregt, spezifische, gegen die Antigene gerichtete Antikörper zu bilden. Im allgemeinen hält die so erzielte Immunität lebenslang, muß allerdings in vielen Fällen durch wiederholte Injektionen der Antigene aufgefrischt werden.

Inkubator Brutschrank zur Züchtung von Zellen. Im Inneren des Inkubators herrscht eine gleichbleibende Temperatur, z. B. 37°C und eine Gasatmosphäre von 95% Luft und 5% Kohlendioxid, ein Milieu, in dem sich tierische Zellen in bestimmten Nährlösungen am besten vermehren.

Insulin Ein Protein, das in bestimmten Zellen der Bauchspeicheldrüse gebildet wird und u.a. für den Zuckerstoffwechsel des Körpers verantwortlich ist. Bei der Zuckerkrankheit (Diabetes mellitus) fehlt das Insulin; es wird nicht gebildet (Typ I-Diabetes), oder es kann aus der Bauchspeicheldrüse nicht freigesetzt werden (Typ II-Diabetes). Das Insulin war das erste Protein, dessen Aminosäuresequenz vollständig aufgeklärt wurde (Sanger und Tuppy 1949).

Integration Einbindung einer fremden DNA, also fremder Gene, in den Verband der Gene oder DNA-Regionen eines etablierten zellulären Genoms. Diese Einbindung erfolgt durch eine feste chemische Bindung, eine sog. kovalente Bindung. Die Integration einer DNA kann vor Millionen von Jahren erfolgt sein, wie bei den sog. endogenen Retrovirusgenomen (s. dort) in den Erbanlagen vieler Säugetiere oder des Menschen, oder kürzlich im Verlauf einer Virusinfektion.

Interferone Von Zellen gebildete Proteine, die eine Reihe von Reaktionen auslösen, die die Zelle in einen antiviralen Zustand versetzen. Interferone sind eine Stoffklasse und haben vielfältige Funktionen. Sie wurden bei der Virusinfektion von Zellen entdeckt. Zur Zeit verwendet man Interferone in der Medizin nur gelegentlich zur Behandlung von Viruserkrankungen. Häufiger werden sie bei der Behandlung von bösartigen Tumoren eingesetzt. Seit etwa 1993 versucht man β-Interferon zur Therapie der multiplen Sklerose, einer degenerativen Erkrankung des Nervensystems, anzuwenden. Keiner dieser Behandlungsversuche hat bisher zur Heilung der betreffenden Krankheit geführt.

Intron Scheinbar sinnleere Buchstabenfolge in einem genetischen Text (s. Spleißen).

Karzinom Bösartiger Tumor, der von Epithelzellen ausgeht. Epithelzellen bilden die oberflächlichen Zellschichten in vielen Hohlorganen, wie z. B. in Darm, Blase, Nierenkanälchen, Mund usw.. Auch die obersten Hautschichten werden von Epithelzellen gebildet.

Klon Nachkommen eines Individuums, z. B. eines Bakteriums, eines Virus oder einer tierischen oder menschlichen Zelle. Höhere Organismen, z. B. Menschen, kann man nicht klonieren. Eine absichtliche Falschmeldung darüber in einer Zeitung aus San Franzisko 1978 hat große Aufregung verursacht. Es wurde behauptet, ein reicher Mitbürger habe sich klonieren lassen. Ein solches Verfahren ist auch heute unmöglich. In Deutschland ist dieses nicht existierende Verfahren vorsorglich gesetzlich verboten worden.

latente Infektion Gleichgewicht zwischen den Abwehrfunktionen von Zellen oder Organismen einerseits und der Virusvermehrung sowie den Anzeichen der Virusinfektion andererseits. Es werden keine oder nur sehr wenige neue Virusteilchen gebildet.

Leukozyten Weiße Blutzellen, die einen wesentlichen Bestandteil des menschlichen oder tierischen Abwehrsystems darstellen. Man unterscheidet verschiedene Formen mit unterschiedlicher Funktion. Die B-Zellen sind die Produzenten der Antikörper. Die T-Zellen erkennen fremde Proteine oder auch Viren als Proteingemische und leiten damit die Antikörperbildung ein. B-und T-Zellen »sprechen« in komplizierter Weise miteinander. Zytotoxische T-Zellen können fremde Zellen erkennen und Mechanismen auslösen, die zu deren Abtötung führen.

Lipiddoppelschicht In allen Membranen von Zellen bildet eine Doppelschicht von Fettmolekülen (Lipiden) die Grundstruktur. Fettmoleküle bestehen häufig aus langen Ketten von Kohlenwasserstoffen mit geladenen Endgruppen. Diese Fettmoleküle lagern sich zu lamellenartigen Strukturen zusammen und sind hervorragend für die Bildung von Zellwänden und von Membranen im Zelleninneren geeignet. In den Fettlamellen sind spezifische Proteine als funktionelle Bestandteile von Zellmembranen eingelagert.

Lyse Auflösung der Zellwand zu einem späten Zeitpunkt nach der Infektion von Bakterien mit Bakteriophagen oder von Zellen mit einem Virus. Bei Bakteriophagen gibt es im Phagengenom kodierte Gene, deren Produkte für die Auflösung der Zellwand verantwortlich sind.

Lysogenie Zustand einer Bakterienzelle, in deren Genom ein Phagengenom integriert ist, aber fast alle seine Gene abgeschaltet sind, so daß keine Bakteriophagen gebildet werden und die Zellwand auch nicht lysiert werden kann. Die Phagengene sind unterdrückt (reprimiert). Dieser Zustand kann jedoch aufgehoben und die Gene können wieder aktiviert werden, worauf sich die Phagen vermehren und die Zellwand lysieren können. Im Ruhezustand des Phagengenoms befindet sich die Zelle im Zustand der Lysogenie, d. h. die Lyse kann jederzeit wieder erzeugt werden. Für die Abschaltung der Bakteriophagengene ist ein virales Repressorprotein verantwortlich.

Metastase Tochtergeschwulst, die durch Absiedlung von Tumorzellen in einem vom ursprünglichen Tumor weit entfernt liegenden Organ entsteht. Tumorzellen werden über Blut- oder Lymphgefäße in andere Organe transportiert und können dort einen Sekundärtumor, eine Metastase, bilden. So kommt es z. B. bei Dickdarmkrebs nicht selten zu Metastasenbildung in der Leber.

Mitochondrien Zellorganellen, die aus zahlreichen Membranen bestehen. In den Mitochondrien wird Energie für alle Zellfunktionen gebildet.

Molekularbiologie Diese Fachrichtung hat mit Erfolg versucht, biologische Strukturen und Vorgänge mit den Gesetzmäßigkeiten der Chemie und der Physik auf der Ebene von Molekülen zu erklären.

Das Wort »Molekularbiologie«, ihre Konzepte und Techniken haben sich in den 50er und 60er Jahren durchgesetzt. Heute durchdringt die Molekularbiologie alle Bereiche der Biologie und der Medizin. Wichtigste Grundlagen sind Biochemie und Genetik.

Morphologie Formenlehre (griech. morphe, Form).

Motiv Eine bestimmte Buchstabenfolge in der DNA, an der spezielle Proteine bevorzugt binden können.

Mutagen Substanz oder Vorgang, der die Entstehung von Mutationen verursacht.

Mutation Jede Veränderung im genetischen Text (lat. mutare, verändern). Man unterscheidet Punktmutationen, bei denen ein genetischer Buchstabe gegen einen anderen ausgetauscht wurde von Deletionen, bei denen einige oder viele Buchstaben zerstört wurden, und auch von Insertionen, bei denen neue Buchstabenfolgen eingesetzt wurden. In allen Fällen wird der genetische Text in seiner Bedeutung grundlegend verändert, und es treten mehr oder weniger schwere Folgen für den betroffenen Organismus auf. Stumme Mutationen s. dort.

Nukleokapsid Zentraler, innerster Teil eines Virusteilchens. Das Nukleokapsid besteht aus der Nukleinsäure (DNA oder RNA) des Virions und einer Proteinhülle, die das Genom des Virions schützt. Beim Influenzavirus kommen acht verschiedene Nukleokapside vor, da das Virusgenom in acht Abschnitte zerlegt ist (segmentiertes Genom).

Nukleotide Grundbausteine von DNA und RNA. Nukleotide bestehen aus einem Purin oder einem Pyrimidin, einem Zuckermolekül (Desoxyribose bei der DNA, Ribose bei der RNA) und einem Molekül Phosphorsäure. Die einzelnen Nukleotide werden über die Phosphorsäurereste zu langen Kettenmolekülen verbunden, eben der DNA oder RNA. Die Grundbausteine heißen Adenosin (A), Cytidin (C), Guanosin (G) und Thymidin (T) in der DNA oder A, C, G und Uridin (U) in der RNA.

Onkogene Zelluläre Gene, die ursprünglich als Bestandteile von onkogenen Retroviren entdeckt worden sind und so ihren Namen erhalten haben. Heute weiß man, daß es in jeder normalen Zelle zahlreiche Onkogene gibt. Diese Gene spielen bei der Wachstumskontrolle der Zellen eine Rolle und haben eigentlich mit der Tumorentstehung direkt nichts zu tun. Allerdings stellt man sich vor, daß es bei der Entgleisung der Zellteilungsregulation zur Tumorentstehung kommen kann. Die Wechselwirkung zwischen Onkogenen und Tumorsuppressorgenen (Antionkogenen) hat bei der Kontrolle der Zellteilung und damit des Zellwachstums offenbar eine wichtige Funktion.

onkogene Viren Viren, die nach der Infektion von Organismen zur Tumorentstehung beitragen oder diese direkt verursachen können. In den meisten Fällen geht man heute davon aus, daß die Virusinfektion nicht direkt, sondern unter Mitwirkung vieler zellulärer Mechanismen zur Tumorentstehung führen kann.

Onkogenese Entstehung oder Auslösung häufig bösartiger Tumoren.

opportunistische Infektion Das Auftreten von sehr unterschiedlichen Infektionen mit Viren, Mikroorganismen oder Einzellern bei Menschen, deren Immunsystem geschwächt oder zerstört ist. Dieses Krankheitsbild wurde erstmals 1981 bei Patienten mit AIDS entdeckt.

Pathogenese Entstehung oder Auslösung einer Krankheit.

Polymerasekettenreaktion Ein biochemisch-enzymatisches Verfahren, mit dessen Hilfe man jeden DNA-Abschnitt oder jedes Gen im Reagenzglas zu praktisch unbegrenzten Mengen vermehren kann (engl. polymerase chain reaction, PCR). Damit ist auch die Möglichkeit gegeben, DNA-Abschnitte aus dem Gesamtverband der DNA gezielt auszusuchen, zu vermehren und dann zu analysieren.

Penetration Eindringen eines ganzen Virions oder einzelner Teile (z. B. nur Kapsid oder Nukleinsäure) durch die Zellwand in das Zytoplasma der Zelle.

Persistenz Das Verbleiben von Virionen oder von Virusbestandteilen, z. B. von Virus-DNA in einer Zelle oder in einem Organismus, ohne daß Zeichen der Virusinfektion zu erkennen wären.

Plasmid In Bakterien frei vorkommendes, kleineres Zusatzgenom, das meist ringförmige DNA darstellt (s. auch Episom).

Polymerasen Eine Gruppe von Enzymen, die in der Lage sind, aus Grundbausteinen, z. B. aus den genetischen Grundbuchstaben, ein Kettenmolekül der DNA oder RNA nach einem Muster (Matrize) abzulesen und neu aufzubauen. DNA-Polymerasen bilden DNA, RNA-Polymerasen RNA; DNA-abhängige RNA-Polymerasen überschreiben die genetische Information von DNA in RNA; reverse Transkriptasen überschreiben die genetische Information von RNA in DNA.

Polysomen Im Zustand der aktiven Proteinsynthese in der Zelle sind mehrere Ribosomen am Kettenmolekül einer Botschafter-RNA, deren Information gerade in eine Proteinsequenz übersetzt wird, wie eine Perlenkette aufgereiht. In Polysomen sind viele (griech. polys) Ribosomen in diesen Strukturen enthalten.

Prione Infektiöse Nukleinsäure-freie Proteine, die schwere Nervenerkrankungen beim Menschen und bei Tieren hervorrufen können. Es handelt sich wahrscheinlich um falsch gefaltete Proteine. Die Eigenschaft der Fehlfaltung ist aus bisher rätselhaften Gründen ansteckend. Fehlfaltungen können auch durch Mutationen in einigen dieser Proteine verursacht sein.

Promotor Eine dem eigentlichen Gen vorgeschaltete Buchstabenfolge von einigen hundert Buchstaben, die die Aktivität des Gens reguliert. Durch die Bindung bestimmter Proteine an einige dieser Buchstaben wird ein Gen angeschaltet, durch die Bindung anderer Proteine an andere Buchstabenfolgen abgeschaltet. Bei der langfristigen Abschaltung von Promotoren werden bestimmte Buchstaben, häufig in der Reihenfolge CG, im C methyliert (s. DNA-Methylierung).

Protein Eiweißstoff. Eiweiße bestehen im allgemeinen aus 20 verschiedenen Grundbuchstaben, den Aminosäuren. Es gibt Zehntausende, wahrscheinlich Hundertausende verschiedener Proteine, die sich wie die Wörter einer Sprache durch die verschiedene Buchstabenfolge voneinander unterscheiden. Die einmalige Buchstabenfolge bestimmt die Art und Funktion des Proteins. Beispiele sind der rote Blutfarbstoff (Hämoglobin), Insulin und Enzyme, die die Verdauung der Nahrung im Darm bewirken.

Proteindomäne Viele Proteine bestehen aus funktionell unterscheidbaren Untereinheiten, sog. Domänen, die sich möglicherweise während der Evolution zunächst unabhängig voneinander entwickelt haben und sich erst später zu komplizierterer Funktion und zur Erfüllung anspruchsvollerer Aufgaben zusammengelagert haben. Zum Beispiel gibt es im

Hämoglobinmolekül einen Bereich für die Bindung von Häm, einen Bereich für die Zusammenlagerung der verschiedenen Hämoglobinkettenmoleküle sowie einen Bereich, der die Konzentration von Sauerstoff oder Kohlendioxid zu fühlen vermag. Ähnlich kompliziert sind viele Enzyme aufgebaut.

Regulation Steuerung biologischer Vorgänge, z. B. die geordnete Expression von viralen oder zellulären Genen oder die Steuerung der Vermehrung von Virusgenomen. Bei diesen Steuerungsvorgängen spielt die Wechselwirkung spezifischer Proteine mit DNA-Motiven eine entscheidende Rolle.

repetitive Sequenzen Buchstabenfolgen in der DNA höherer Organismen, die mehr als einmal im gesamten Genom vorkommen (lat. repetere, wiederholen). Manche dieser Repetitionen können bis zu 1 Million mal vorkommen. Die biologische Bedeutung dieser Buchstabenfolgen ist noch völlig unbekannt. Sie machen z. B. im menschlichen Genom etwa die Hälfte der gesamten DNA aus. Da diese Buchstabenfolgen über lange Perioden der Evolution erhalten geblieben sind, ist es unwahrscheinlich, daß sie keine Funktion haben. Viele der Repetitionen, die sich in ihrer Länge stark voneinander unterscheiden können, wurden zur Kartierung des menschlichen Genoms verwendet.

Replikation Vermehrung eines Genoms, eines Virus oder eines Organismus.

Restriktionsendonukleasen Enzyme, die fast ausschließlich bei Bakterien vorkommen. Man kennt bereits etwa 2000 solcher Enzyme. Sie haben die Fähigkeit, in jeder Art von DNA bestimmte Buchstabenfolgen, z. B. CCGG oder GAATTC, zu erkennen, und die DNA genau an diesen Buchstabenfolgen zu schneiden. Damit ist es möglich geworden, jede DNA in Bruchstücke mit gleichen Enden zu zerlegen. Die Restriktionsendonukleasen nehmen eine Schlüsselrolle in der Gentechnologie und Molekularbiologie ein. Sie wurden 1969 im Laboratorium von H. Smith entdeckt.

reverse Transkription Überschreiben der genetischen Information von einem RNA-Genom eines Retrovirus in DNA. Da es sich hier um die umgekehrte Richtung genetischer Informationsüberschreibung handelt wie in der überwiegenden Zahl zellulärer Transkriptionsvorgänge, spricht man von umgekehrter (reverser) Transkription. Das Enzym, das zu dieser Reaktion in der Lage ist, wird als reverse Transkriptase bezeichnet. Dieses Enzym hat für die Gentechnologie eine überragende Bedeutung erlangt. Hier haben wir ein weiteres Beispiel für einen entscheidenden Beitrag der Virologie zur Entwicklung der Mokekularbiologie und Gentechnologie.

Rezeptoren Proteine in der Oberfläche von Zellen, die von bestimmten Virusoberflächenproteinen erkannt werden und zur Anheftung an die Zelle und letztlich zum Eindringen des Virus in das Zellinnere verwendet werden (lat. recipere, empfangen, aufnehmen). Es sind meist Glykoproteine in der Zytoplasmamembran, die eigentlich eine andere für die Zelle wichtige Funktion haben, aber vom Virus genutzt werden. Man kann die Rezeptoren auch als Virusanker betrachten. Das HIV z. B. erkennt den T-Zellrezeptor an den T-Lymphozyten des Menschen und kann so die T-Zellen infizieren und letztlich schwer schädigen. Ohne spezifische Rezeptoren kann ein Virus nicht in Zellen gelangen.

ribosomale RNA rRNA. Besondere RNA-Moleküle, die nur in Ribosomen vorkommen.

Ribosomen Zellorganellen im Zytoplasma, an denen die Proteine zusammengebaut werden. Ein Ribosom ist ein im Elektronenmikroskop erkennbares Körperchen, das aus vielen verschiedenen Proteinen und RNA-Molekülen (ribosomale RNA) besteht. Es gliedert sich in zwei Untereinheiten. Botschafter-RNA und viele Ribosomen bilden die Polysomen.

Sarkom Bösartiger Tumor, der von Zellen des Binde- oder Stützgewebes ausgeht.

Schluckimpfung Ein Gemisch der drei Poliomyelitisvirusstämme ist durch Zellkulturpassagen abgeschwächt worden, d. h. man hat für den Menschen weniger gefährliche Mutanten zufällig ausgewählt. Dieses Gemisch wird häufig auf einem Zuckerstückchen aufgebracht und geschluckt. Dadurch infiziert sich der Mensch mit den abgeschwächten Poliomyelitisviren und bildet Antikörper gegen sie.

Self-assembly Der wenigstens teilweise von selbst ablaufende Zusammenbau neuer Virusteilchen, nachdem alle für die Virusstruktur notwendigen Bestandteile in der Zelle neu synthetisiert worden sind. Das »von selbst« ist nur mit Einschränkungen richtig, denn einige Hilfsfunktionen – auch der Zelle – werden doch verwendet.

Signalübertragung Zellen reagieren auf Einflüsse aus der Umwelt, indem sie bestimmte Substanzen, wie z. B. Hormone oder auch Viren, über Rezeptoren an der Zytoplasmamembran binden. Diese Bindung löst eine Kette (Kaskade) von Signalen in der Zelle aus, die die Information »erfolgte Bindung« über zahlreiche biochemische Teilreaktionen zwischen Zytoplasmamembran und Zellkern letztlich zu den Genen und deren Promotoren weiterleitet. So kann z. B. durch die Bindung eines Hormons an der Zelloberfläche ein Gen aktiviert werden, das zuvor inaktiv war.

späte Gene Virusgene, die spät nach der Infektion einer Zelle durch ein Virus überschrieben und übersetzt werden, in den meisten Fällen nach der Vermehrung des viralen Genoms.

Spleißen Komplizierter biochemischer Mechanismus bei der Überschreibung der genetischen Information von der DNA in die Botschafter-RNA. Dabei werden aus einer langen Buchstabenkette, die sinnvolle (Exons) und scheinbar sinnleere Buchstabenfolgen (Introns) enthält, die sinngebenden Exons ausgewählt und nach Ausschneiden der Introns zu einer zusammenhängenden sinnvollen Buchstabenfolge der Botschafter-RNA zusammengespleißt. Das Wort »Spleißen« ist aus der Sprache der Segler bekannt, die ein gerissenes Tau zusammenspleißen können. Die Entdeckung dieses Mechanismus 1977 war völlig unerwartet; sie gelang mit Hilfe des Adenovirusgenoms, dessen Überschreibung genau analysiert worden war.

stumme Mutationen Für den betroffenen Organismus unschädliche Mutationen, weil die Mutation z. B. in einer für die Funktion nicht wichtigen Region des Genoms aufgetreten ist.

Symptom Krankheitszeichen. Das Wort kann auch als Zeichen einer Virusinfektion verwendet werden.

Transfer-RNA tRNA, Transport-RNA, Schleppermolekül. Kleine RNA-Moleküle, die die Aufgabe haben, einzelne Aminosäuren zum Ort der Proteinsynthese, den Polysomen, zu transportieren. Jede der 20 verschiedenen Aminosäuren hat wenigstens ein, meistens jedoch mehrere spezifische tRNA-Moleküle. Bei den Retroviren können bestimmte tRNA-Moleküle auch eine Funktion beim Start der reversen Transkription übernehmen.

Transformation Allgemein: Genetische Umwandlung z. B. von Zellen durch die Einführung fremder DNA. Diese Bedeutung des Begriffes ist die ursprünglich verwendete Definition. Speziell: Genetische Umwandlung von Zellen zu Tumorzellen. Diese kann durch die Einführung fremder Gene, z. B. von Virusgenen, erfolgen. Man spricht dann genauer von onkogener Transformation.

Transkription Überschreibung der genetischen Information von der DNA in die Botschafter-RNA (lat. transcribere, überschreiben).

Translation Übersetzung eines genetischen Textes von der Ribonukleinsäure in Proteintext, d. h. in eine spezifische Reihenfolge von Aminosäuren oder Proteinbuchstaben. Die Botschafter-RNA lagert sich an viele Ribosomen an, und es kommt zur Translation der genetischen Information in Protein. Dabei spielen die tRNA-Moleküle die Rolle der Aminosäureschlepper.

Translokation Umlagerung eines Teiles eines Chromosoms oder eines ganzen Chromosomenarmes von einem Chromosom auf ein anderes. Wie diese Chromosomenbrüche und fehlerhaften Neuvereinigungen entstehen, ist nicht genau bekannt.

Trigeminus Der Gesichtsnerv mit drei Ästen, die das Gefühl im gesamten Gesichtsbereich des Menschen vermitteln. Herpesviren können sich an jedem dieser Äste entlang in allen Abschnitten des Gesichtes ausbreiten und zu Infektionen führen, sich aber auch wieder in die Schaltstationen, sog. Ganglien dieses Nerven am Hirnstamm zurückziehen und dort lange Zeit stumm verbleiben.

Tumorsuppressorgen Ein Gen, dessen Produkt dem Wachstum von Zellen entgegenwirkt. Man nimmt an, daß es in jeder Zelle zahlreiche Gene gibt, die an der Regulation des Wachstums beteiligt sind. Eine Gruppe dieser Gene fördert das Wachstum, die sog. Onkogene. Eine andere Gruppe, die sog. Antionkogene oder Tumorsuppressorgene, hemmt das Wachstum. Zwischen beiden Mechanismen besteht in den Zellen offenbar ein Gleichgewicht, so daß das Wachstum streng geregelt bleibt. Viele Zellen im Organismus wachsen überhaupt nicht mehr, d. h. ihre Wachstumsgene sind völlig abgeschaltet.

Vakzine Impfstoff. Es handelt sich um Proteingemische, z. B. aus Viren, oder um ein bestimmtes Virus, gegen das man Antikörper in Organismen erzeugen will. Das Virus kann abgeschwächt (attenuiert), also lebend sein (Lebendvakzine) oder durch eine chemische Behandlung abgetötet worden sein. Bei den seit wenigen Jahren experimentell verwendeten DNA-Vakzinen handelt es sich um die isolierten Gene, z. B. für ein bestimmtes Virusprotein. Nach Injektion dieser Gene werden im Organismus die betreffenden Virusproteine synthetisiert, gegen die der Organismus dann Antikörper bilden kann.

Vektoren Hilfsmoleküle aus DNA, z. B. Plasmidmoleküle oder Virus- oder Phagen-DNA-Moleküle, in die man mit gentechnologischen Methoden fremde DNA oder deren Bruchstücke einbauen, isolieren und zu großen Mengen vermehren kann. Vektoren sind Schlepper für spezifische DNA-Fragmente. Die zwischenzeitlich sehr vielfältigen Vektoren sind für die Gentechnologie unentbehrlich geworden. Virus-DNA- oder Phagen-DNA-Moleküle werden sehr häufig als Vektoren in der Molekularbiologie eingesetzt.

Virämie Vorkommen von infektiösen Virusteilchen im Blut des befallenen Organismus.

Virion Einzelnes Virusteilchen. Die Bezeichnung stammt von A. Lwoff, einem französischen Molekularbiologen.

Viroide Kleine RNA-Moleküle von wenigen hundert Buchstaben Länge, die Pflanzen infizieren und zu schweren Pflanzenkrankheiten führen können. Sie haben mit Viren nichts zu tun, wurden aber als virusähnlich (viroid) bezeichnet, da man zuerst die Krankheiten kannte und damals vermutete, daß diese von virusartigen Elementen verursacht worden waren.

Virologie Lehre von den Viren.

Virus Lat. Schleim, Gift, Geifer. Das Wort wird seit 1897 für die Bezeichnung ultrafiltrierbarer, nichtzellulärer Krankheitserreger verwendet. Ein Virus ist ein Paket von gut verpackten Genen mit Jahrmillionen biologischer Erfahrung. Viren bestehen aus Nukleinsäuren und Proteinen; manche sind auch von einer Lipid-Protein-Membran umgeben.

Virusisolat Die erfolgreiche Entnahme und Anzüchtung von Viren aus infizierten Organismen. Es ist häufig nicht ganz einfach, infektiöse Viren z. B. von einem virusinfizierten Patienten zu isolieren und in Kultur erfolgreich zu vermehren.

Virustaxonomie Einteilung und Namensgebung von Viren.

Wildtyp Die aus der ‚Natur" ursprünglich isolierte Form eines Virus, das sicherlich in der Natur auch schon häufig Mutationen erlitten hat. Die Form des Virus, die man als Wildtyp bezeichnet, ist also zufällig ausgewählt.

Zelle Biologische Struktur- und Funktionseinheit aller Lebewesen. Viren sind kleiner und weniger kompliziert als Zellen. Viren sind keine Zellen; sie benötigen jedoch Zellen für ihre Vermehrung. Ein Bakterium ist eine Zelle; eine rote Blutzelle des Menschen oder eine Zelle in der Wurzelspitze einer Pflanze sind weitere Beispiele.

Zellinie Zellen einer bestimmten Art von einem Organismus, die man so verändert hat, daß sie praktisch unbegrenzt in Kultur wachsen können. Häufig sind Zellinien Tumorzellen oder tumorähnliche Zellen.

Zellkern Wichtige Schaltzentrale der einen Kern tragenden, sog. eukaryontischen Zellen. Im Zellkern (lat. nucleus, Kern) liegt das Genom der Zelle in Form von Chromosomen. Manche Viren vermehren sich im Zellkern der von ihnen befallenen Zellen.

Zellkultur Vermehrung von tierischen, menschlichen oder pflanzlichen Zellen unter genau definierten Bedingungen außerhalb des Organismus, von dem sie ursprünglich gewonnen wurden, in einem Gefäß mit Nährlösung.

Zellorganellen Kleine Funktionseinheiten (Organe) in der Zelle, die bestimmte Aufgaben übernehmen, z. B. den Zusammenbau neuer Proteine (endoplasmatisches Retikulum), das Anhängen von Zuckerketten an Membranproteine (Golgi-Apparat) oder die Energieerzeugung (Mitochondrien) u.a..

Zytoplasma Teil der Zelle zwischen Zytoplasmamembran, also der Zellwand, und dem Zellkern. Darin finden sich zahlreiche Zellorganellen und viele lösliche Bestandteile. Viele Viren vermehren sich im Zytoplasma der von ihnen befallenen Zellen.

zytopathischer Effekt Virusspezifische Veränderungen von Zellstrukturen, die man im Licht- oder Elektronenmikroskop beobachten kann (griech. kytos, Höhlung, Zelle; griech. pathos, Krankheit).

Zytostatika Chemische Verbindungen, die die Teilung von Zellen durch Eingriffe in die Biochemie der Zelle hemmen. Zytostatika werden zur Behandlung bösartiger Tumoren sehr häufig eingesetzt. Sie hemmen jedoch nicht nur die Vermehrung von Tumorzellen, sondern von allen sich teilenden Zellen im menschlichen Körper. Dadurch kommt es zur Schädigung des Immunsystems und des blutbildenden Systems, zu Haarausfall usw.. Man nimmt diese schweren Schädigungen des Körpers in Kauf, um den Tumor zu bekämpfen. Nur in wenigen Fällen gelingt die vollständige Heilung einer Tumorerkrankung durch Zytostatika.

Quellennachweise zu den Abbildungen:

Abb. 1:
a) –
b) aus: Volkmann and Keddie, Sem. Virol. 1, 249–256, 1990.
c) aus: H. Denning (Hrsg.) Lehrbuch der Inneren Medizin. 1. Band, 2. Aufl., 1952, Georg Thieme Verlag, Stuttgart.

Abb. 2:
Höherer ägyptischer Beamter: Ny Carlsberg Glyptotek Kopenhagen. Franklin Delano Roosevelt: Photo: BPK Schematisches Bild des Poliomyelitisvirus. aus: Hogle et al., Science 229, 1358–1365, 1985. © American Association for the Advancement of Science 1996.

Abb. 3:
aus: Doerfler and Kleinschmidt, Mol. Biol. 50, 579–593, 1970.

Abb. 4:
aus: Search, The Rockefeller University Magazine, 4, 1994.

Abb. 5:
Ein Modell zur Struktur der DNA: Dr. N. Max, Lawrence Livermore National Laboratories Schema zum

Aufbau der Doppelspirale; aus: Singer, M., Berg, P., Genes and Genomes, University Science Books, Mill Valley, CA, USA 1991.

Abb. 6:
Photographie: Jörg Schröer, Institut für Genetik, Köln.

Abb. 7:
Schematisierter geordneter Satz menschlicher Chromosomen, aus: Gelehrter, T.D., and Collins, F.S., Principles of Medical Genetics. Williams and Wilkins, Baltimore, 1990. Mikroskopisches Bild menschlicher Chromosomen: Photographie des Autors, Institut für Genetik, Köln.

Abb. 8:
aus: Collier's Encylopedia, Crowell-Collier Educational Corporation, 1969.

Abb. 9:
Zeichnung: Udo Ringeisen, Institut für Genetik, Köln.

Abb. 10:
Springer Verlag. R.F. Schmidt, G. Thews (Hrsg.) Physiologie des Menschen, 26. Aufl., Springer, Heidelberg New York Tokio

Abb. 11:
Springer Verlag. R.F. Schmidt, G. Theurs (Hrsg.) Physiologie des Menschen, 26. Aufl., Springer, Heidelberg New York Tokio

Abb. 12:
Urs Greber, Universität Zürich.

Abb. 13:
aus: Valentine and Pereira, J. Mol. Biol. 134, 13–20, 1965.

Abb. 14:
Montage: Udo Ringeisen, Institut für Genetik, Köln; nach Abbildungen aus Murphy et al., wie Abb. 24.

Abb. 15:
aus: Davis et al., Microbiology. J.B. Lippincott Co., Philadelphia, PA, USA.

Abb. 16:
Dr. S. Rozenblatt and Dr. C. Moore, Tel Aviv University, Tel Aviv, Israel.

Abb. 17:
aus: Francki et al., Arch.Virol. Supplement 2, 1991.

Abb. 18:
Dr. Michael Wurtz, Universität Basel.

Abb. 19:
aus: Morgan et al., J. Virol. 4, 777–796, 1969.

Abb. 20:
aus: Morgan et al., J. Virol. 4, 777–796, 1969.

Abb. 21:
aus: Lonberg-Holm, and Philipson, J. Virol. 4, 323–338, 1969.

Abb. 22:
Photographie: Jörg Schröer, Institut für Genetik, Köln.

Abb. 23:
Oben: aus: Brown et al., J. Virol. 16, 366–387, 1975. Unten: aus: Wold and Gooding, Virology 184, 1-8, 1991. Modifiziert.

Abb. 24:
aus: Murphy et al., Virus Taxonomy. Classification and Nomenclature. Springer Verlag, Wien, New York, 1995.

Abb. 25:
Photographie des Autors, Institut für Genetik, Köln.

Abb. 26:
Photographie des Autors, Institut für Genetik, Köln.

Abb. 27:
aus: Rosenwirth et al., Virology 60, 431–437, 1974.

Abb. 28:
Graphik: Udo Ringeisen, Institut für Genetik, Köln.

Abb. 29:
Dr. Gerard Zambetti, Department of Molecular Biology, Princeton University, Princeton, USA.

Abb. 30:
Photographie: Petra Wilgenbus, Institut für Genetik, Köln.

Abb. 31:
Springer Verlag. aus: K. F. Schaller (ed) Colour Atlas of Tropical Dermatology and Venerology. Springer, Heidelberg New York Tokyo.

Abb. 32:
Photographien: Rainer Schubbert, Institut fiir Genetik, Köln; Montage: Udo Ringeisen, Institut für Genetik Köln.

Abb. 33:

a) Graphik: Udo Ringeisen, Institut für Genetik, Köln.

b) aus: Murphy et al., Virus Taxonomy. Cl; ssification and Nomenclature of Viruses. Springer Verlag, Wien, New York, 1995.

Abb. 34:

aus: Murphy et al., Virus Taxonomy. Classification and Nomenclature of Viruses. Springer Verlag, Wien, New York, 1995.

Abb. 35:

aus: Gray et al., J. Mol. Biol. 146, 621-627, 1981.

Abb. 36:

aus: Fields et al., Fields Virology, vol. 2, Raven Press, New York, NY, USA, ^{2}1990.

Abb. 37:

aus: Fields et al., Fields Virology, vol. 2, Raven Press, New York, NY, USA, ^{2}1990.

Abb. 38:

aus: Murphy et al., Virus Taxonomy. Classification and Nomenclature of Viruses. Springer Verlag, Wien, New York, 1995.

Abb. 39:

aus: Fields et al., Fields Virology, vol. 1, Raven Press, New York, NY, USA, ^{2}1990.

Abb. 40:

Selbstbildnis des Malers Egon Schiele aus: Arnold, M., Egon Schiele. Leben und Werk. Belser Verlag, Stuttgart, 1984.

Abb. 41:
aus: Fields et al., Fields Virology, vol. 1, Raven Press, New York, NY, USA, ^{2}1990.

Abb. 42:
oben: aus: Levine, A.J., Viruses. Scientific American Library, New York, 1992. unten: National Archives, Washington, DC, USA.

Abb. 43:
aus: Fields et al., Fields Virology, vol. 1, Raven Press, New York, NY, USA, ^{2}1990.

Abb. 44:
aus: Search, The Rockefeller University Magazine 4, 1994.

Abb. 45:
aus: Fields et al., Fields Virology, vol. 2. Raven Press, New York, ^{2}1990.

Abb. 46:
aus: Fields et al., Fields Virology, vol. 2. Raven Press, New York, ^{3}1996.

Abb. 47:
Montage und Photographie: Gerti Meyer zu Altenschildesche

Sachverzeichnis

A

B

C

D

E

F

G

H

I

J

K

L

M

N

Q

R

S

T

U

V

W

X

Y

Z

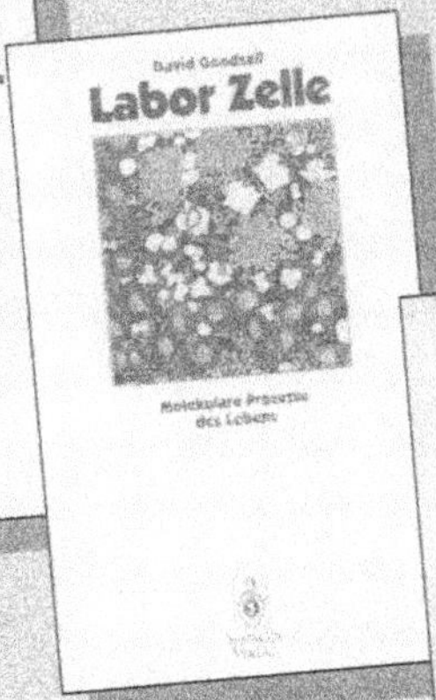

1994. XVIII, 344 S.
98 Abb., 3 in Farbe
Brosch. **DM 29,80**;
öS 232,50; sFr 29,80
ISBN 3-540-57897-8
▼

▲
1994. VI, 159 S.
24 Abb.
Brosch. DM 29,80;
öS 232,50; sFr 29,80
ISBN 3-540-57902-8

▲
1994. XIII, 199 S.
77 Abb., 16 in Farbe
Geb. **DM 39,80**;
öS 310,50; sFr 39,80
ISBN 3-540-57101-9

1994. XI, 247 S.
48 Abb., 24 in Farbe
Brosch. **DM 34,80**;
öS 271,50; sFr 34,80
ISBN 3-540-57898-6
▼

◄
1994. IX, 181 S.
22 Abb., 13 in Farbe
Brosch. **DM 29,80**;
öS 232,50; sFr 29,80
ISBN 3-540-57900-1

Springer

Preisänderungen vorbehalten

Tm.BA94.11.8

GPSR Compliance
The European Union's (EU) General Product Safety Regulation (GPSR) is a set of rules that requires consumer products to be safe and our obligations to ensure this.

If you have any concerns about our products, you can contact us on

ProductSafety@springernature.com

In case Publisher is established outside the EU, the EU authorized representative is:

Springer Nature Customer Service Center GmbH
Europaplatz 3
69115 Heidelberg, Germany

www.ingramcontent.com/pod-product-compliance
Lightning Source LLC
LaVergne TN
LVHW010253260326
834688LV00044B/1271
9783540605263